中国轻工业"十四五"规划教材

教育部高等学校轻工类专业教学指导委员会"十四五"规划教材

制革化学与工艺学（染整）

陈 慧 单志华 主编

 中国轻工业出版社

图书在版编目（CIP）数据

制革化学与工艺学. 染整 / 陈慧, 单志华主编 .—北京：中国轻
工业出版社，2023.3
ISBN 978-7-5184-4154-9

Ⅰ.①制… Ⅱ.①陈… ②单… Ⅲ.①制革化学—高等学校—教
材 ②制革—工艺学—高等学校—教材 ③制革化学—染整—高等学
校—教材 Ⅳ.①TS5

中国版本图书馆 CIP 数据核字（2022）第 183008 号

责任编辑：陈　萍
策划编辑：陈　萍　　责任终审：劳国强　　封面设计：锋尚设计
版式设计：霸　州　　责任校对：朱燕春　　责任监印：张　可

出版发行：中国轻工业出版社（北京东长安街 6 号，邮编：100740）
印　　刷：河北鑫兆源印刷有限公司
经　　销：各地新华书店
版　　次：2023 年 3 月第 1 版第 1 次印刷
开　　本：787×1092　1/16　印张：17.5
字　　数：404 千字
书　　号：ISBN 978-7-5184-4154-9　定价：68.00 元
邮购电话：010-65241695
发行电话：010-85119835　传真：85113293
网　　址：http://www.chlip.com.cn
Email：club@chlip.com.cn
如发现图书残缺请与我社邮购联系调换
220734J1X101ZBW

前言

动物皮制革是人类对动物皮资源最有意义的利用，也是人类利用自然资源、追求自然本性、发展农牧经济的重要途径。

从国家"六·五"起提高制革产量、质量的技术攻关到至今的清洁生产改造；从 2007 年起，面对 REACH 法规与不断更新 SVHC 的市场准入要求；制革工业经历了从高速至稳步渐进的发展过程，构成了高品质皮革产品制造与可持续发展并行不悖的现状。

制革化学及工艺学染整部分的教材经历了 1960 版《皮革工艺学》（轻工出版社）、1982 版《制革化学与工艺学》（轻工出版社）、2005 版国家"十五"教材《制革化学与工艺学·下》（科学出版社）、2017 第 2 版《制革化学与工艺学·下》（科学出版社）、2021 修订版《制革化学及工艺学（染整）》（科学出版社）的编写出版，2021 年获中国轻工业"十四五"规划教材立项。本教材在原有基础上，结合现代先进材料、设备与工艺技术原理，讲述了以铬鞣坯革为基础材料制备成革的工艺过程。

本书共分 7 章，各章撰写、改编作者的贡献分别如下：

第 1、2、7 章由四川大学单志华教授编写（源于 2005 版第 1、2 章，2017 版第 1、2、7 章单志华教授编著改编）；第 3、4 章由四川大学陈慧副教授编写（源于 2005 版第 3、4 章彭必雨教授编著改编；2017 版第 3 章陈慧副教授编著改编，2017 版第 4 章周建飞教授编著改编）；第 5 章由四川大学李波副教授编写（源于 2005 版第 5 章单志华教授、但卫华教授编著改编，2017 版第 5 章李波副教授编著改编）；第 6 章由嘉兴学院罗建勋教授编写（源于 2005 版第 6 章辛中印教授、单志华教授编著改编，2017 版第 6 章罗建勋副教授编著改编）。本教材主干工艺主要来源于 2017 版第 7 章中汪纪力、晏南、叶强、丁学兵、曾少余、陈治军、张碧仙、邓鹏、陆春山、杨欣、王剑、范贵军、邝勇等资深工程师提供的工艺资料进行整理编写。全书各章由单志华教授负责统一增删、整理，陈慧副教授统一编排、审校。

郑重声明：对前几版参加部分编写提名及未提名的作者，以及提供资料的公司、工程师所做贡献表示认可及诚挚感谢！

陈慧、单志华

2022 年 5 月于四川大学

目 录

第 3 章 皮革染色化学 58

第 1 章　染整前准备

按照制革工艺习惯分段：准备、鞣制、复染、整饰，其中复染包括复鞣、染色、加脂；整饰包括干燥、干整理、涂饰及其涂饰过程中的整理。复染、整饰两个工段习惯上简称染整。因此，染整又分为湿态整理和干态整理。综合染整的定义可以是：生皮鞣制后坯革经过湿态及干态加工处理的一系列工序总和。

染整的原料来自鞣剂鞣制后的坯革。根据坯革的来源及状态可以将坯革进行多种分类。按原皮种类分类有：牛坯革（黄牛、水牛、牦牛等）、羊坯革（绵羊、山羊）、猪坯革等；按剖层情况分类有：头层革、二层革等；按鞣剂鞣制分类有：铬鞣坯革、无铬鞣坯革（非铬金属、有机鞣剂）、结合鞣坯革（无铬或有铬）等；按照表面颜色分类有：蓝湿坯革（正常铬鞣）、白湿坯革（合成鞣剂鞣或醛鞣）、棕湿坯革（铁鞣）等。

坯革的种类与质量直接涉及后续加工的工艺特征与最终产品的品种及质量。因此，无论是自制还是外购的坯革原料，制革生产厂家都应对坯革的品质进行了解、判断，甚至进行必要的分析。

1.1　染整前坯革的基本特征

坯革是通过鞣质作用改性的生皮。研究表明，各种鞣剂中鞣质在皮胶原以 3 种主要形式存在：

① 鞣质以离子、分子或聚集态形式在皮胶原纤维间多点化学键合。
② 鞣质以离子、分子或聚集态形式在皮胶原纤维间单点化学键合。
③ 鞣质以离子、分子或聚集态形式在胶原纤维间物理吸附或沉积。

生皮经过鞣剂鞣制后将发生鞣制效应，坯革的特征受鞣制效应决定。鞣制效应决定了生皮与坯革的区别。这些共性特征包括：

① 在鞣制结束后，坯革较生皮抗湿热收缩能力升高。
② 相对于生皮，坯革较生皮抗酸碱盐膨胀能力升高。
③ 坯革的剖层、削匀、磨革操作等可加工性能提高。
④ 坯革经脱水干燥后较生皮的透气透水汽能力增强。

根据上述共性特征，可以鉴别鞣剂鞣性强弱或鞣制的程度，考察生皮的质变程度，确定坯革的可加工性能以及皮革商品的使用性能。

现代制革企业中将坯革作为成品进行销售或作为原料进行加工十分常见。因此，企业需要根据生产的要求进行质量检查与鉴别，以便生产工艺的设计安排。对坯革而言，了解其基本质量特征是必要的开始。

1.1.1　坯革的收缩温度

皮或革在水浴中受热时规定的长度或体积发生收缩时的温度称皮或革的收缩温度（shrinkage temperature，缩写 Ts）或耐湿热稳定温度。补充说明的是，非水浴或充水不足的皮或革收缩时的温度不能正确代表其 Ts（如 DSC 测定的变性稳定难以代表 Ts）。生皮经鞣剂鞣制后耐湿热稳定性或 Ts 显著提高，这是由于鞣剂对胶原纤维组织进行鞣制后使之结构稳定性增强所致。当皮与革受热收缩时，微观上胶原纤维束构型与构象发生转变；宏观上表现为革的体积发生了收缩，同时，在物理机械性、感官发生改变。实践表明，鞣制革的 Ts 主要有以下特征：

① 鞣剂的鞣性或鞣制能力（Tanning Ability）是指鞣剂鞣制生皮获得的最高 Ts。不同种类的鞣剂具有不同的鞣制能力。

② 每种鞣剂通过优化的鞣法（鞣制条件、鞣剂用量、鞣透程度）才能获得最高 Ts。达到最高 Ts 后，继续增加鞣剂已经不再提高鞣革的 Ts。表 1-1 中列出了一些鞣剂的鞣革能力。

表 1-1　　　　　　　　一些鞣剂鞣制后革的 Ts 变化

革样所用鞣剂	ΔTs/℃	革样所用鞣剂	ΔTs/℃
碱式硫酸铬	≥35	碱式硫酸铝	10~20
植物鞣剂	≥24	芳族合成鞣剂	0~22
甲醛	≥20	聚偏磷酸钠	0~5
硫酸锆	≥25	不饱和鱼油	2~5

③ 鞣革的最高 Ts 与鞣前生皮种类、结构及部位相关，鞣前生皮的 Ts 高，鞣剂鞣制后革的 Ts 高。

④ 鞣革的 Ts 与受湿热的时间相关。因此，革的 Ts 只表示在一定时间内稳定性（通常 1~2min）。Ts 为 100℃的铬鞣革，在 100℃下随着时间的延长出现收缩；铬鞣蓝湿革在 50℃湿热 10d，Ts 下降 3~5℃，强度可下降 10%；有机醛植结合鞣的 Ts 为 95℃，在 50℃下湿热存放 10d，Ts 下降 10~15℃，强度降低近 20%。

⑤ 鞣剂鞣革的 Ts 受鞣前鞣后材料介入的影响。生皮的预处理、预鞣、助鞣材料都可以干扰鞣剂的鞣性，导致 Ts 改变。

1.1.2　坯革的回弹性

坯革的回弹性是坯革的可机械加工的参考指标。坯革的回弹性是坯革的物理特征之一，是坯革机械加工的重要指标，是坯革抵抗外力压缩形变后的恢复能力。当坯革在机械挤水、剖层、削匀过程中，在转鼓内拉伸、曲绕、挤压过程中受力产生形变的可恢复性及恢复速度直接影响加工质量。这种恢复能力与坯革鞣制状况、含水率相关。对 3 种鞣剂鞣制的坯革进行挤压恢复、可磨削加工性测试的结果见表 1-2。

表 1-2　　　　　　　　　　　鞣后湿皮的挤压形变（相对比较）

挤水样品	可压缩变形	可磨削性	25℃下，静置 24h 后恢复	
			空气中	水浴中
浸酸裸皮	大	差(黏)	差	好
栲胶鞣革	大	差(涩、易胶化)	较差	较好
戊二醛鞣革	大	较差(易胶化)	较差	较好
铬粉鞣革	小	好	好	较好

表 1-2 中表明裸皮经压缩后形变最大，存放 24h 后浸水可恢复性好。戊二醛、植鞣革浸水可恢复性也好。从可磨削性看，除了铬鞣坯革外，其他 3 种都不好，这与坯革脱水后纤维之间的黏结性相关。铬鞣革 Ts 高，通透性好，受机械力、化学作用小，抗挤压后自然恢复形变力强，在挤压后承受剖削加工时厚度易控，转鼓加工效果好。

1.1.3　坯革的强度

坯革的物理力学强度是机械加工力度的重要指标。坯革的强度主要指其抗张强度（MPa）、撕裂强度（N/mm）及崩裂强度（N/mm）。坯革的强度是坯革在染整过程中化学、物理处理方法与力度的参考。

生皮经过准备、鞣制、染整加工后坯革强度不断降低。就鞣制而言，坯革的强度又与鞣剂的品种、用量及坯革的含水量不同而异。生皮经鞣制后坯革的强度变化如下：

干态时，生皮与鞣后强度次序为：生皮>醛鞣>铬鞣>植鞣；

湿态时，生皮与鞣后强度次序为：醛鞣>植鞣>铬鞣>生皮。

染整加工的力度可以根据坯革强度大小进行设置。

1.1.4　坯革的吸水性

坯革的含水及吸水能力是湿态染整过程的参考指标。裸皮与革的区别在于革内已结合了鞣剂，造成了坯革具有不同的吸水及含水特征。如软化裸皮、铬鞣坯革及植鞣坯革以相同的干重计，在 22℃下挂晾至不滴水时得到：软化皮含水约 100%，铬鞣坯革含水约 80%，植鞣坯革含水约 60%。不同的含水率决定了皮与坯革的亲水性，影响染整材料的应用进行设置。

1.1.5　坯革的抗酸碱性

鞣制后的坯革抗酸碱盐膨胀能力大大加强。从生皮胶原的化学性质可知，生皮在水中受酸碱盐作用、感胶离子及电荷作用产生膨胀充水。鞣制后坯革增加了纤维之间的交联，封闭了部分亲水基团，在水溶液中对酸、碱盐抗膨胀作用大大增强。简单的实验结果见表1-3。

表 1-3		坯革在酸、碱盐溶液中相对于生皮增重		
溶液（22℃，24h）	Δw（植鞣革）	Δw（铬鞣革）	Δw（醛鞣革）	Δw（油鞣）
0.1mol/L HCl	≤25	≤15	≤25	≤25
0.1mol/L NaOH	≤35	≤20	≤15	≤15
1mol/L KSCN	≤25	≤15	≤25	≤35

可以看到，除油鞣革外，鞣制后的革相对裸皮膨胀均不超过25%。对植鞣革，耐酸碱能力均较弱，相对易膨胀。对铬鞣革，耐碱能力较弱一些。对醛鞣及油鞣革，耐酸与膨胀盐的能力较弱些。值得注意的是：当坯革在酸、碱盐的溶液内长期放置或升温时，这种抵抗力还会受到胶原纤维本身的变性及鞣剂的退鞣而改变。

1.1.6 坯革的抗酶能力

坯革的抗蛋白酶能力高于生皮。鞣制后胶原抗蛋白酶能力的增加，来自胶原蛋白的化学改性及坯革内鞣剂对蛋白酶的活性。例如，裸皮与坯革抵抗胰酶的能力有以下排序：铬鞣坯革>醛鞣>植鞣>裸皮。对于各自的抵抗能力，随鞣剂用量的增加而增加。不过这种排序对抵抗微生物作用就有所不同。裸皮自然最弱，其次是植鞣，再者是铬鞣，最强的是醛鞣。在温度适合时，植鞣、铬鞣坯革受霉菌或细菌作用，在革面上产生黑、红、黄色霉斑，造成色花，然后破坏粒面。

1.1.7 坯革的两性

坯革仍然保留着胶原蛋白的两性特征。制革的鞣剂鞣法的根基是建立在胶原的两性电解质及其与鞣剂进行交联结合的基础之上。尽管裸皮在鞣剂进入皮胶原纤维之间使皮的理化性发生质的改变形成了革，但仍不能改变以胶原为基所构成的两性特征。因此，其等电点（pI）的特征在鞣后的湿态加工过程中仍是技术控制的重点。

1.1.8 坯革的沾污

坯革受杂质的沾污。无机金属盐鞣剂鞣制的坯革表现在对多种水溶物阴离子有很好的亲和能力。因此，这些坯革不能随意与环境中的污物接触，更包括一些染整材料，如染料、加脂剂、复鞣剂、栲胶等，以免坯革表面被污染或改变性质。这些无机鞣剂鞣制坯革的反应活性随鞣剂含量、存放时间、存放温度及含水量的不同而不同。

铬盐具有优良的化学结合力，只是完成结合速度较慢；铬鞣坯革与污物接触后，随着时间延长，化学固定增强，难以被去除。

植物鞣及芳酚合成鞣坯革也具有快速吸附及反应活性，尤其表现在对阳离子的作用，如与铁作用能发生颜色变化反应。由于弱键鞣制使得这种反应活性不因时间变化而变化。只要有水分存在，反应即可进行。因此，这些鞣剂鞣制的坯革在保存时要防止与铁器接触。

醛鞣及油鞣坯革的反应活性主要表现在胶原纤维羧基基团上。当鞣制完成后有大量的羧基被"游离"出来，这类基团对具有鞣性的金属阳离子有很好的亲合力。因此，要防止对一些金属阳离子的接触，如机械的锈迹、放置场地水迹。

1.1.9 坯革的色调色花

纯铬鞣湿态坯革的色调为均匀的湖蓝色。坯革的色调对后续染色具有影响，尤其是制造白色革、浅色革及水染革时影响较大。实际生产中，坯革的色调不均表现在批与批、张与张之间色泽不同，以及同一张内部位色泽不同。

各种色泽不同的因素可以有：

（1）批与批色差

①水质问题；②原料皮差别；③鞣前处理方式差别；④鞣制过程不同（鞣剂、pH、温度）。

（2）张与张色差

①原料（包括鞣前）组批问题；②静置前碱化剂溶解不够。

（3）张内部位色差

①鞣前处理不均；②提碱不均；③加热不均；④静置前鞣制时间不够；⑤物理部位差大。

1.1.10 坯革的革身状态

坯革的革身状态可以影响加工方法与成革质量。坯革的粒面除色泽差异外，坯革粒面的伤残、粗细、皱纹也会对最终成品的感官产生影响。对生产全粒面、半粒面（轻修面）、修面或绒面（反绒或正绒）各有不同的坯革要求。

革身的状态如折皱、松紧、厚薄、强度，也使坯革在生产加工和成革利用等级上受到限制。坯革的软硬、松紧需要工艺加工进行专门处理。

各种坯革除上述差异外，还存在面积大小、破损情况不同等。需要根据既定产品等级要求进行组批或分离处理。

1.2 染整前的准备操作

1.2.1 蓝湿坯革的组批

坯革的组批（分类）是制革厂对产品结构、工艺制定的基础。根据产品品种与质量要求、企业生产管理与设备条件为基本，对坯革的基本特征、形态特征进行必要的选择性的鉴别，组成合适的批量投入生产。

湿态染整操作以化学品作用坯革为主。因此，需要对坯革已有的化学组分与活性进行关注。正常坯革的主要化学组分有：皮胶原、鞣剂、水分，次要的组分有：无机盐、有机盐、表面活性剂、油脂、防腐防霉剂等。这些化学组分状态还与坯革存放时间、环境温度及含水量直接相关，以下分别讲述。

（1）存放时间影响

铬鞣剂缓慢结合使铬鞣后存放（或静置）成为一个重要的操作。铬鞣后坯革的存放有利于铬在皮内进一步均匀分布，也利于与皮胶原结合而固定，使铬的利用率增加。坯革在存放过程中，革内铬继续水解使之反应活性发生变化。存放时间不足，鞣性发挥不够，坯革抗挤压、抗洗能力不够，导致后续湿态工序中流失铬较多。存放时间过长，铬盐水解接近完成，活性降低，需要增加复鞣负担。

（2）坯革脱水影响

随着存放时间的延长，革纤维与革纤维、革纤维与鞣剂、鞣剂与鞣剂的结合接近平衡。胶原吸附水、铬盐结合水脱出，胶原纤维之间距离减小，坯革变硬，难以回软，影响后续水分进入及材料的吸收。

（3）存放环境的影响

存放环境主要指温度与湿度。温度较高时，表面的油脂、化工材料及污垢受氧化、CO_2作用变色；表面纤维受酸作用而变质；气温较低时，坯革表面的中性盐结晶严重，粒面纤维断裂，造成松面，影响成革的感观。在 5~50℃且湿度较大时，随着铬盐化学活性降低，表面易产生菌伤与霉变，使坯革粒面变色并强度下降。尤其是蓝革未水洗存放，表面碱性物质继续溶解提高 pH，造成菌类迅速生长，导致颜色变化及局部菌伤。

（4）存放状态的影响

湿态坯革存放时内部存在鞣制化学结合。不平整存放造成凹处积液，使粒面出现色花；折叠与皱缩存放将会在革身上出现难以消除的折痕（死折）。随着时间延长，折痕难以消除。因此，平整舒展存放极为重要。此外，若需要延长存放时间，保湿、防热、防冻、防霉等措施必不可少。

1.2.2　挤水、剖层、削匀、称重

（1）挤水操作

挤水是提高剖削精度的重要准备。挤水操作在挤水机上进行，见图 1-1。经过静置一段时间的坯革还含有较多的水分。这些水分的存在，一方面，使机械切削的操作难度增加；另一方面，相同厚度下坯革松软部位含水多皮质少，干燥后的成革厚度差明显。自然干燥耗时长，效果差。因此，采用挤水应尽可能使整张水分分布均匀。

挤水伸展方向与平整有关联，正常是粒面向上，整张牛革以纵向为主或为先。对于开片的大牛皮，一般是先对头颈部进行往复伸展，将颈纹通过机械处理伸平，然后将背脊线方向与伸展机送料辊平行，先从背部到腹部方向伸展，如果边腹纹重，也可以采用往复伸展处理，再从腹部往背部伸展，相交部分尽可能小，伸展后皮面平整，无死折，见图 1-2。

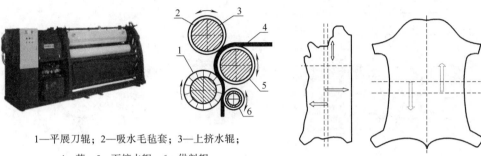

1—平展刀辊；2—吸水毛毡套；3—上挤水辊；
4—革；5—下挤水辊；6—供料辊。

图 1-1　挤水平展机

图 1-2　挤水伸展顺序与方向

常用的设备为挤水伸展机，在挤压辊后加一个伸展刀辊，将挤过的坯革伸开，获得挤水与伸展平衡。挤水操作可能产生的缺陷：

① 压力不够造成水分挤出不足，压力过易产生死痕或挤破。

② 平展不足产生折痕或局部僵硬。

③ 坯革膨胀、油滑，供料辊沾污、油滑，将导致挤水不良。

（2）剖层操作

剖层在于获得成革的初始厚度或坯革多层利用。剖层后的坯革厚度由成革要求、机械状况及操作技术决定。剖层可以减少削匀的负担或者获得坯革多层利用。

采用剖层机剖层操作，见图 1-3。剖层操作可能产生的缺陷：剖痕、挖伤、剖洞及厚薄不均。主要来自：坯革的含水量、含水均匀性、革身平整度、折痕及伤残（破洞、凹坑、刀痕等）。采用剖前填补，如用面粉、革屑或高岭土等，并在其中混合一些胶黏剂，以防止伤残加重或剖洞。

 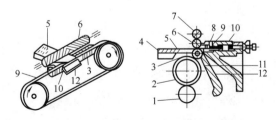

1—支撑辊；2—胶辊；3—环辊；4—工作台；5—坯革；6—花辊；7—压辊；
8—压刀板；9—带刀；10—上层板；11—环辊导板；12—下层板。

图 1-3　剖层机及其工作原理

（3）削匀操作

削匀是决定成革厚度的精确操作。作为一种对坯革厚度较精确调整的工序，操作在削匀机上进行，见图1-4。通常将带有粒面的坯革进行肉面切削，故又称削里（偶尔也有削面操作）。坯革的厚度由刚性辊与刀辊刀片之间的间隙决定。宽工作口的削匀机为自动供料，生产效率高，可整张坯革一刀连续削出，接刀痕少。窄工作口削匀机为手动供料，可进行局部削匀，对部位差大的坯革尤为有利。

1—磨刀砂轮；2—刀辊；3—传输辊；4—坯革；5—供料辊；6—刷辊。

图1-4　削匀机及其工作原理

坯革是一种弹性、塑性、韧性及黏性均兼而有之的特殊材料。这些性能也是在坯革削匀操作中出现削洞、撕破、削焦、跳刀、黏辊等缺陷的起因。为了防止或减少削匀中缺陷的发生，需要从三个方面进行控制：

① 控制坯革状态。水分含量是否合适（40%～50%为宜）、分布是否均匀；坯革是否有死折、硬心或软又黏；撕裂强度是否达到要求。

② 控制操作过程。一次性吃刀量不宜太大，供料速度合适并均匀，坯革能良好地展开，革面匀净。

③ 调整机器状态。保证刀片锋利，刀片、刀辊及整机固定良好，刀片的磨损程度较小等。

削匀坯革的厚度应根据成革要求、后继加工操作及坯革部位差确定。一般来说，应考虑：

① 复鞣、填充、加脂可以增厚。

② 熨压、滚压、绷伸、干削减厚。

③ 坯革组织松紧状况、网状层厚度。

以削代磨也是削匀操作的特殊功能，是指在绒面革的制造中起绒面经过削后不再磨而直接起绒。这是对绒要求不高的绒面革常常采用的方法。

（4）湿磨操作

湿磨是绒面革制造的专门加工。湿磨机见图1-5。从坯革的可磨性来说，干态易磨，湿态不易磨。由于磨后易充水进入后续工序操作，磨湿使绒面制造工艺简化。干态磨革需要先预加脂、干燥后磨革，再充水、染色加脂。湿态磨革对磨革机、砂纸及坯革的要求较高，如磨革刀辊的冷却，防止磨削过程坯革受湿热作用而变性；湿磨的砂纸要求在抗湿能力强、防止湿热作用后沙粒脱落。综合考虑，湿磨操作对坯革要求有：

① 尽可能降低含水并均匀（含水为 35% ~ 40% 为佳）。

② 坯革具有较高的收缩温度（Ts）。

③ 革面含油脂少，以减少滑动。

④ 革身厚度均匀。

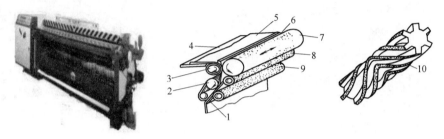

1—滑板；2—传送带；3—供料辊；4—工作台；5—革；6—压革嘴；

7—磨革辊；8—刷辊；9—扫灰辊；10—湿磨辊。

图 1-5　湿磨机及工作机构

（5）称重操作

称重是进入生产及操作的基本依据。称重是工艺操作必不可少的工序，通过称重完成组批与后续工艺中水及材料用量。在称取坯革重（质）量后，需要根据坯革的实际情况（水分含量）增减坯革重（质）量进行修正，如湿革是否减量，干革是否增量。

（6）操作条件

操作条件是制定工艺过程不可或缺但又易被忽视的因素。操作条件主要包括：① 操作温度；②停转时间；③液体用量；④浴液 pH；⑤坯革形貌（张幅、厚度等）；⑥ 转鼓特征（内外结构与尺寸）；⑦转动方式；⑧装载量；⑨物料（水、坯革、化料）出入转鼓方式。其中，①、②、③、④4 种参数通常在工艺中可以被体现，而⑤、⑥、⑦、⑧、⑨5 种参数在确定的时间及地点是固定的，在没有特殊要求时，通常不出现在工艺流程的表述中。

1.2.3　回软与漂洗

（1）目的与材料

回软与漂洗使坯革达到后续操作必要的化学物理性能。经过存放及机械加工的铬鞣坯革，有以下一些缺陷需要解决：

① 坯革内的水分大量缺失，纤维的粘接，阻止了材料的渗入。

② 坯革鞣制后的残留物，如鞣剂、提碱剂、中性盐、脂质物等，占有皮革内外通道。

③ 外界黏附的污染物，如接触污水、灰尘、机械表面及加工的残留等。

坯革的回软漂洗与生皮的浸水操作具有几乎类似的重要性，其目的归纳如下：

① 充入游离水，分散纤维，以利于后续材料渗入。

② 溶出或洗脱坯革内外无用物，提高坯革化学物理活性。

根据上述漂洗的作用或目的，在适当的温度、机械作用及时间因素影响下，可选用以下材料：

① 有机酸。甲酸、乙酸、草酸等作为常用漂洗回软材料。有利于除去钙镁及其他金属离子及其化合物，包括铬盐的洗出。不同的酸及用量与洗出的铬盐变化见图1-6。

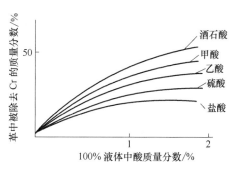

图 1-6   漂洗用酸与革中 Cr 的洗脱

② 酸性盐。一些无机盐及有机酸盐也可以进行漂洗，通过配位作用除去金属离子，酸性盐漂洗对后继有机鞣制而言是有益的。

③ 表面活性剂。可以是非离子、阴离子表面活性剂或它们的混合构成。表面活性剂不仅可以使水快速浸润及渗入，也具有分散油脂及皂类。研究表明：用纯水、非离子及阴离子对含水30%的坯革在30℃进行浸水回软，25min前坯革在纯水中增重略多，然后才开始显示表面活性剂的优越性，见图1-7。

④ 辅助型芳族合成鞣剂。这类合成鞣剂的作用与酸类似，具有漂洗回软功能。目的是分散坯革表面过多的鞣剂与盐，形成一种清洁、均匀并具有缓冲能力的粒面。酸性辅

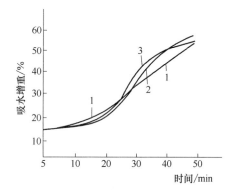

1—纯水；2—非离子；3—阴离子。

图 1-7   浸水剂类型与坯革增重

助型芳香族合成鞣剂对植鞣、合成鞣剂鞣制的坯革效果更好。

⑤ 树脂鞣剂。采用酸性低分子共聚物树脂鞣剂漂洗多用于浅色革或白色革制造。用这类鞣剂主要在于强力脱除或掩蔽革面的铬盐，具有浅色或降低坯革表面活性作用。

⑥ 蛋白酶。采用酸性蛋白酶回软是一种制造软革方法，蛋白酶通过水解表面未被鞣制的胶原纤维区域、皮垢使坯革表面疏松而充水。为了抵抗鞣剂作用，降低鞣剂的活性、增加蛋白酶用量、延长作用时间都是提高酶效的方法。

（2）回软漂洗工艺

为了简化工艺，对坯革的漂洗往往采用多种材料同时作用，从而缩短处理时间。同浴使用的材料要求是互不影响各自功能的发挥。表1-4列出了几种漂洗方法工艺。

表 1-4 漂洗参考举例（用量按蓝湿革重计）

方法	功能	材料	用量/%	温度/℃	时间/min	操作说明	目的简要
（1）酸法	回软漂洗	水	100~200	35~40	60~120	甲酸或草酸（1：10 稀释），完成后排液	除去表面 Ca、Mg、Cr 离子
		有机酸	0.3~0.4				
		回湿剂	0.3~0.5				
		食盐	0~10				
（2）酶助	漂洗软化	水	100	30~35	120~240	软化前蓝湿坯革 pH 为 4.0~4.5，完成后排液	提高粒面软度
		弱碱盐	1.0~1.5				
		酸性蛋白酶	0.5~1.0				
		回湿剂	0.5				
（3）碱法	漂洗回软	水	150~200	35~40	60~120	浴液 pH 为 4.0~4.2 完成后排液	复鞣预处理
		弱碱盐	1.0~1.5				
		中和鞣剂	1.0~1.5				
		回湿剂	0.5				
（4）脱铬法	漂洗回软	水	150~200	35~40	60~120	1：10 溶解，完成后排液	粒面漂白
		甲酸钠	0.5~1.0				
		酸性树脂	0.2~0.3				
		回湿剂	0.3~0.5				

思考题：

（1）正常的铬鞣坯革应该有哪些基本特征？

（2）坯革组批有哪些操作？目的是什么？

（3）如何判断回软漂洗是否正常？

1.3　中和

1.3.1　中和的作用

中和是依据鞣制及后续工序要求调节 pH 的工序。中和的程度依后续材料的作用要求而定，如铬鞣后 pH 较低，则中和可以兼顾复鞣材料应用要求；醛鞣后中和可以完成鞣制及恢复坯革正常结构，如降低 pH 接近等电点消除膨胀。然而，随着鞣剂不同，产品要求及材料功能的改进，中和工序有时可以增加一些其他的作用，如漂白、固定粒面。

现代软革制造的铬复鞣后提碱至 pH 3.9~4.0，为了去除铬复鞣短期内释出的酸及结合的不稳定性，经过提碱及中和进行修补及衔接。因此，综合分析铬复鞣中和的作用有以下 3 个方面作用：

① 除去革内酸，提高 pH。铬复鞣完成的 pH 约 4.0，若后续复鞣工序要求 pH≥5.0，则需要采用碱进行中和或去酸提高 pH。

② 改变坯革的电荷。铬复鞣水洗后随着酸及中性盐的洗出，铬鞣坯革的等电点开始升高（pI≥6.0），低于等电点的坯革在水溶液中表面显示出较强的阳电性，阻止后续阴离子材料渗入革内。中和材料中的阴电荷部分进入或靠近坯革阳离子获得掩蔽作用，使坯革正电荷降低。

③ 增进铬鞣剂与胶原的结合。提高 pH，加速铬盐的水解及固定，减少游离铬盐脱出。

实际生产中 3 种作用均存在。浸酸的胶原等电点 pI 在 4.5~5.0，中和使羧基离解，更有利于铬离子结合，也导致铬离子内硫酸根退出，羟基进入并水解配聚。研究表明，中和前水洗浴液中含铬可达 200mg/L，中和后再水洗的浴液含铬约 20mg/L。

随中和 pH 提高，时间延长，铬离子水解加剧，铬离子的配位点钝化（OH 进入），甚至出现退鞣及氢氧化铬析出，减弱坯革中铬的反应活性。铬离子因水解导致坯革内外阳电性降低，对后续阴离子材料的吸收、结合能力下降，这时被称为中和过度。

1.3.2 中和材料的选用

中和用材料选用以缓冲 pH 及与铬配位能力为基础。实际生产中，为了协调中和的平衡，一些 pH≥4.5、相对分子质量低、缓冲性能好的化学物质可选作中和材料，获得中和效果。

根据鞣制及后续工艺要求，可以简单对中和工序进行划分。假设中和前铬复鞣坯革的 pH 定为 4.0±0.1，实际生产中和要求的 pH 为 4.5~6.5，可以将这一范围设定成 4.5~5.4 和 5.5~6.5 两个区域，则前一区域可称为低 pH 中和，后一区域可称为高 pH 中和，以下按两种区域的使用材料进行讲述。

（1）低 pH 中和

中和 pH 在 4.5~5.4，多用于紧实或厚型的坯革制造。主要原理与内容包括：

① 较低的中和 pH 可降低铬盐水解程度，减少退鞣，保留较多的铬活性结合力，有利于后续材料的牢固结合，获得紧实的成革。

② 低的中和 pH 可以减缓铬鞣水解，从而使碱获得较长时间的渗透作用，有益于厚革的中和。

③ 低 pH 中和多采用甲酸钙、甲酸钠、乙酸钠等较低缓冲 pH 的材料。

④ 较小的分子结构能快速渗透达到很好的深度中和，在较短的时间内使厚型的革完全中和。

⑤ 分子较大的低 pH 中和材料，如乙酸钠、苯磺酸钠则会显出中和深度不足，达到表面中和。

⑥ 低 pH 中和材料一般不易造成过度水解，但也不能长时间、提高温度和大量使用。

⑦ 低 pH 中和可用溴甲酚绿检查坯革切口截面，随中和 pH 升高，其由黄绿色变为蓝绿色或蓝色，变色点在 pH 4.6~4.8。一些常用材料中和的 pH 见图 1-8。

（2）高 pH 中和

高 pH 中和多用于柔软成品革的坯革中和，其中和后坯革 pH 在 5.5~6.5。主要原理与内容包括：

① 中和的 pH 较高，去酸及铬离子水解程度高，退鞣及降低了坯革的正电荷，降低后续材料结合，成革松软。

② 高 pH 需要限制中和时间，结果是常常作为表面中和使用。高 pH 中和时采用强碱

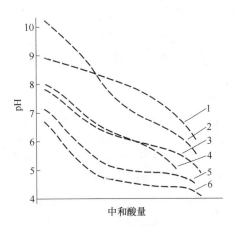

1—硼酸钠；2—碳酸钠；3—碳酸氢铵；
4—碳酸氢钠；5—乙酸钠；6—甲酸钠。

图 1-8　一些盐与酸作用后坯革 pH 变化

弱酸盐，如碳酸氢钠、碳酸氢铵、亚硫酸氢钠等。例如，用小苏打中和铬鞣服装革的结果，革内各层的 pH 变化见图 1-9。

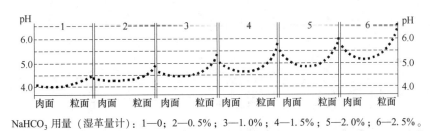

NaHCO₃ 用量（湿革量计）：1—0；2—0.5%；3—1.0%；4—1.5%；5—2.0%；6—2.5%。

图 1-9　NaHCO₃ 中和铬鞣革 20min 后革内 pH 分布

由图 1-9 可见，当 NaHCO₃ 用量增加时，尽管革中心的 pH 有所增加，但革面与革心之间的 pH 差距增大。因此，单靠 NaHCO₃ 中和要求坯革内外有均匀的 pH 是不适合的。除非要求成革粒面较为松弛而革心紧实时才能采用。亚硫酸钠、硫代硫酸钠及硼酸钠也可达到高 pH 中和，但都会造成表面过度中和，少量短时间中和后坯革表松内紧。用亚硫酸钠及硫代硫酸钠中和后坯革色泽较浅的作用。

③ 高 pH 中和后的坯革切口截面可以用甲基红检查，由红色转变成黄色，变色点 pH 在 5.5~5.7。

在多数情况下，为了达到在较短时间内有深度的中和而粒面又有较好的疏通性能，将低 pH 中和材料与高 pH 中和材料混合使用，如甲酸钠（或乙酸钠）与碳酸氢钠（或碳酸氢铵）混合使用。混合材料的中和效果应按它们的相对用量比例决定。

（3）专用中和剂中和

中和剂也称中和复鞣剂，但非复鞣剂，是用于中和的专用材料。中和复鞣剂是具

有良好缓冲能力并能稳定坯革结构的材料，其主要特征描述如下：

① 一类被设置的具有特定缓冲 pH 以及较宽的缓冲区间的多组分材料。

② 能够暂时隐匿铬、降低坯革的阳电性，但不完全使铬失活，以保持后继材料结合。

③ 除了良好的渗透特性外，分散、匀染、耐光也是可兼有的性能，可根据需要选用。

1.3.3　铬鞣坯革中和

中和除调节表面电荷外，还可以提高 Ts 及增加充水。经过中和水洗后，坯革中大量的游离酸与中性盐、铬配合物中的硫酸根（约 1/3）被除去。然而，正常的中和工序控制不是要求革内外 pH 平衡，而是以调节纤维表面电荷、完成鞣制、补充游离水为目标进行考察。将中和 pH 与坯革性质变化作图，见图 1-10。图中显示了正常中和后坯革的 Ts 及吸水性变化。根据图中规律，可以分析为：

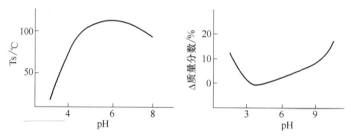

图 1-10　坯革 pH 与 Ts 及吸水增重关系

① 在低 pH 中和段前，随 pH 上升，铬盐水解与羧基配合力增加结果是鞣制效应提高占优；坯革吸水缓慢增加。

② 在高 pH 中和段至 pH 6，皮革 Ts 提高缓慢；坯革吸水仍然增加。

③ 当 pH 高于 6 时，退鞣及水解使 Ts 开始下降；该阶段坯革吸水增加。

由此可见，铬鞣坯革的中和 pH 高于 6 的平衡是不适合的，尤其是 pH 高于 9 后出现膨胀充水。

1.3.4　中和操作

在铬鞣或铬复鞣后，将 pH 调整至后续工艺或材料要求。中和操作应放在铬鞣或铬复鞣提碱水洗后，以防过多游离的铬鞣剂迅速碱化引起表面过鞣或水解物沉淀吸附在表面，从而影响粒面通透性及色泽。

中和的温度需要考虑坯革前处理材料，如鞣剂、助鞣剂的变化。铬复鞣后中和一般在 30~40℃ 进行，温度高中和快，鞣剂收敛加强，坯革粒面色泽较深暗且粒纹较粗。

中和的时间需要根据中和程度确定。无论是高或低 pH 中和，足够的中和剂对坯革的中和时间由短至长均可以获得表面中和、深度中和、透彻中和，甚至过度中和。因此，中和剂的用量与时间是一对需要控制的平衡。下面列举几个中和操作工艺，见表1-5，其中工艺用料以削匀革重计，坯革经过削匀、漂洗后进行中和。

表 1-5　　　　　　　　　　按成革特征要求的铬鞣坯革中和举例

成革特征	材料	用量/%	温度/℃	时间/min	说明
蓝湿坯革 （pH 3.9）	水	150	35	40	单层厚度： 0.6~1.0mm， 完成pH 5.5~6.0，排液
	甲/乙酸钠	1.5			
	碳酸氢钠/铵	1.2~1.4			
蓝湿坯革 （pH 3.9）	水	150	35	60	单层厚度： 1.0~1.2mm， 完成pH 5.0~5.4，排液
	甲酸钠	1.0			
	中和剂（含固计）	2.0			
	碳酸氢钠	0.5~0.7			
蓝湿坯革 （pH 3.9）	水	150	32	120	单层厚度： 1.2~1.5mm， 完成pH 4.5~5.0，排液
	甲酸钠	2.0			
	中和剂（含固计）	2.0			

第一种方案适合于各种薄型软革，是简单的高pH中和（pH为5.5~6.0），用碳酸盐调整pH，其中甲酸钠或乙酸钠起一定的缓和作用。后两种方案为低pH中和，中和复鞣剂起分散、匀染及改善粒面的作用，甲酸钠促进中和速度与深度作用，适合厚革及鞋面革。

一些中性及弱碱性的阴离子树脂和综合型合成鞣剂既能直接用于坯革的复鞣，同时还有一定的中和作用，有良好的填充作用，但通常情况下不用于中和，以免无法达到完善中和的目的，而习惯上称中和复鞣剂仅仅是称呼。

思考题：

（1）染整前应做哪些准备？目的是什么？

（2）中和材料选择与蓝湿革厚度有什么关联？

（3）直接用pH 6.0的水可以中和吗？

（4）试简述中和透与高pH中和的区别。

第 2 章 复鞣

按照现代制革的理论与实践的观点，无论从成革的品种质量要求，还是从原料皮自身固有缺陷上讲，一种或一次单独的鞣剂鞣革的效果往往都不易满足要求。为解决这些问题，鞣制后的坯革再一次鞣制称为复鞣（Retanning）。从复鞣的产生至今，半个世纪以来，已经显出重要的实验价值和理论说明。在现在或今后制革工艺流程中，复鞣工序将成为新型鞣法中最重要的补充。

2.1 复鞣的基本特征

增加坯革鞣制的效果。分次或多次鞣制使坯革的鞣剂结合量增加，改善坯革鞣剂分布，提高皮革化学及物理构造稳定性。

赋予坯革特定的性能。通过复鞣改善坯革后加工性能，使成革获得一些特有的化学及物理特征，改善感官性能。

弥补坯革存在的缺陷。鉴于原料皮品质不足，鞣前或鞣制处理不足以达到成革品质要求，可以通过不同的复鞣剂来弥补和改善。

增加成革得革率。通过复鞣提高坯革边腹部的紧实丰满性，可使整张革的得革率或使用率增加，提高生产批的等级率。

增加工艺复杂性及成本。根据复鞣使用鞣剂的用量与品种的增加，工艺复杂化，使生产周期延长、控制难度增加、成本提高。

2.2 复鞣与填充

复鞣以化学结合为主，兼顾填充。在多数情况下，复鞣与填充往往是"你中有我，我中有你"的相互包含，难以定量区分。从字面上看，复鞣总是代表着某种化学行为，填充则代表物理作用。然而，复鞣兼顾填充，反之则不可能。在实际生产工艺中，可以根据目的或使用方法进行选择。通常情况下，复鞣剂使用不一定要求单纯提高坯革的湿热稳定性，而是获得上述的多种功能。

填充以充实为主，可以兼顾结合。单纯的填充在于解决坯革空松的缺陷。填充效果通常只是对坯革充实而提高密度的结果。由于填充对成革的化学、物理稳定性是极为有限的，填充材料只是在鞣剂与胶原形成的框架内作用。因此，缺乏良好的鞣制而仅仅靠填充的坯革是难以承受机械作用（揉搓、曲绕及拉伸等）。

与鞣剂相似，凡是能进入坯革组织，使其稳定性有所提高，又不能用简单方法萃取出来的材料可称为复鞣剂。复鞣剂是一类广义的鞣剂，不仅能与坯革作用提高热稳定性，也能补充主鞣的不足。通过不同角度可以将复鞣剂分为几类。

按鞣性分类可分为：鞣剂、替代型鞣剂、综合型鞣剂、辅助型鞣剂。

按化学构成成分类可分为：无机鞣剂、有机鞣剂、无机-有机鞣剂。

按来源分类可分为：矿物鞣剂、植物鞣剂、合成醛类鞣剂、合成缩合类鞣剂、合成乙烯基共聚鞣剂。其中，在缩合类鞣剂与乙烯基共聚鞣剂之间又用它们的结构单元特征进行称呼，如酚醛鞣剂、脲醛鞣剂、丙烯酸树脂鞣剂等。

随着品种的增加，一种实用性较强的功能分类已逐渐被制革工厂接受，如氨基填充树脂复鞣剂、丙烯酸树脂填充复鞣剂、白色革复鞣剂、中和复鞣剂、加脂复鞣剂、防水复鞣剂、助染复鞣剂等。

总之，在实际生产中，除了单纯的填充材料外，采用复鞣剂进行复鞣或者填充是可以转换的，这与坯革状况、材料特点及操作条件相关联。什么样的坯革（状况）应选用什么样的材料；什么样的材料可达到目标（功能）；在什么样的操作条件下（pH、温度、机械作用等）获得最好的效果。

思考题：

（1）简述铬鞣革复鞣与填充的必要性，为什么？

（2）叙述填充与复鞣功能上的差别。

（3）坯革复鞣的目的有哪些？

2.3 矿物鞣剂复鞣

2.3.1 铬盐复鞣

铬盐复鞣是提高坯革均质化及反应活性的重要操作。一次完成铬鞣虽可达到满意的 Ts，获得铬鞣革的必要抗湿热稳定性（Ts），但从被鞣的坯革直接染色加脂制备成产品来看，诸多性能还没有被实现。可从两个方面进行解释。

按 1:1 化学计量，经过准备工段处理后单位重（质）量的生皮含有的游离羧基完全与 Cr(Ⅲ) 结合量可以大于 15% Cr_2O_3。按照工艺中碱皮质量计，鞣革用 6% 的硫酸铬(33% 碱度，含 25% Cr_2O_3)，吸收 4%，仅仅不足理论结合量的 10%。这是由于胶原纤维结构的分散是有限的，加上厚度、结构紧实性，导致许多 Cr(Ⅲ) 不能很好地触及反应点，可及度不足。此外，根据 Cr(Ⅲ) 盐的水解聚合及反应惰性，对有限的温度、时间及机械作用，达到与胶原作用的有效结合点是很少的。

铬复鞣也只是均衡分布或者增加吸收措施。然而，铬作为主鞣剂也是特殊的复鞣剂，通过铬复鞣后，在革内铬含量增加及铬鞣剂分布均匀性增加的同时，也得到了以下两个特点：

（1）铬鞣革特征更突出

在工艺条件下，铬与胶原结合的速度较慢，结合量及均匀性也不够理想。铬鞣后往往是肉面结合多，粒面次之，皮心部最少。在蓝坯革的存放及剖削后进行铬复鞣，无论是内部及新的表面均可获得补充。有些工厂为了减少和节省铬的用量或工艺平衡的需要，初鞣与复鞣以不同的比例，如 3/7、4/6、5/5、6/4、7/3 等，均被使用。只是坯革的铬鞣特征被加强。

（2）坯革反应活性增加

坯革中铬含量增加，一方面，坯革的稳定性升高，溶液中显示阳电性增加，单结合阴电荷及接受配合的能力增加。坯革内铬含量增加也使坯革对后续阴离子材料的均匀渗透造成影响。另一方面，铬盐渗透与结合平衡表明单独用铬盐解决松面或部位差是不行的，铬盐无法用作填充材料。但铬复鞣不是最后工序，铬盐复鞣使胶原纤维的成型性进一步提高。在绒面革制造中，单独用铬复鞣后磨绒不易均匀，在坯革松软的革身得不到短而细的绒毛。然而，疏松部位大量的铬盐结合，给阴离子复鞣剂增加结合机会。均匀并富有弹性的细绒可以在"铬复鞣—有机复鞣"后获得。

铬复鞣需要较初鞣更强烈的条件。铬复鞣可采用制革专用铬粉鞣剂，如高碱度、低碱度、高吸收、高含铬复合鞣剂等。这些铬鞣剂的选用可根据成革的要求而定。初鞣的渗透与结合平衡表明，继续复鞣需要移动平衡条件才能有效。这些条件包括：

① 增加初鞣与复鞣的间隔时间。

② 用于复鞣的铬盐通常较初鞣时更高或至少相等的碱度。

③ 设置较初鞣时更高的温度（坯革耐热稳定性较浸酸皮高）。

④ 提碱终端 pH 较初鞣时高。

进行铬复鞣操作时有两个基本参数需要被关注：

① 铬的用量。若主鞣用铬较少，坯革鞣透度不足，铬分布达不到均匀要求；此外，需要根据后续的填充、复鞣、加脂、染色轻重程度要求，确定复鞣用铬量。当前，低铬排放也被作为重要依据。

② 复鞣时间。由于复鞣条件的设置，可以使复铬总时间较初鞣少。要达到良好的水解及有效的结合，需要温度与 pH 进行补偿。铬鞣剂本身的品质，如溶解性、水解特征都是影响因素。此外，机械作用也需要被考虑在内。

铬复鞣的基本工艺见表 2-1 [按削匀坯革重（质）量计]。

表 2-1 黄牛沙发革铬复鞣举例

操作	材料	用量/%	温度/℃	时间/min	pH	说明
铬复鞣	水	150	40	120	3.3~3.8	铬粉:25% Cr₂O₃, B=40%
	加脂剂	1.0				
	铬粉(B=33%)	4.0				
提碱	甲酸钠	1.0		30	3.9~4.2	转 120min 后停转 结合 10h,排液
	碳酸氢钠或提碱剂	0.5		120		

2.3.2 非铬金属盐复鞣

非铬金属盐复鞣是改变铬鞣坯革表面电荷与物理性能的操作。用 Al(Ⅲ)、Zr(Ⅳ)、Ti(Ⅳ)、RE(Ⅲ) 等单独盐类或复合金属盐进行复鞣,常用于坯革粒面特殊的要求。用 Al(Ⅲ) 复鞣将会给坯革表面带来较强的难以掩蔽的阳电荷,从而阻止后期阴离子材料的进入。有时在制造绒面革时,用少量的 Al(Ⅲ)、Zr(Ⅳ)、Ti(Ⅳ) 复鞣,以改善坯革表面的紧实状态,使之可磨性增加,但工艺操作的不稳定因素增加,需要严格控制工艺平衡及技术管理。Zr(Ⅳ)、Ti(Ⅳ) 在低 pH 水解,Al(Ⅲ)、RE(Ⅲ) 水解级差小,都使得难以控制它们的水解及聚合程度,产生氢氧化物沉淀,在坯革表面沉积形成空间障碍,影响其他材料的渗透,从而造成一些不利后果,如表面油腻、色化等。

多金属组合鞣剂,如 Cr(Ⅲ)-Al(Ⅲ)、Cr(Ⅲ)-Al(Ⅲ)-Zr(Ⅳ)、Cr(Ⅲ)-Zr(Ⅳ) 等,为了共存稳定性,在鞣剂制造时就先调整各离子及隐匿剂比例,以满足要求。然而,各金属离子均以不同的水解特征及化学反应活性形式存在,兼有各鞣革特点,坯革表面分布不同,电荷性质不同,较难控制。大量重金属的复鞣增加了坯革单位面积的重(质)量。

2.4 植物鞣剂(栲胶)的复鞣

栲胶复鞣是改变铬鞣坯革形态的重要操作。公元前 1450 年,古埃及已经有用栲胶皮革制品,1794 年开始利用植物提取出的有机多酚混合物作为鞣剂,其中又将儿茶类多酚经过亚硫酸化处理制成粉状材料,统称为栲胶。栲胶是皮革制造的重要鞣剂,也是最常用的复鞣剂。

2.4.1 栲胶的种类特征

目前市场上栲胶有很多种类型:
① 从化学结构上有水解类、缩合类、混合类。
② 从鞣性上有高鞣质和低鞣质含量。

③ 对儿茶类而言，有未亚硫酸化、亚硫酸化（轻/重度）。

④ 其他有栲胶基的改性、复配产品。

鉴于天然产物的来源及结构特征，栲胶即使在现今的轻革主鞣或复鞣中仍是被认为不可或缺的材料；栲胶是复鞣与填充兼顾的材料之一，单独鞣制也能满足皮革产品的主要理化指标。因此，栲胶也是无铬鞣法的重要鞣剂。

无论是用于主鞣还是复鞣，在水溶液中作为半胶体的栲胶分散粒度及电荷成为复鞣质量的关键。小分子鞣质或非鞣质有利于大分子鞣质的分散，促进快速渗透、扩散、结合，仍可为复鞣所用。进入坯革前，栲胶在水溶液中以分散形式存在为主，即半胶体胶团，其胶团表面为阴电性。虽然铬鞣坯革纤维编织的多孔性及机械作用使胶团在渗透上有利，但坯革内的低 pH 及 $Cr(Ⅲ)$ 都使纤维表面带阳电，导致鞣质的聚集力高于渗透动力。

栲胶在水中显现为有机弱酸，pH 为 3.7~4.5；植物多酚结构中参与复鞣反应的主要官能团有离解及未离解的酚羟基、亚硫酸根（儿茶类）、氧游离基及苯环空位以及少量的羧基及脂族羟基。常见植物多酚主要单元的化学结构见图 2-1。这些官能团可与铬鞣坯革中的 $Cr(Ⅲ)$、氨基、羧基、羟基等形成亲水或疏水结合。

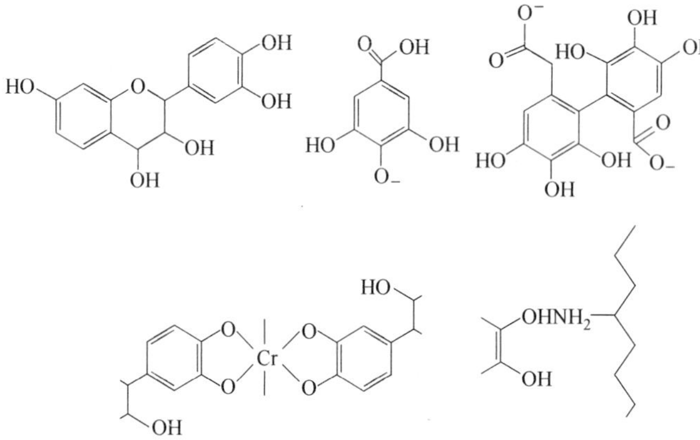

图 2-1　栲胶结构与复鞣结合示意

2.4.2　栲胶复鞣特征

根据植物多酚的化学结构以及渗透与结合历程可以得到栲胶复鞣坯革的以下物理化学特征：

（1）与阳离子强反应性

植物多酚的阴电性显示了对坯革阳离子的敏感性或反应活性，尤其是与多价金属阳离子螯合直接影响坯革的性能，如 $Al(Ⅲ)$、$Fe(Ⅲ)$、$Ca(Ⅱ)$、$Mg(Ⅱ)$ 等。如果栲胶与各种金属盐形成十分牢固的配合物大分子，不仅从空间上对后续的材料渗透造成困难，也给坯革表面硬化造成影响，最终降低撕裂及粒面崩裂强度。其中，与 $Fe(Ⅲ)$

反应显示深蓝色也是最需要被关注的。

（2）良好饱满性和紧实性

栲胶可与胶原发生多点结合，密集的结合点协同产生强的收敛性，使坯革粒面变粗，革身变硬，这时制造软而细腻的革品是不够理想的。复鞣后植鞣剂分子存在于革纤维表面，干燥后疏水聚集成粒团，显示出优良的饱满性填充，见图 2-2。由于缺乏连续性和包容性，结果成革表面的光泽、光滑度较差，成革可挠曲性降低。

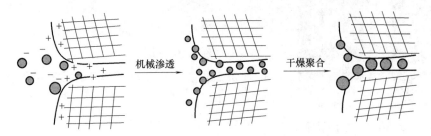

图 2-2　栲胶复鞣铬鞣坯革的渗透结合及聚集

（3）栲胶的吸油性

栲胶的酚羟基在湿态下极易离解形成阴电性，给阴离子染料上染带来困难，也给阴离子加脂剂水乳液的渗透与结合造成阻碍。大量的酚羟基在干态下形成疏水结合，并与油脂良好地相容，使得干态的坯革形成特殊的水油两亲状态。

（4）铬鞣革性能被修饰

大量的羟基结合及分子聚集使栲胶复鞣坯革的物理、化学性质发生改变。随栲胶用量的增加，铬鞣坯革的物性向植鞣革特征方向发展，包括成革的耐光性、抗霉变、抗崩裂与抗撕裂能力都随之降低，亲水性提高，最终被称为半铬鞣革。

（5）坯革良好的成型性

栲胶以多点弱键结合为主，在含湿情况下加热与提升压力可以转变分子的聚集与结合形式，宏观表现在压花成型性好。因此，这种成型性在适当的含水范围（如 25% ~ 35%）尤其明显。

为了获得理想栲胶复鞣的功能，复鞣前坯革状态需要适当掩蔽电荷。根据复鞣填充的深度进行中和，减少渗透阻力。实际生产中，需要利用助剂及预处理阻止或减缓栲胶分子与坯革的结合。

2.4.3　栲胶复鞣方法

（1）栲胶的选择

不同栲胶品牌在渗透性、分散性、结合性之间均有各自的表现特征。因此，用栲胶复鞣，考虑其自身品种上的功能差异是十分重要的。例如：在制造软或较厚的革品，应先选用渗透性好、收敛性较小的亚硫酸化的缩合类品种。要求面革稍挺实一些时，可选用水解类或未亚硫酸化的栲胶。要求各种性能兼顾时，可采用几种植物鞣剂混合使用，只要调整相互间比例、使用的顺序及条件即可。

（2）栲胶复鞣预处理

植物多酚的强阴电荷使得其在铬鞣坯革中的渗透困难。因此，采用阴离子性材料抑制铬离子及胶原氨基的阳电荷的预处理成为栲胶复鞣的必要。这类预处理材料有：有机酸盐、中和剂、合成鞣剂、丙烯酸树脂、戊二醛、阴离子加脂剂。经过预处理后将出现完全不同的结果，见图2-3。

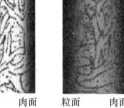

粒面　　　肉面　　　粒面　　　肉面
未预处理　　　　　有预处理

图2-3　预处理与栲胶复鞣后渗透

（3）栲胶复鞣举例

表2-2和表2-3列出了栲胶的常规复鞣条件（以削匀铬鞣坯革重计，坯革厚度1.2~1.3mm，中和pH5.0~5.5，中和透）。其中，合成鞣剂为辅助型或综合型，丙烯酸树脂为中小分子质量的聚合物。分别经过这两种材料的预处理或复鞣，使栲胶良好地深入革内。

表2-2　　　　　　　　　　　　　　　栲胶复鞣工艺1

操作	材料	用量/%	温度/℃	时间/min	pH	说明
栲胶复鞣	水	150	30~35	10~20	4.5~5.0	完成转动后排液
	合成鞣剂	2~3				
	栲胶	4~6		40~60		

表2-3　　　　　　　　　　　　　　　栲胶复鞣工艺2

操作	材料	用量/%	温度/℃	时间/min	pH	说明
栲胶复鞣	水	150	30~35	40~60	5.0~5.5	完成转动后排液
	丙烯酸树脂	4~6				
	栲胶	4~6		40~60		

2.5　合成鞣剂及其复鞣

合成鞣剂复鞣是调节铬鞣成革感官的重要操作。合成鞣剂是指用小分子有机物为单体经过合成生成具有不同鞣性的一类材料。随着人们对皮革制品数量与品质需求的提高，世界化工及工艺的发展，人工合成的鞣剂在20世纪初起开始进入制革工业。作为这类合成材料发展的先导，德国、瑞士在第一次世界大战中大量生产及应用以替代植物鞣剂。至1945年止，欧洲已有大量的合成鞣剂制造专利和应用介绍报道。当初将芳族合成鞣剂直接称为合成鞣剂，是为了区分天然栲胶与人工合成的区别（迄今仍习惯应用）。合成鞣剂种类繁多难以细分，只能按照初期沿用的进行习惯上进行分类辨别。

2.5.1 合成鞣剂分类

（1）按功能分类

① 辅助型合成鞣剂。是一类几乎没有鞣性或不作为鞣剂使用的，但具良好亲和胶原纤维的材料；能很好溶于高盐及低 pH 的水溶液中；制革中起分散、掩蔽、中和、匀染作用。

② 综合型合成鞣剂。是一类有弱鞣性的材料（Ts≤70℃）。在弱酸性范围内有缓冲作用；能溶于弱酸性水溶液，对高盐溶液较敏感；制革中起分散、复鞣、填充、粒面调节作用；不能独立鞣革。

③ 替代型合成鞣剂。与植物单宁有相似的滴定曲线，能溶于中性水溶液；对酸性溶液及盐较敏感；替代型合成鞣剂的纯度高，制革中起鞣制、复鞣、填充作用。

（2）按结构分类

① 芳族合成鞣剂。由萘、萘酚、苯酚为主要结构单元的聚合产物。

② 氨基树脂鞣剂。由脲、双氰胺、三聚氰胺、二异氰酸酯为主要结构单元的聚合物。

③ 醛类鞣剂。甲醛、戊二醛、乙二醛、双醛淀粉、噁唑烷、四羟甲基膦盐等。

④ 聚合物鞣剂。由乙烯基为主要反应结构单元的聚合物。

⑤ 植物基鞣剂。由木素、植物多酚、多聚糖等为主要结构单元的改性产物。

2.5.2 芳族合成鞣剂

最早的合成鞣剂，芳族合成鞣剂，是 1911 年由 Stiasng 采用酚磺酸和甲醛经缩合而成，产品名为 Neradol D，当时尽管这种缩合物还不能称为鞣剂，但这种合成方法形成了芳族鞣制制造的基础。

研制芳族合成鞣剂的初衷或许是类似苯醌的鞣剂或替代植物鞣剂。在应用中成功地发现，这类产品对植物单宁中不溶的成分有良好的分散作用，可延缓植物鞣质的氧化，同时又能使植物鞣革色调浅移、阻止菌霉的生长、减弱铁斑的生成等。如果将芳族合成鞣剂应用在半铬鞣革、纯植鞣革、纯铬鞣革上，均能使这些功能获得良好的表达。尤其是用于均匀表面色调、减缓粒面感官方面，芳族合成鞣剂几乎成了重要的辅助材料。

2.5.2.1 芳族合成鞣剂与坯革的作用

（1）应用共性

pH 是影响芳族合成鞣剂复鞣的重要因素。由于磺酸根具有良好水溶性，类似植物单宁也是以酚羟基为主要结合基团与革作用。由于酚羟基的密度、数量及聚集能力均不及植物单宁，芳族合成鞣剂的鞣革能力不及植物单宁。按一般的酚类物质与胶原结合规律表明，芳族合成鞣剂酚羟基及磺酸与坯革以氢键、盐键结合为主，在湿态下，结合示意见图2-4，其中pI为胶原的等电点，pK_1是磺酸根的离解常数，pK_2是酚羟基的离解常数。

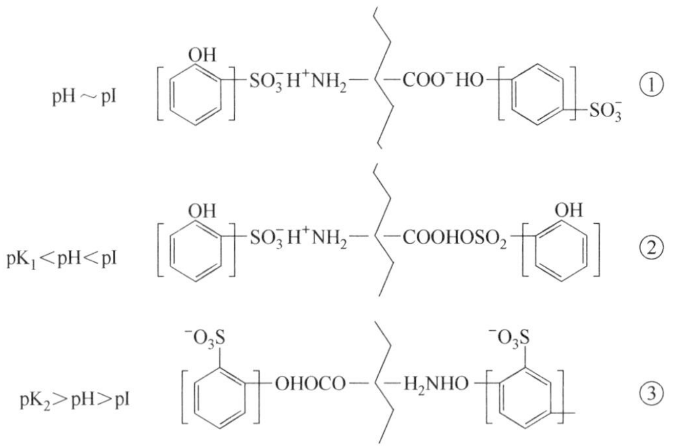

图2-4 芳族合成鞣剂与坯革结合示意

尽管①~③均有结合存在，但从理论分析看，反应①在胶原的等电点pH附近效果最佳。

（2）辅助型芳族合成鞣剂

芳族辅助型合成鞣剂是多功能助剂。该类鞣剂的结构特征是相对分子质量小，磺化度高，酚羧基少，无鞣性或弱鞣性（鞣革 Ts≤65℃），组分特征见图2-5。

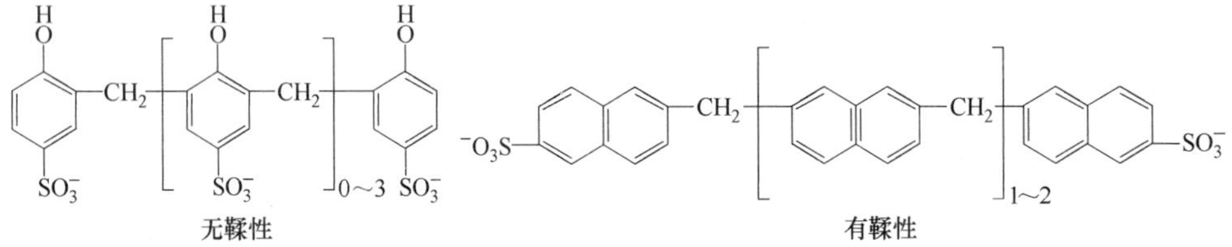

图2-5 鞣剂结构与鞣性示意

这些鞣剂的鞣制系数为10~30，鞣质含量为20%~40%（以固体计）。这类鞣剂多以磺化苯酚的甲醛缩合物或萘磺酸与醛缩合物为主，缩合物相对分子质量较小，本身没有足够鞣性，但其亲纤维性好，在制革中作为漂洗、分散、匀染及中和剂使用。萘磺酸与醛缩合物有利于替代型芳族鞣剂、树脂鞣剂、植物鞣剂、矿物鞣剂、染料等分散，进行渗透的导向，使其他材料更快更均匀地深入分布于坯革内或表面，如以磺化苯酚的甲醛缩合物作为中和复鞣剂与铬鞣坯革的作用，掩蔽坯革电荷，缓冲pH，保持铬鞣剂稳定。

（3）综合型芳族合成鞣剂

芳族综合型合成鞣剂是辅助与鞣制两用鞣剂。其鞣制系数及鞣质含量间于辅助型与代替型，有弱鞣性或中等鞣性（鞣革 65℃≤Ts<70℃），组分特征见图 2-6。

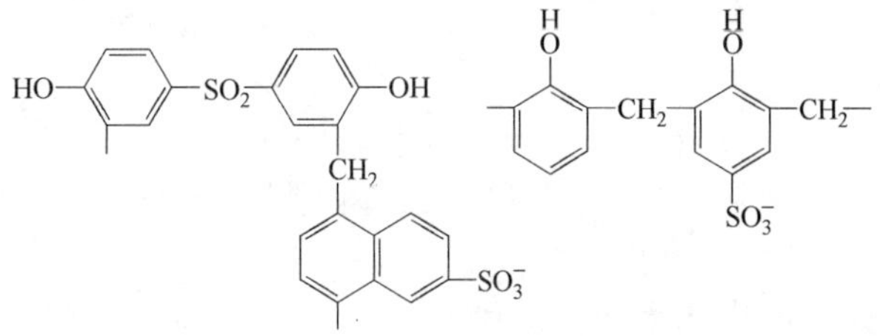

图 2-6　综合性芳族鞣剂结构示意

　　为了让制革厂使用方便，该类鞣剂更喜欢使用多功能、通用型等名字冠在鞣剂品牌前或使用说明中。事实上，这类产品最多，最被化工厂及制革厂注意。尽管这类鞣剂并不能单独用以鞣革，但它们在使用后具有填充作用外，还可获得其他一些辅助型鞣剂所体现的功能，包括鞣制、pH 缓冲、电荷调节。在制造非常软及细致的革种时，这类鞣剂会被协助栲胶及树脂的分散，增加撕裂强度及匀染作用。

　　用苯胺进行制备芳族合成鞣剂是一类弱两性鞣剂，属于综合性合成鞣剂，这类芳族合成鞣剂用于铬鞣坯革复鞣通常具有温和的表面填充性。复鞣后用以改善坯革表面状况，如松弛柔软，上染率增加，与加脂剂配合加强表面滋润感等。这种材料分子中

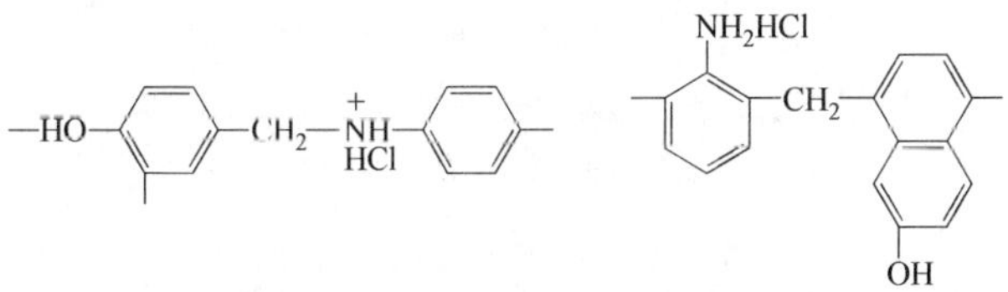

图 2-7　两性芳族鞣剂结构示意

除了氨基外，还含有水溶的磺酸基，在溶液 pH 较高或使用 pH 区间内时为阴电性，pH 较低时形成局部阳性。其结构单元示意见图 2-7。

　　这种较弱的阳离子鞣剂在使用 pH 区间内不会引起染色时色花，而在末期通过甲酸降低 pH 后显出阳电性又可增加染色色牢度，是制造高档全粒面软革的选用材料。但是苯胺是具有毒性的单体，选择产品需要注意苯胺含量。

　　（4）替代型芳族合成鞣剂

　　芳族替代型合成鞣剂是主鞣型鞣剂。这些鞣剂的鞣制系数为 50~70，鞣质含量为 60%~80%（以固体计）。与辅助型不同，其鞣剂的结构特征是相对分子质量大、磺化度低、酚羟基多，主要结构单元鞣性好，见图 2-8。

　　由于制革中的鞣性与非鞣性没有明确分界点，而通常的合成鞣剂多数达不到植鞣剂的鞣性，最终认为凡能使生皮 Ts 有明显提高的材料（如鞣革 Ts≥70℃）均可称为替代型鞣剂。

　　该类芳族合成鞣剂可代替植物鞣剂单独鞣革。替代型合成鞣剂以萘酚为代表的缩合物构成，与胶原纤维及铬盐作用相似于前两种合成鞣剂。这类合成鞣剂能够代替植物鞣剂，但由于作用点不及植物鞣剂，紧实或饱满性不及植物鞣剂。但同等紧实饱满的感官下较植物鞣剂有更好的粒面强度、丰满及延弹性。在替代型芳族合成鞣剂中，

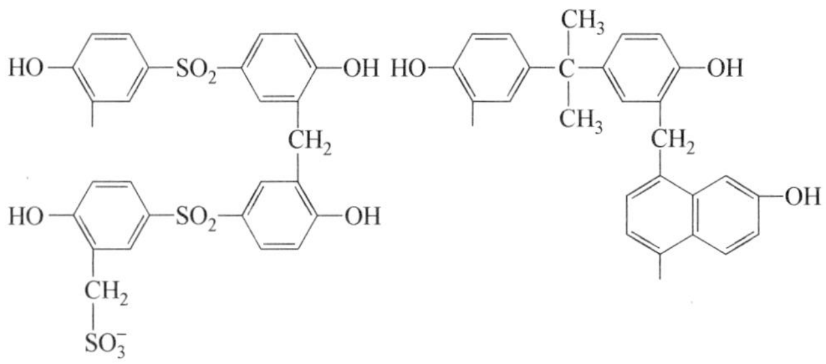

图 2-8　替代型芳族鞣剂结构示意

萘酚类及双酚类结构的鞣剂复鞣后以填充性为主，成革更丰满紧实；苯酚类结构的鞣剂复鞣后成革较柔软，粒面细微光滑，耐光性较好。双酚 S 与双酚 A 都是被限量的单体，选择产品时需要注意它们的用量或单体含量。

（5）白色革芳族合成鞣剂

白色革芳族替代型合成鞣剂是主鞣型鞣剂。为了提高芳族合成鞣剂的耐光性，防止酚羟基成醌变色，减少亚甲基，增加主链耐光热稳定性如引入醚键（—O—）、砜桥（—SO$_2$—）、异丙基〔—C(CH$_3$)—〕等。白色合成鞣剂的主体单元见图 2-9。

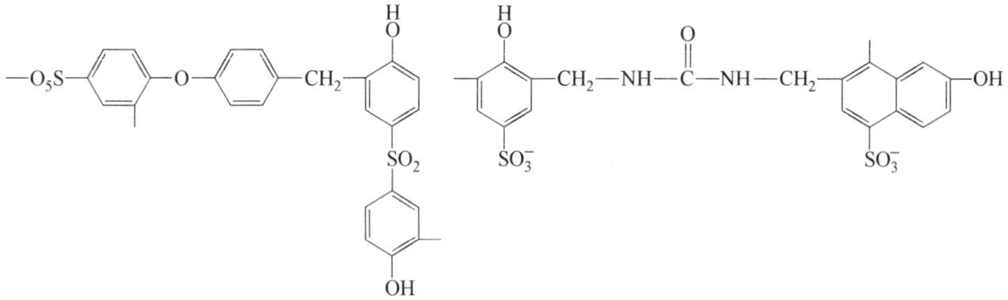

图 2-9　白色革芳族鞣剂结构示意

该类鞣剂鞣性与替代型合成鞣剂的鞣性相当或更高。无论是主鞣还是复鞣可以强化表面，均可得到白色或浅色的革，用于铬革复鞣时可对坯革进行"漂白"。该类鞣剂的亲水性较弱，鞣制后坯革的疏水、延弹性与增厚好，是单独鞣革的优良鞣剂，更是爬行及水生动物皮制革的首选。但多数白色芳族鞣剂的单体毒性与限量值得关注。

（6）含铬型芳族合成鞣剂

含铬型芳族合成鞣剂是以填充为主的鞣剂。含铬芳族合成鞣剂通常是在特定结构的合成鞣剂中配入铬盐。以 Cr$_2$O$_3$ 计，配入量通常为 6%~12%。鞣剂中的铬为合成鞣剂的中心离子。由于铬盐被较好隐匿，鞣剂分子为阴离子，使鞣剂的使用 pH 加宽，不至于因为溶液的 pH 提高使铬盐水解析出。此外，芳族结构及铬盐与坯革的反应活性都被大量封闭，使含铬芳族合成鞣剂填充作用大于鞣性，获得成革丰满、弹性，或者粒面平滑饱满是主要特征。

新型非芳族材料，如木素、蛋白多肽、脂族树脂等，与铬作用也被作为含铬鞣剂，由于稳定性问题，较少被生产应用。

2.5.2.2 芳族合成鞣剂的选用

辅助型鞣剂与水及坯革纤维均有好的亲合性，不具有填充性能，没有显著的鞣制特性。进入纤维间但不影响其他材料渗透，与纤维结合弱，不影响其他材料的替代，但可以改变纤维表面电荷，可以视为一种"媒介"。

（1）亲纤维匀染作用

中和性萘磺酸合成鞣剂在染色中快速吸附坯革表面，降低染料在革表面的吸附速度，获得均匀染色的皮革。染色时，在染料投入染浴前 10min 放入 0.5% 的中和性萘磺酸合成鞣剂，就可以改进皮革染色的均匀性。然而阴离子型芳族合成鞣剂总是要淡化阴离子型染料染色色调，对辅助型也不例外。例如用于生产浅色革，可以用高达 6% 的中和性合成鞣剂，加上少量染料可制成浅淡、均匀的色调。

（2）助渗透及漂洗作用

在铬复鞣前 15~20min 加入 0.5%~1.0% 的萘基，辅助合成鞣剂，可改善铬在皮革中的分布性。类似地，在转鼓式植物鞣革时，用 4%~6% 的中性或弱酸性萘合成鞣剂与植物鞣剂同时使用，将改善鞣剂在皮革中的渗透率，从而减少转鼓运转时间，帮助生产快速植物鞣制皮革。这种弱酸系统的作用是减少植物鞣剂在皮表面的反应性，降低其收敛性。具有酸性更强的辅助型萘合成鞣剂，可以对坯革表面固定的植物鞣剂进行分散清除，同时促进均匀性和漂白性。中性分散性萘合成鞣剂也有助于分散坯革表面聚集的天然油脂，帮助制造更清洁、更鲜色的皮革。鞣制过程中加入辅助性合成鞣剂后坯革在挤水工序中，有助于提高坯革脱水。

（3）除酸中和作用

中性或偏碱性辅助型合成鞣剂与铬鞣坯革作用进行中和，缓冲 pH，保护坯革中的铬鞣剂稳定。一般说来，2%~3% 的中和剂与小苏打配合，可以完成宽 pH 范围的中和。

在一些化工材料制造中，为了防止鞣剂、复鞣剂及填充剂聚集结块、降低使用性能时，辅助性合成鞣剂也被作为分散基混合，阻止聚集延长储存时间。

芳族合成鞣剂复鞣填充。除极少一些特殊革的制造外，芳族合成鞣剂较少用于主鞣。对铬鞣坯革而言，主要用于坯革的复鞣填充。

建立在胶原两性电解质基础上的鞣制化学理论，总是涉及 pH 及静电。鞣制后坯革的 pH 调整（中和）直接决定溶液中坯革纤维表面的电荷，影响芳族合成鞣剂的渗透与结合。对于阴离子芳族合成鞣剂，在水中溶解并因 SO_3^- 而带负电。因此，根据坯革纤维表明电性及分布差别的复鞣结果是不同的。图 2-10 中将坯革分 3 层考查，即表面、上层、中层。铬鞣坯革复鞣前后内外电荷分布与复鞣剂的分布是不同的。

等量下比较，芳族合成鞣剂复鞣后显示的阴电性较植物鞣剂弱，如阴电荷较栗木栲胶少 6~8 倍，较荆树皮栲少 8~10 倍。而芳族合成鞣剂复鞣后的硬度较植物鞣剂复鞣

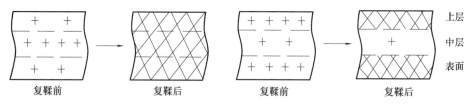

图 2-10　复鞣后鞣剂分布（#）与复鞣前坯革电荷（+）分布状态

明显降低。因此，等量的合成鞣剂复鞣铬革较植物鞣剂也更少地改变坯革物理化学特性。

　　合成鞣剂复鞣的"饱满"与"紧实"。采用鞣性好的芳族合成鞣剂能够给成革紧实与饱满的双重功效，显示出鞣剂的结合与聚集能力。用植物鞣剂复鞣也可以两者兼得。然而紧实的成革不一定就饱满，如铬鞣、醛鞣平衡后都能使革紧实、坚挺，但难以饱满。采用鞣性差的合成鞣剂则得到饱满与紧实都不足的结果。在实际应用中复鞣的条件，如温度、pH、机械作用也可以影响芳族合成鞣剂的功能。研究表明，用同量鞣剂复鞣后坯革的密度（简单代表饱满与紧实）进行排列可以得到以下顺序：

苯酚为主缩合物<烷基酚为主缩合物<双酚 A 为主缩合物<萘酚为

主缩合物<苯醚为主缩合物<双酚 S 为主缩合物

2.5.3　脂族合成树脂鞣剂

　　通过乙烯基以自由基聚合或非芳族缩合反应形成的大分子材料习惯上均称为树脂鞣剂。树脂鞣剂是制革中广泛应用的一类聚合物鞣剂，这类树脂鞣剂绝大多数是属脂肪族线型的分子构型，使得它们能够以大分子（远远超过天然栲胶有效分子质量）形式进入革内。

　　制革用树脂鞣剂是通称，根据构成树脂的单体及合成类型的差异可以分门别类地命名。如丙烯酸类树脂鞣剂、马来酸酐共聚树脂鞣剂、氨基树脂鞣剂和其他树脂鞣剂等。

　　根据化学结构树脂鞣剂不仅能够较好地进入坯革进行填充，而且也可以与革纤维中铬鞣剂发生化学作用，使成革的物理化学性质发生较大的变化。

2.5.3.1　丙烯酸类树脂鞣剂

（1）丙烯酸类树脂结构

丙烯酸树脂鞣剂是一种由丙烯酸类单体共聚而成的高分子物。该类鞣剂单体主要来自丙烯酸及其酯，甲基丙烯酸及其酯，丙烯腈及丙烯酰氨等。该类树脂有溶液与乳液两种类型。自 20 世纪 60 年代中期，由美国 Rohm & Hass 公司开发的丙烯酸类树脂开始应用于皮革的复鞣剂或填料。该类聚合物分子的线型为主，结构基本特征见图 2-11。

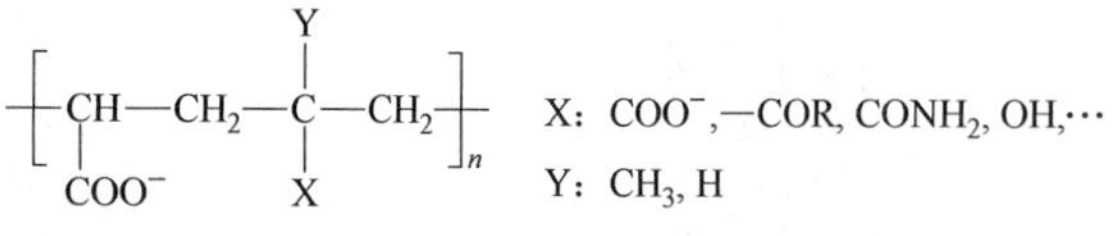

$$\left[\begin{array}{c} CH-CH_2 \\ | \\ COO^- \end{array} \begin{array}{c} Y \\ | \\ C-CH_2 \\ | \\ X \end{array}\right]_n$$ X: COO^-, $-COR$, $CONH_2$, OH, …
Y: CH_3, H

图 2-11　丙烯酸树脂鞣剂结构示意

该类树脂通常无鞣性，称为复

鞣剂只是一种习惯，只有当树脂鞣剂的单体均由甲基丙烯酸构成时，可使其主鞣革的Ts 达 70℃。

由于是线型结构并在水中可形成溶液或乳液，使得该类树脂用的分子质量范围较宽，相对平均分子质量从 1000～150000 均可用于皮革的复鞣或填充。只是相对分子质量大小不同，功能不同。

丙烯酸树脂鞣剂分子链上有大量的羧基，能够与金属盐鞣剂形成强的电价结合及配位结合，形成疏水体而收缩。这是丙烯酸树脂用于铬鞣革的复鞣获得特征感官的基础。大量的羧基离解形成强的阴电性，对坯革的阳电性具极强的掩蔽能力，也对后续阴离子物产生较强的排斥。

在固定坯革特征、机械力作用及时间不变的情况下，丙烯酸树脂在铬鞣坯革内渗透受两个条件影响较明显，即温度与 pH。适当的温度可使树脂扩散渗透加快，但对最终的吸收量影响不明显。而过高的温度会造成树脂与铬反应加快，阻止渗透。实践表明现有丙烯酸树脂鞣剂在 30～40℃渗透最好。pH 对树脂在铬鞣革内的渗透影响也是明显的，较低的 pH 会使树脂水溶性下降乃至沉淀。分子越大，沉淀的 pH 越高，通常相对分子质量高于 5000 的丙烯酸复鞣剂，pH 在低于 3.6 会沉淀。接近沉淀 pH 的树脂，表现出弱的阴电性，而且弱电性的胶团靠在一起形成沉淀前的大胶团，使渗透能力下降，表面填充明显。如果 pH 太高，羧基电离度大，相邻的羧基负电相斥，使水中分子团松散、张开，形成大的分子体积，一方面强的阴电会被坯革的阳电挡在革外，另一方面扩大的体积也难以进入坯革。丙烯酸树脂在溶液中的形态见图 2-12。

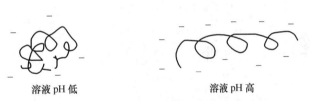

溶液 pH 低　　　　　　　溶液 pH 高

图 2-12　溶液中丙烯酸树脂鞣剂形态示意

理想的羧基配体数量及位置可与 Cr(Ⅲ) 形成牢固地交联结合，最终给丙烯酸树脂复鞣大量的使用造成限制。由于树脂中大量的羧基与 Cr(Ⅲ) 结合超过胶原与 Cr(Ⅲ) 的结合能力，会形成退鞣效应，引起粒面膨胀、硬化，成革粒面强度下降。20 世纪最初研发的丙烯酸树脂就存在这种危险。研究表明，铬与树脂羧基的比例在 1∶2～3 退鞣最强，但实际应用中无法把握这种是否直接作用的条件，只能靠经验决定。

为了使丙烯酸树脂鞣剂有良好、宽松的应用条件，采用无羧基的单体与丙烯酸进行共聚已成为设法改善丙烯酸树脂鞣剂应用性能的一个重要手段，如将结构中的 X 基团变成酯基、腈基、酰氨基、羟基以及长链烷基，则均会改变丙烯酸树脂鞣剂的基本特征与应用性能。良好的结构与适当的使用条件，能够获得优良的成革性能。Lubritan 系列丙烯酸树脂就具备了复鞣填充及加脂的功能，代表了该类树脂具有多种功能的价值。

（2）丙烯酸树脂鞣剂功能

铬的结合量及在坯革中的分布都与丙烯酸树脂复鞣有关键作用。当阴离子型树脂在坯革内及在坯革表面结合，使后续的阴离子材料不易在革面聚集。一些已进入坯革内或在表面结合不牢固的阴离子材料也可被后续的树脂分散，甚至退出。单纯的铬鞣蓝坯革经丙烯酸复鞣剂复鞣能产生漂白作用，为白色革制造提供了有利条件。在宏观上使成革具有以下感官：

① 使革丰满，弹性好。

② 大分子树脂表现出手感柔软、丰满及发泡性强。

③ 低分子树脂使成革粒面紧实，可磨性好。

④ 对栲胶、合成鞣剂、染料、加脂剂有分散作用。

⑤ 成革耐光性增加，铬鞣色调浅色化。

⑥ 明显的软增厚，粒纹收缩。

⑦ 优良的选择性填充作用。

⑧ 对铬盐有助鞣作用，提高铬的吸收。

不同分子质量的树脂被坯革吸收的状况是有区别的。从实验结果中可以看到，低相对分子质量树脂可被坯革较好地吸收，见图2-13。

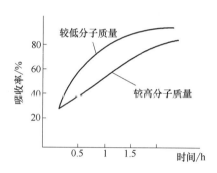

事实上，阴离子丙烯酸树脂在使用中的正面效应与负面效应是协同产生的，或者说是条件性的。应用不当时，负面结果将造成难以消除的成革质量问题。分别表现为：

图2-13　树脂的分子质量与被吸收

① 对溶液及坯革中酸敏感性。

② 对溶液及坯革中反电荷敏感性。

③ 对后续阴离子物的排斥（如败色）。

④ 使复鞣后坯革粒面变粗，革身橡胶感强。

对酸的敏感性主要表现在较高相对分子质量的树脂鞣剂上，尤其是乳液型树脂，羧基封闭使其亲水性下降，易出现破乳、絮凝，甚至表面成膜。通常乳液型树脂鞣剂在pH低于5.0时应用效果变差；溶液型树脂鞣剂在pH低于4.0时应用效果变差；只有相对小分子质量树脂或被称为酸性丙烯酸树脂鞣剂的混浊pH较低。

（3）丙烯酸树脂鞣剂分类特征

① 通用型。不同丙烯基类单体被组合合成了多品种系列产品应用于生产。这些聚合物均具备一般丙烯酸树脂复鞣剂的应用特征，如无鞣性，阴离子型，水溶性黏稠液体，无色至浅棕色不同。这些功能是丙烯酸树脂鞣剂都必备的，是通用型树脂的表征，已成为目前制革生产中必不可少的材料，尤其在服装革、沙发革等轻薄软革种的生产

中是重要的复鞣填充剂。

② 功能型。为了扩大丙烯酸树脂鞣剂的使用范围，改良或改性一直是研究课题，已有不少新型功能的丙烯酸树脂鞣剂出现在制革工业中。

a. 自鞣型的丙烯酸树脂鞣剂。该类树脂鞣剂与生皮作用的 Ts $\geqslant 70℃$。实践表明，自鞣型与助鞣型之间的差别并非由树脂相对分子质量决定，而是因结构不同产生。但当把它们用于铬鞣坯革复鞣时，它们的鞣性已经不显得重要了。

b. 柔软型的丙烯酸树脂鞣剂。该类树脂兼有加脂功能，代表产品是 20 世纪 90 年代起 Rohm & Hass 公司的 Lubritan 系列。它们以乳液的形式为主，在水中分散。这类复鞣剂有较温和的复鞣填充性，用它们复鞣后可以减少或完全不用加脂剂也能得到满意的成革柔软度、更好的弹性、抗热迁移、耐洗等优良性能。这类树脂鞣剂在使用条件上往往要求较高的 pH，以保证乳液可得到良好的分散和渗透。

c. 两性电荷型的丙烯酸树脂鞣剂。该类树脂鞣剂是一种分子结构中含有氨基及羧基的鞣剂，见图 2-14。这类树脂具有等电点，当 pH>pI 时，它们与阴离子型树脂有相同的功能和行为；当 pH<pI 时，它们带正电荷，在低 pH 下不发生混浊或沉淀，对坯革内阴离子材料起固定作用，染色后期使用有助于阴离子染料上染及固定。

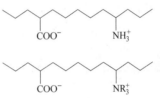

图 2-14　两性丙烯酸树脂结构

d. 填充型丙烯酸树脂鞣剂。这类树脂鞣剂多为乳液型，专用于填充，简称为填充树脂。较大的分子质量、相对较弱的坯革亲合力及渗透力，乳液粒子需要在较高 pH 下并使用渗透剂协助分散、渗透入坯革。较弱的亲水性使其对溶液的 pH、反电荷、电解质很敏感，即使遇到非离子型表面活性剂也会出现乳粒表面水合层破坏而出现凝集。填充树脂分子可以解决严重的松面，但也会因渗透不良易在坯革表面形成黏膜，无论是湿操作还是干填充，过多使用将造成成革偏硬。

无论是功能型还是通用型丙烯酸树脂鞣剂，鉴于线型树脂的热塑性，抗热及抗压能力较差，在湿操作中用于复鞣填充后的坯革在后续操作中受高热、高压等机械力作用时，就会出现树脂的流变及黏结，造成不可逆形变，严重时会出现坯革松壳、板硬、失去延弹性等缺陷。

2.5.3.2　马来酸酐共聚树脂鞣剂

这类复鞣剂是马来酸酐与其他乙烯基单体的共聚物。最典型的是用马来酸酐与苯乙烯的共聚树脂复鞣剂，其中，苯环仅为分子的侧链，习惯上不作为芳族鞣剂考虑。这类树脂以溶液型或乳液型外观存在，其基本结构单元见图 2-15。

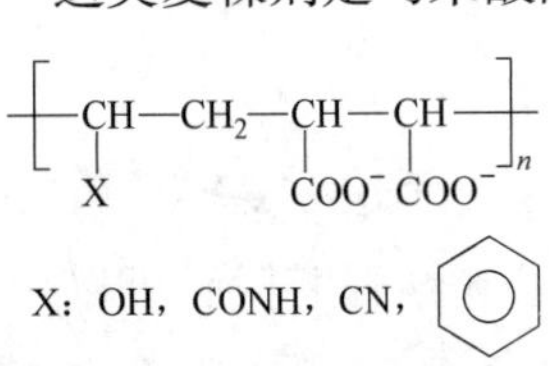

$$\left[\begin{array}{c} CH{-}CH_2{-}CH{-}CH \\ | \qquad\qquad |\quad | \\ X \qquad\qquad COO^-\ COO^- \end{array} \right]_n$$

X: OH, CONH, CN, ⬡

图 2-15　马来酸酐树脂基本结构

与丙烯酸树脂相同，这也是一类阴离子型树脂，亲水基以羧基为主，复鞣的功能也与丙烯酸树脂类似。由于通常该类产品具有较均一的相对分子质量，在溶液中也有较规整的构象，对铬鞣坯革复鞣表面均匀，成革粒纹均匀、平整度好。由于羧基分布特征，该树脂能抵抗并消除硬水带来的危害。如果用苯乙烯与马来酸酐共聚，复鞣后的丰满柔软性会获得最大效果。

2.5.4 氨基树脂鞣剂

（1）氨基树脂鞣剂的基本结构

自 20 世纪 40 年代初发明了脲甲醛缩合物后，首先用于纺织工业，20 世纪 60 年代开始以液态水溶液的形式在制革工业中应用。20 世纪 40 年代末，发明了三聚氰胺树脂用于制革生产。习惯上，主链中以含氮单体的聚合物树脂鞣剂称氨基树脂鞣剂。常用的含氮单体有脲，双氰胺、三聚氰胺、二异氰酸酯等。

用这些单体原料与甲醛缩合反应后会出现大量的氮羟甲基，这些氮羟甲基在弱碱性条件下有一定的稳定性，与水有好的亲合力；酸性条件下易脱水缩合、聚集沉淀。

氨基树脂鞣剂中的氮羟甲基用于铬革的复鞣可以进行鞣制互补，在几乎不影响铬鞣制状态下，树脂与革内胶原的氨基及铬结合形成再鞣制。

当氮羟甲基在胶原内与胶原纤维形成交联时，皮胶原的耐湿热收缩温度可以达90℃（高于醛鞣）。氮羟甲基与胶原交联，反应示意见图 2-16。

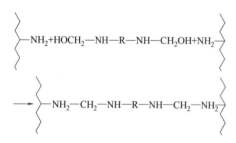

图 2-16 氮羟甲基与胶原交联

鉴于缩合高聚物的分子质量分布较宽，氨基树脂应具有较共聚类树脂更好的选择性填充功能。

（2）脲醛树脂鞣剂

由脲与甲醛缩合以线性分子形成的聚合物通常称脲醛树脂。以环状形态存在主链中的称脲环树脂鞣剂，它们的化学结构式见图 2-17。

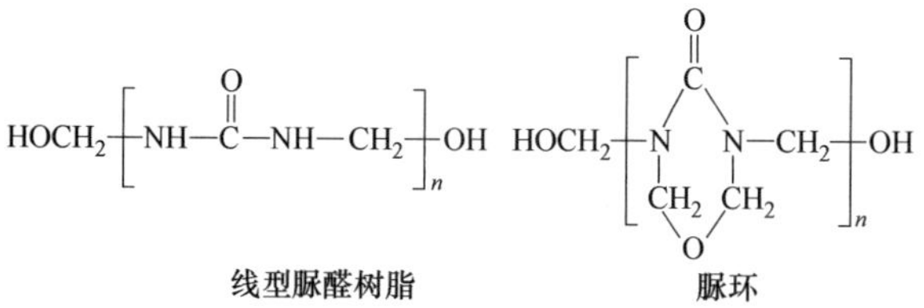

$$\text{HOCH}_2 \left[\text{NH}-\overset{\overset{\displaystyle O}{\|}}{\text{C}}-\text{NH}-\text{CH}_2 \right]_n \text{OH} \qquad \text{HOCH}_2 \left[\text{N}\underset{\underset{\displaystyle\text{CH}_2-\text{O}}{\overset{\displaystyle\text{CH}_2}{|}}}{\overset{\overset{\displaystyle O}{\|}}{\overset{\displaystyle C}{}}}\text{N}-\text{CH}_2 \right]_n \text{OH}$$

线型脲醛树脂　　　　脲环

图 2-17 两性芳族鞣剂结构示意

用脲醛树脂复鞣的铬革具有温和的填充性和良好的柔韧性。而这种复鞣后较好的粒面平滑性和柔和的功能，适合薄而平细的面革。含有氮羟甲基的脲醛树脂可以用作鞣剂，可使生皮的 Ts 高于 80℃。但是与其他氨基树脂相同，大量的活性羟甲基不稳定，难以存放。否则会进一步发生一系列反应，如缩合、交联硬化，放出甲醛，结果出现过度结合，导致成革变硬，撕裂强度下降。

（3）双氰胺树脂鞣剂

用双氰胺树脂复鞣的铬革具有饱满紧实的感官。由双氰胺与甲醛缩合而成，根据结构特征及皮革使用要求，工业用双氰胺树脂鞣剂均制成线性分子，见图 2-18。

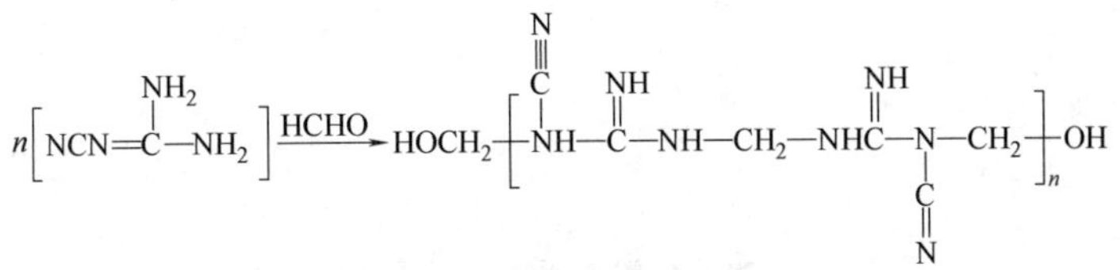

图 2-18　双氰胺树脂缩合过程

大分子的双氰胺树脂不溶于水。尽管其活性羟甲基的特征与脲醛树脂相似，而该树脂结构中大量的富电基团，使之与皮胶原有更好的结合。

保留氮羟甲基时，双氰胺树脂鞣剂单独鞣革的 Ts 可达 90℃。作为填充材料，可以使铬革紧实，是铬革优良的复鞣填充材料。与脲醛树脂相同的是这种结构的双氰胺树脂复鞣铬革，同样存在着再缩合、交联等使革变硬、易撕裂的问题，不宜大量使用或成革长期存放。

（4）三聚氰胺（蜜胺）树脂鞣剂

用三聚氰胺树脂复鞣的铬革具有丰满、延弹的感官。由三聚氰胺作单体与甲醛缩合形成三聚氰胺树脂也是铬鞣革优良的复鞣剂。保留氮羟甲基时，良好的交联能力使简单的缩合树脂鞣革 Ts 达 90℃，其基本结构特征见图 2-19。

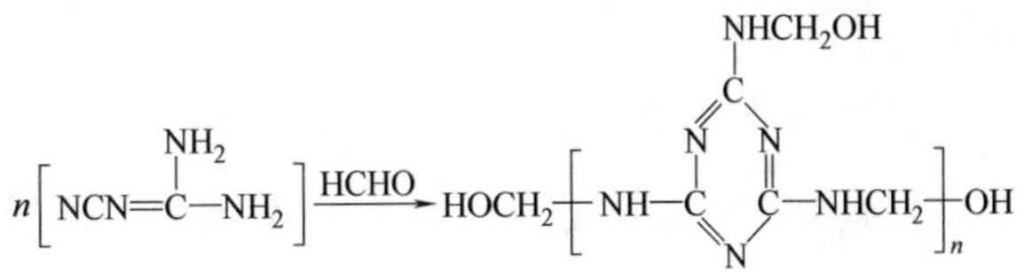

由于分子结构中富电基团不及双氰胺，以及环状、支链结构特点，使三聚氰胺树脂复鞣填充性不如双氰胺，紧实性略低于双

图 2-19　三聚氰胺树脂缩合

氰胺。因此，三聚氰胺树脂鞣剂更多地用于软革的复鞣填充。与上述脲醛、双氰胺树脂鞣剂相同，三聚氰胺树脂鞣剂中若有较多的活性羟甲基，也存在着再缩合、交联使革变硬的问题，不宜大量使用或成革长期存放。

（5）氮羟甲基氨基树脂改性

要使氨基树脂鞣剂能够在商品存储期或皮革保存期保持稳定，提高使用价值，首先要解决活性羟甲基的问题，防止在产品储存中或皮革内部发生缩合水解、聚集硬化、甲醛释放，见图 2-20。

通过封闭氮羟甲基稳定化方法使氨基树脂稳定性提高。用亚硫酸及氨基羧酸方法还能够增加水溶性，常见的方法见图 2-21。然而大分子上较少的亲水基团仍然无法使

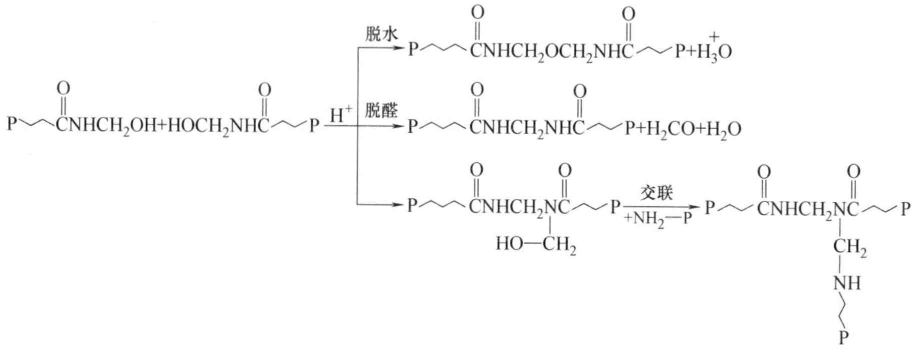

图 2-20　氨基树脂脱醛、硬化反应

这类氨基树脂溶于水中，在生产树脂过程中或使用过程中采用分散剂的方法进行处理。此外，将氮羟甲基封闭后，树脂失去了与胶原发生化学反应或交联的功能，导致商品氨基树脂鞣剂几乎成为了真正意义上的填充材料。至于是否还存在鞣性还需要产品生产者而定。因此，是否能够或多久保存成革内氨基树脂的稳定性还与革内状况或使用环境有关。

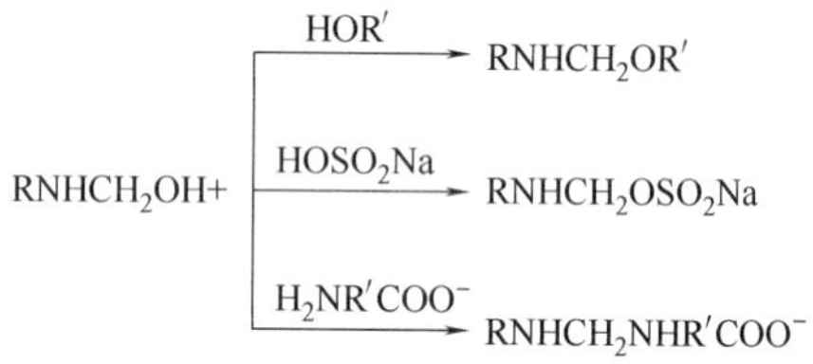

图 2-21　氮羟甲基稳定化方法示意

这些商品氨基树脂鞣剂通常被制成固体粉剂，并进一步复合入分散助剂，保证树脂在存放期间不产生分子间聚集，以及使用分散能力。一些商品兼顾分散与填充，也施加部分无机物。

（6）聚氨酯树脂鞣剂

用聚氨酯树脂复鞣的铬革具有粒面丰满、延弹并致密的感官。用二异氰酸酯与多元醇软缎、多元胺反应生成线型的聚合物树脂鞣剂，分子端基的官能团由反应中单体的配比决定。如醇多则端基为羟基，酯多则端基为异氰酸酯基。聚合物含有氨基与羧基，可以与坯革的氨基与铬进行反应，使得复鞣获得很好的紧实性和阳电荷性。鉴于异氰酸酯基的毒性，产品不能含有异氰酸酯基团。改进的方法是调整配比或二次处理（如用氨、胺或醇等进一步反应，除去异氰酸酯基团）。为了增加水溶性，制备树脂时直接加入带有亲水基团的单体进行共缩聚扩链。当要求制备阴、阳离子型或两性型树脂时，可加入相应的单体进行反应，见图 2-22。

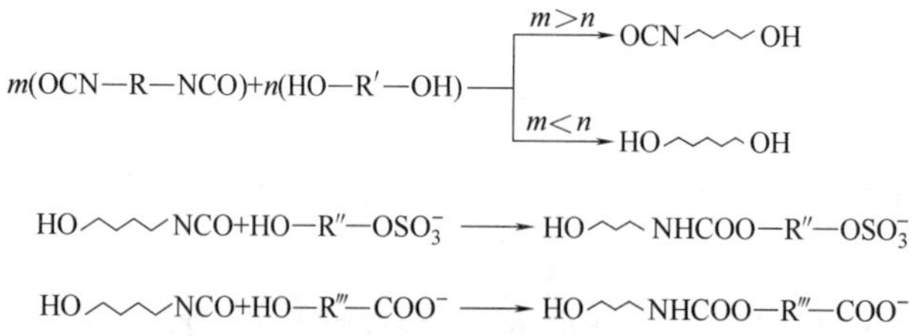

如果要增加这类树脂的鞣革能力，可以通过采用甲醛处理树脂，使甲醛与树脂分子中的肽键

图 2-22　聚氨酯树脂复鞣剂形成反应式

作用而生成一些羟甲基，增加树脂与胶原的反应性。

少量的羟甲基在树脂中尽管同其他氨基树脂一样可能增加鞣性，但较少数量的羟甲基反应活性较弱，鞣性对用量及反应条件依赖性较强。虽然聚氨酯树脂鞣剂这种特定的结合能力与铬鞣革不争反应点的作用，但分子的电荷及结构特征导致复鞣发生在坯革表面，并对 pH 较敏感。良好的分子结构及操作可使成革表面平整细致光滑，反之使表面硬化和粗皱。因此，聚氨酯复鞣填充材料可以有潜在多功能作用范围。

（7）其他脂族树脂鞣剂

随着材料科学发展以及皮革多功能化要求，大量的脂族类树脂被探索开发，如硅氧树脂、聚酯树脂、多组分复合树脂等。鉴于成本与特殊皮革的物性要求外，较少被工业化采用。因为树脂进入坯革内部需要经历溶解、分散，在不同 pH 下，受不同盐浓度、不同鞣剂的作用，应用后的坯革需要经历磨革性、贴板性及表面成型性的加工等。因此，一些个性功能不明显或只起一些辅助作用，也不能有助于清洁生产的材料，开发没有实际价值，至少不能被称为树脂鞣剂。

2.5.5 醛鞣剂及其复鞣

醛复鞣的功能是成革的抗汗性及抗水洗性好。自 1898 年，Pulhmann 申报甲醛鞣革的第一个专利以来，醛作为鞣剂已沿用至今。醛与胶原纤维的侧链氨基及主链肽键发生加成消除反应，最终形成碳氮结合（—NH—C—），使胶原的热稳定性增加。当醛用于铬鞣坯革复鞣时，只是增加胶原纤维一些内部结合，或使胶原纤维之间增加联结，反映出成革弹性增加，亲水性降低，对成革的丰满填充意义不大。当坯革内存在与醛有反应活性的基团，如氨基、羟基亲核性强的基团，以及具有 α-H 和亲电位置的物质都可能发生亲核加成作用。固定儿茶类植物鞣质也是醛的一个重要功能。从植醛结合鞣中可以知道，植物鞣剂与醛分别鞣革时的 Ts 均在 85℃ 左右，而两者结合鞣的 Ts 可超过 100℃。由于醛与坯革中活性点反应最终能成为共价结合，在弱酸碱等多种条件下稳定，不易分解或被水洗去。

用于制革的醛有甲醛、乙二醛、戊二醛和改性戊二醛。由于醛鞣的可逆性大，而其中甲醛与乙二醛在革内固定的 pH 及温度要求较高。甲醛与戊二醛相比，同样被坯革的吸收达到 80% 时甲醛需要的时间比后者长 5~10 倍。因此，尽管各种醛的鞣性相近，非鞣制效果相差较大，故甲醛、乙二醛不被选用。

2.5.5.1 戊二醛类鞣剂

戊二醛（glutaraldehyde），自 1908 年德国化学家哈利斯研究发现后 50 年才作为鞣剂在制革中应用。陕西科技大学（原陕西轻工业学院）曾对戊二醛的鞣革性能作了详细有效的研究。迄今为止，戊二醛已成为制革工业中重要的化工材料之一。

戊二醛以溶液形式存在，易溶于水、乙醚、乙醇。在水中主要以聚合物为主，其

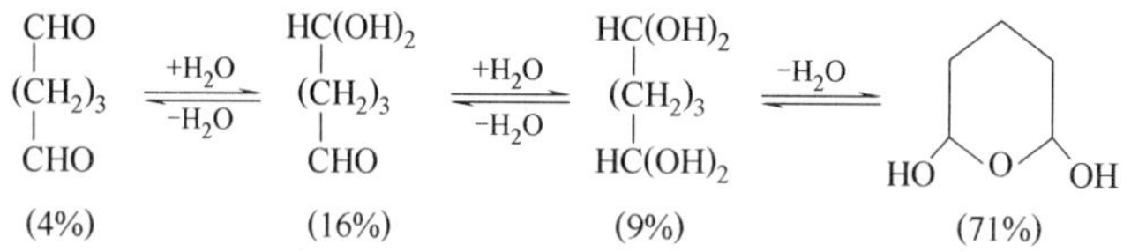

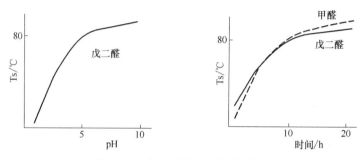

图 2-23　25℃水溶液中的戊二醛分子结构示意

存在的结构形式见图 2-23。这种聚合物可以用热水降解。

作为醛鞣剂，戊二醛鞣制能力在碱性溶液中表现突出，尤其表现在 pH>5 及 pH>10 的条件下即可接近终点的鞣制效果，见图 2-24。

图 2-24　戊二醛的鞣制条件与鞣性

（1）戊二醛与皮胶原反应

戊二醛能够与皮胶原作用，1kg 胶原结合量可达 1mol。其羰基与胶原亲核基作用的活泼顺序有：ε-氨基>α-氨基>肽键>胍基>仲氨基>羧基。然而，戊二醛与这些基团的结合方式却与甲醛不同，就与 ε-氨基反应而言，分别可以用下式反应式对比表示见图 2-25（链式）和图 2-26（环式）。

戊二醛与胶原氨基反应生成四氢吡喃（tetrahydropyran）的衍生物，进一步脱水、

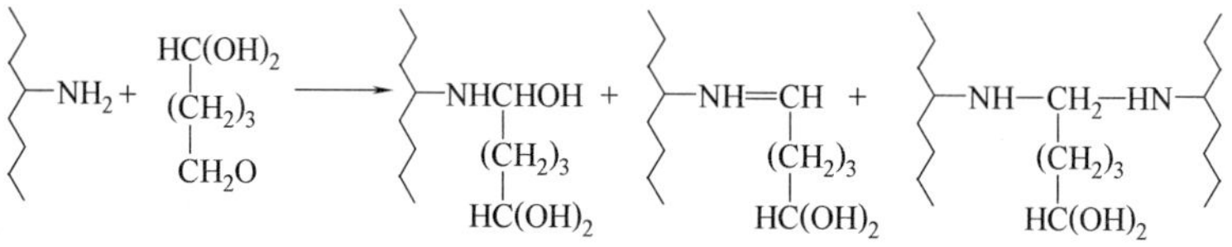

图 2-25　链式戊二醛与胶原反应示意

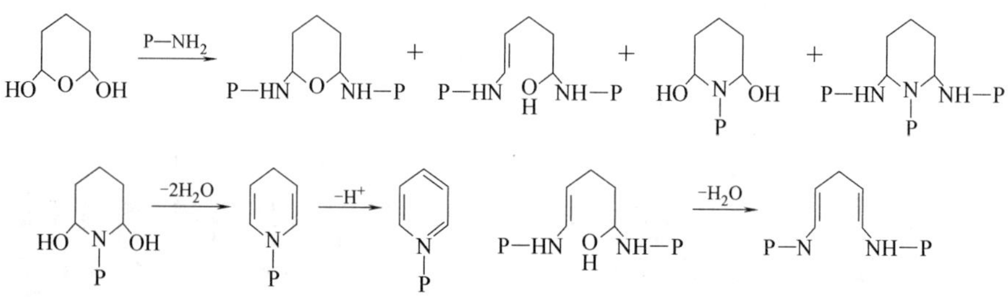

图 2-26　环式戊二醛与胶原反应示意

脱氢生成吡啶（pyridinium）的衍生物，这些产物已从光谱的吸收中发现。

这些反应也表明戊二醛与胶原形成共价结合，由于这种结构导致醛基活性降低，使得戊二醛的鞣制有两个特点，一是戊二醛存在的分子结构形式及与生皮反应的速度使得鞣制以表面为主；二是要使戊二醛尽可能多被皮革吸收，要求较高的 pH 及较长的时间，从实验图 2-27 中可见。与甲醛相比，戊二醛吸收更好，但 pH 为 7.5 时戊二醛才能较好吸收，而当戊二醛作为矿物鞣革的复鞣时，多数使用 pH<6.0，这时要理想吸收是较困难的，提高吸收只能依靠延长时间。一种 pH 与结合量也可从图 2-27 中看出戊二醛鞣制特征。

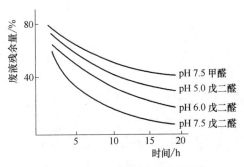

图 2-27　pH 与时间对两种醛的吸收

戊二醛鞣革的 Ts 略低于甲醛鞣革。较高的交联强度有时造成撕裂强度较铬鞣革低。戊二醛作用的革耐汗耐洗性好，但这种耐洗性也与鞣制时的 pH 有关，在较高 pH 下更为有利。然而由于戊二醛的结构特征以及与胶原的结合特点使其作用后的革显黄色。在高 pH、热及光照下色调加深，使得用戊二醛在制造白色革或浅色革中受到限制。为了解决戊二醛鞣制成复鞣中存在的不耐光热的缺点以及前述的吸收率低的不理想的应用性能，改性戊二醛逐渐成为戊二醛用制革的重要手段。

（2）改性戊二醛

改性戊二醛是在相对戊二醛基础上提高耐黄变功能的产物。根据戊二醛鞣剂的成环、聚合形成有色物质的原理，对戊二醛进行化学改性。一种较好的方法，也是目前最常用的方法是利用甲醛进行缩合，反应后的产品被称为改性戊二醛，使得戊二醛失去成环及聚合以及形成芳香结构的机会。目前，在皮化市场上常用的品种多为改性戊二醛产品（也属于脂肪醛），按照最主要的戊二醛组分进行表达，见图 2-28。

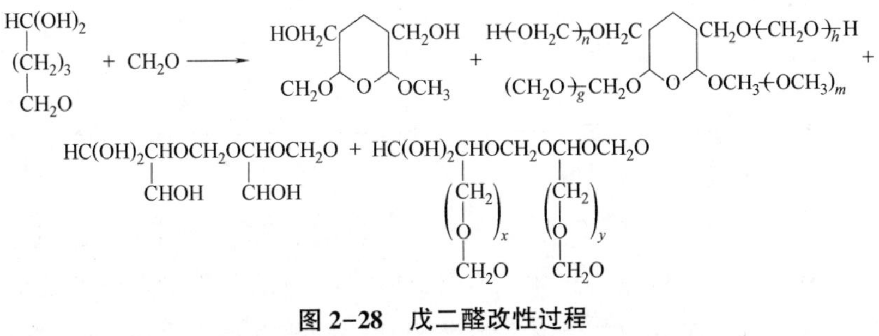

图 2-28　戊二醛改性过程

实际上，改性后是一个反应物、产物及副产物的混合体系，但用于制革常常不需要严格分离。一段由醛基改变为羟基，使得改性产品的功能多样化。根据目前各品牌的介绍及常用产品使用效果与戊二醛比较出现了功能上的区别。

戊二醛的改性提高了戊二醛的使用价值。包括：

① 较戊二醛更耐光、热及高 pH 下不变黄。

② 较戊二醛有更温和的鞣性并保持革的柔软度。

③ 能改善鞣剂及加脂剂渗透及分布。

④ 保持了戊二醛的抗霉及耐污能力。

作为醛类鞣剂，无论改性或未改性都具备一些基本的应用条件，包括：

① 不宜在较高温度下使用（>50℃）。

② 除特殊要求外，不宜在较高 pH 下使用（pH>6）。

③ 不易与含氨基物同时使用。

④ 不宜与植物儿茶素类鞣制同时使用。

⑤ 不宜与蛋白类填充剂同时使用。

⑥ 复鞣的革不宜光热下长时间贮存。

⑦ 足够的机械作用及时间保证吸收。

⑧ 醛基产生的席夫碱可与过渡金属离子产生有色物，白色革中不宜大量使用。

少量醛鞣剂与铬鞣剂能够各自保持鞣革特征。工艺中醛与铬可同时进行复鞣或相继进行，同时铬复鞣时较低的 pH 也满足了醛与坯革的缓和作用。由于醛复鞣时主要与坯革中的氨基反应，复鞣后的坯革对阴离子染料上染有一定的影响。鉴于成本及复鞣作用特点，戊二醛与改性戊二醛的常规复鞣条件为：温度≤35℃，pH≤4.0，用量 0.5～2.0（以削匀革重计），工艺方案见表 2-4。

表 2-4　　　　　　　　　　戊二醛或改性戊二醛使用工艺

工序	材料	用量/%	温度/℃	pH	操作条件	备注
铬复鞣	水	100～150	35	3.5	转动 60～90min	完成转动后静置 12～16h 排液
	铬粉（B=33）	4.0				
	戊二醛（50%）	1.0～2.0				
	阴离子加脂剂	1.5～2.0				
	甲酸钠	1.0～1.5		4.0	转动 20min	
	小苏打	x			转动 60min	

2.5.5.2　噁唑烷鞣剂

噁唑烷又称氧氮杂环戊烷，氮和氧处五元环的间位，是一个系列产品的通称。噁唑烷的衍生物非常多，主要的结构以单、双环。噁唑烷与蛋白质有很好的反应活性。鉴于噁唑烷的特殊性质，在 20 世纪初发明后主要用于医药方面。

噁唑烷是一种利用阳碳亲电进行鞣制的鞣剂。其基本结构见图 2-29。两种噁唑烷都能与胶原纤维发生反应。它们与胶原的结合条件及成革特征均与醛鞣相似，但反应机理因结构不同而异。研究报道的结合方式是噁唑烷中"CH₂—NH"及"CH₂O—C"

断开,与蛋白质生成"HOCH₂—N—P",再进行亲核反应获得交联,或先形成"CH₂=N—P",再进行亲电加成反应获得交联。值得注意的是,这类噁唑烷是通过甲醛与烷基醇氨缩合平衡形成的,产品中游离甲醛原本存在,因此大量使用是不适合的。正常使用范围为≤2%。

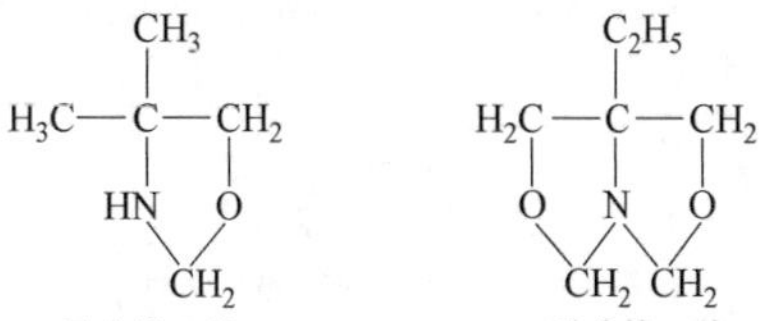

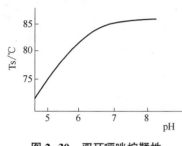

图 2-29 两种噁唑烷基本结构示意

噁唑烷Ⅰ型鞣剂的 pH 高(≥11),使得鞣法需要控制,防止反应速度过快;噁唑烷Ⅱ型鞣剂的 pH 较低,表现出低 pH 下反应慢,pH 升高鞣速加快,见图 2-30。

噁唑烷鞣剂鞣革的 Ts 与其他醛鞣相近,使用条件也与醛鞣剂相似。因此,良好的渗透是困难的,用于复鞣时需要考虑足够的时间与机械作用。

因噁唑烷具有较高的 pH,用于铬鞣后复鞣可以加速铬鞣剂吸收速度,也提高铬的吸收量。其成革的丰满性及耐汗、耐洗、抗撕裂性均比用戊二醛复鞣好。

图 2-30 双环噁唑烷鞣性

在儿茶素类鞣质的栲胶鞣制或复鞣后使用噁唑烷,可以固定植物鞣剂,提高坯革的 Ts、革身紧实性及稳定性。

2.5.5.3 四羟甲基鏻盐鞣剂

四羟甲基鏻盐鞣制是一个以醛鞣为反应特征并提高坯革表面阳离子特征的过程。四羟甲基鏻(tetrakis hydroxymethyl phosphonium)是一种特殊的季鏻盐,简称 THP 盐。其中,硫酸盐称 THPS,氯化盐称 THPC。

THP 盐具有良好的还原性,羟甲基具有较高的化学反应活性,可与许多含活泼氢原子的化合物反应。主要应用于杀菌和阻燃方面。THP 盐发明于 20 世纪中叶,专利就报道了其用于皮革的鞣制。直到 1961 年,美国专利 US 2992879 推荐使用 THPC 和酚(如间苯二酚)进行鞣革,使两种物质在原鞣液中随着 pH 的提高而反应生成一种有效的鞣剂。

随着无铬鞣需要,THP 盐鞣革开始被真正的关注。THP 盐为阳离子,而其鞣制的原理与醛鞣相同,只是革的等电点变化不同于醛鞣,见图 2-31 和图 2-32。

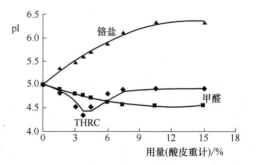

图 2-31 3 种鞣法与革的等电点

THP 盐鞣的革为白色,用于复鞣与醛鞣剂相同(不排除甲醛鞣制),不仅能够与儿茶素类单宁有良好结合,与其他一些亲核基团结合。由于等电点较醛鞣高以及季鏻的阳电荷作用，THP 盐复鞣能够对阴离子染料很好的上染作用，对其他的阴离子材料也有良好的结合与固定。

THP 盐存在两个不理想的问题。一是易受氧化作用转变为阴离子，二是受 pH 作用易释放出甲醛，当体系 pH>6.0

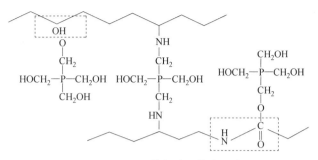

图 2-32　THP 盐与胶原结合示意

后，甲醛开始加速释放，见图 2-33。由此限制了其在一些场合的使用。虽然提高 pH 可以增加结合，但随着 pH 升高，甲醛释放及氧化都向着不利于革的质量方向发展。尽管可以采用氧化剂除去释放出的甲醛，但氧化产生对 THP 鞣剂及坯革的副作用难以控制。因此，THP 盐用于复鞣时，其用量及 pH 控制变得重要。

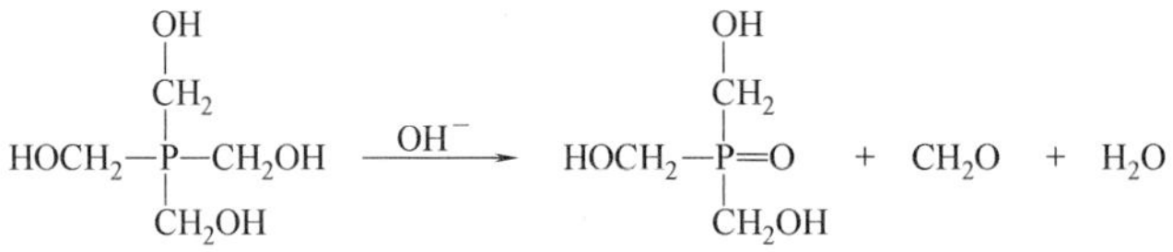

$$HOCH_2-\overset{\overset{\displaystyle OH}{|}}{\underset{\underset{\displaystyle CH_2OH}{|}}{\overset{\displaystyle CH_2}{P}}}-CH_2OH \xrightarrow{OH^-} HOCH_2-\overset{\overset{\displaystyle OH}{|}}{\underset{\underset{\displaystyle CH_2OH}{|}}{\overset{\displaystyle CH_2}{P}}}{=}O + CH_2O + H_2O$$

图 2-33　THP 盐分解过程

思考题：

（1）是否各种复鞣剂都用才能获得满意的制革品质？

（2）简述各种复鞣可能带来的缺陷。

（3）铬鞣革可以不复鞣吗？

（4）缩聚物树脂与共聚物树脂有何区别？举例对比。

（5）描述复鞣体系的 pH 影响。

2.5.6　填充

物理作用时，填充需要物质数量的积累。理论上讲，凡是能进入革内，占有空间的物质，包括有鞣性与无鞣性材料均可以获得填充作用。实际上，填充材料进入革内的通道尺寸是有限的，因此，渗入革内后的材料不能有很好的脱水聚集、结合、改变构象、不被蒸（挥）发。否则渗入与退出通道的机会都是很大的，也就是说靠动力学平衡是达不到填充要求的。尽管进入革内是必要的前提条件，但不是充分条件。因此，所有能够进入革内的材料并非能够获得良好的填充效果。

通常填充材料有蛋白质、多聚糖、合成鞣剂、植物组分、合成树脂、高分子蜡、高岭土、多聚硅酸等。根据常见的种类及它们的主要组分的特性进行描述：

（1）蛋白质类填充材料或多肽类填料

产品基本特征：主要组分来源于胶原降解产物，直接或通过适当改性成为一定分子质量，水溶性较好，水溶液中显示两性或阴电性。该类物质有补充革内皮质的功能，主动填充性较弱，填充后的饱满紧实依据革内可结合物共同作用决定。

（2）多聚糖类填充材料

产品基本特征：主要组分来源于淀粉、纤维素、壳聚糖，通过适当改性成为一定分子质量，水分散性好，水溶液中显示阴电性。该类物质具有实质性填充，其中淀粉类填充紧实性较弱，纤维素类填充性较强。

（3）合成鞣剂填充材料

产品基本特征：主要采用替代型及白色合成鞣剂，如合成鞣剂章节所述。根据鞣性及分子质量决定填充性能。由于该类鞣剂具有良好的结合性，填充革具有紧实饱满性。

（4）植物组分填充材料

产品基本特征：主要来源于各种栲胶、木素，直接或通过适当改性成为复鞣剂兼填充材料，如前面章节所述。该类材料水溶性或分散性较好，水溶液中显示阴电性。由于具有鞣性或良好的结合性，填充革具有紧实饱满性。

（5）合成树脂填充材料

产品基本特征：主要来源于各种复鞣树脂，如前面章节所述。该类材料水溶性或分散性（乳液或固态）较好，水溶液中显示两性、阳电性及阴电性。相对于两性、阳电性而言，具有鞣性或良好的结合性阴电性树脂填充的革具有丰满及紧实饱满性。

（6）高分子蜡填充材料

产品基本特征：主要来源于合成的高级脂肪酸蜡及矿物蜡。该类材料通过表面活性剂乳化分散，乳液表面呈阴电性或非离子性。由于非极性物并柔性的特征，填充后革柔软，表面饱满。

（7）高岭土类填充材料

高岭土是一种非金属矿产，白色而又细腻，又称白云土，其晶体化学式为 $2SiO_2 \cdot Al_2O_3 \cdot 2H_2O$，密度为 $2.54 \sim 2.60 \mathrm{g/cm^3}$。高岭土通常不单独作为填充材料，而与其他固体填充材料混合使用，一方面起分散作用，另一方面起填充作用。高岭土是一类价廉物美的辅助物，使用时不能太多，以免引起表面光泽度下降。

（8）多聚硅酸盐填充材料

多聚硅酸盐是由硅元素、氧元素和金属元素组成的化合物，硅氧四面体作为基本结构单元构成主链的聚合物，密度 $\geqslant 3.0 \mathrm{g/cm^3}$。产品基本特征：主要来源于聚硅酸铝，水中作为交替或分散体形式存在，10% 溶液 pH>5.0 时能够有稳定性。由于含铝，该类物质有一定的鞣性或者说吸附絮凝性强。良好的自聚集能力可以产生饱满、坚实的填充效果。但不宜长时间热氧作用，以免矿化，导致皮革板块型折痕。

思考题：

（1）填充能否替代复鞣？为什么？

（2）已述的无机填充材料与有机填充材料有何区别？

（3）填充可以解决什么问题？怎样才有良好填充？

（4）如何描述丰满、饱满、紧实之间的区别？

2.6　复鞣过程的控制

2.6.1　复鞣过程基础

任何材料复鞣前的坯革可以是经过了主鞣、中和、前复鞣、前填充、染色、加脂等。因此，复鞣不仅要考虑铬鞣坯革固有的理化特征，还要了解前工艺、材料及坯革特性。

2.6.1.1　坯革的物理结构特征

（1）多孔隙性

由于坯革的组织结构特点（图2-34），纤维束编织及纤维束内部存在着间隙，这种间隙的直径为 1~20μm。此外，坯革自然存在并通过加工后腺囊的空穴等，决定了坯革是一种多孔性物。这种孔率的数量、大小及孔隙的形状均是复鞣填充的必要条件。

图2-34　铬鞣坯革的组织形态

（2）表面积大

由于多孔性，使坯革具有巨大的内表面积，分散良好的胶原纤维制得的坯革约为 4.8m²/g（按吸附 N_2 计）的内外表面积。大表面积使坯革表现出极高的表面性能及化学反应活性。

（3）充水量多

多孔性和极性使坯革内存在大量的水分，包括平衡水、毛细水、结合水。可动性大的平衡水、毛细水非常重要的作用之一是与外界材料进行交换，在铬鞣革内这些水可达干坯革重（质）量的100%~120%。

除了上述特征外，尽管在前准备过程及皮源种类之间存在差别，使坯革组织有松紧之分。而坯革的柔软性以及能挤压回弹性也是坯革能够在机械作用下获得快速、强力吸收的基本条件。

2.6.1.2 坯革的化学结构特征

（1）双电性

蛋白质结构使坯革存在固有的双电属性。当水溶液中的 pH 在坯革 pI 以下，坯革显示阳电性，在 pI 以上，坯革显示阴电性。生皮胶原有自身的等电点，当经过准备工段化学处理后 pI 发生了变化。再经过鞣制后随着鞣剂的不同等电点再次出现差异，见表 2-5。

表 2-5　　　　　　　　　　　皮或坯革的等电点和表面电势

皮或坯革	pI	pH 6.5 时表面电势/mV
生皮	~7.6	
鞣前裸皮	~5.4	−31
铬鞣坯革	~6.8	+25
甲醛鞣坯革	~4.6	−41
荆树皮栲胶鞣坯革	~4.0	−85
酚类合成鞣剂鞣坯革	~3.2	−119

（2）表面电势与动电电势

坯革纤维的表面电势是决定复鞣材料吸收与结合的关键。作为大分子电解质的坯革接触水溶液时，蛋白质本身或表面鞣剂等可发生电离或吸附溶液中某种离子产生表面带电现象，带电电性及数量与坯革的被处理情况有关。这种坯革表面与溶液之间的电位差称为表面电势，见图 2-35。当坯革存在表面电荷时，如铬鞣坯革为阳电荷，对溶液中阴电荷离子产生强的引力，使之聚集在界面附近，形成双电层。根据 Stern 双电层模型，被强烈吸附的固定层称为吸附层。离子能够与纤维表面发生相对位移的称为扩散层，坯革在溶液中所具有的实际电势是吸附层与扩散层的交界面 Ψ 与溶液内部的电势差，称为动电电势差，用 ξ 表示。铬鞣坯革的 ξ 电位随溶液的 pH、溶液中存在的电解质（复鞣剂、鞣剂等）种类和浓度导致正负、高低的差别。这种动电电势与坯革及纤维束的表面的距离成为复鞣剂、加脂剂、染料等向革内渗透与结合的主要化学动力。

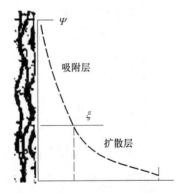

图 2-35　纤维表面动电现象

（3）极性基团

胶原纤维中存在着大量极性和非极性的活性基团，有代表性的主要有羧基和氨基。当裸皮铬鞣后，铬离子的阳电荷、配位点及硫酸根阴离子成为坯革的活性反应因素及反应点。其中，铬阳离子的活性尤为显著，并且其强弱与 pH 高低直接相关。

2.6.1.3 复鞣控制的意义

复鞣剂的功能通常是以复鞣坯革感官变化为判别依据。在复鞣中，随着复鞣剂被吸收结合，坯革发生各种变化可以证明复鞣剂与坯革发生了作用。由于复鞣剂的化学结构只能对复鞣过程中的吸收、结合，以及复鞣的效果进行简单基本的判别。复鞣剂真正的功能在于其溶液中及进入坯革内的聚集态形式。

复鞣及填充的目的在于弥补前加工的缺陷及完成成革的要求，如粒面平细、革身饱满不松面、色泽均匀、坯革可磨性好、绒面革起绒好且绒毛细软均匀、压花或制品成型性好等，都是可以在复鞣填充中完成。如果复鞣材料的选用或使用不合适，且不说如此产品质量要求达不到，还造成生产成本增加、工艺复杂化。如阴离子型复鞣处理不当使坯革上染率下降、加脂剂难以渗入，给水场及涂饰带来了麻烦。复鞣与上染率变化见表2-6。

表 2-6 不同复鞣方式下阴离子染料的上染率范围

复鞣方式	上染率/%	复鞣方式	上染率/%
铬鞣剂	100	4%丙烯酸类鞣剂	40~60
2%戊二醛	60~80	4%氨基树脂鞣剂	60~80
4%合成鞣剂	20~90	4%植物鞣剂	20~40

阴电性坯革也会影响阴离子型加脂剂的吸收固定，在制造重复鞣后的坯革有时还须在后整理中补油。此类成本增加及工艺烦琐都是常常遇到的。因此，如何做好这一工序，在实施前应做好安排。从工艺技术角度出发，可以从两个方面进行考虑：

① 根据成革的要求正确选用复鞣剂。

② 根据复鞣剂的品性正确调整工艺。

每一种复鞣剂，根据其主要组成具备一个基本功能特征。尽管各产品被介绍时会列出多种用途及功能，但都不会离开其基本功能特征。化工生产企业为了维护知识产权，常常不指明产品的结构特征或基本组成，而只介绍功能与常规的使用方法，给使用者带来便利的同时，也给开发或准确使用复鞣材料带来了困难。为了解决复鞣材料与工艺问题，参照前述有关复鞣剂及其复鞣、坯革状况的描述；参照2.6.1.1与2.6.1.2的原理进行复鞣实践外，进一步考虑以下内容。

制革工艺过程是按照若干主干工序操作合理有序地链接完成的。根据原料及终端产品的变化，寻找改造这些变化的联系，对各主干工序进行辅助、修饰，最终达到整体主干流程的平衡，获得异曲同工的结果。

随着成革质量要求的提高，花色品种不断增加，要求工艺及化工材料及时跟进。随着新型材料的大量涌现及功能的细化，应用工艺条件也随之变化。理论上，只能鉴于工艺及操作基本技术的框架进行归纳说明。

2.6.1.4 复鞣中的条件控制

复鞣材料进入坯革内并获得功能，突出的问题是解决渗透与结合的矛盾。从顺序上讲，应先有渗透再有结合；从进程上讲，结合又是解决再渗透的先提条件。事实表明，受机械力作用，仅有渗透没有结合，材料不会被坯革良好地吸收；而过强过快的结合往往只是在表面形成，阻止后续材料进入，导致材料难以被良好地深入分布及理想吸收。要讨论这一矛盾，应该将影响两方面的主要因素进行分析。

从动力学角度讲，材料在坯革纤维网络内的自然扩散速度比在溶液中低（研究报道这种速度比为 1/20 左右）。而转鼓操作中引起渗透的作用力可以是：库仑力（由物质之间的静电引起）、毛细作用力（坯革本身结构及表面能决定）、机械压力（形成负压与动电）。这些力同时存在、共同作用，主导作用交替变化。

在电解质溶液中，电荷作用是物质之间最先、最敏感的现象。库仑定律表明，两个点电荷的作用力的大小直接与电量成正比，又与两个点电荷之间距离的平方成反比。就成键作用距离而言：离子键 ≥ 范氏力 ≥ 氢键 ≥ 配价键 ≥ 共价键。由此可知，引起材料在坯革内结合的特征为静电力优先，离子键最易生成。最终成键需要热力学能量平衡。

复鞣剂在溶液中溶解与分散直接影响在坯革内的渗透与结合，而溶解与分散与环境条件直接相关。本节在确定坯革状况及复鞣材料性质后，对易控的复鞣操作条件，包括温度、浓度、时间、机械作用、材料，使用的顺序分别讨论。

（1）复鞣温度的控制

从物理、化学原理可以知道，升温增加物质内能，使其活动性增加，有利于加速反应过程。在制革复鞣过程中提高温度可以使复鞣剂分散好、溶解快、扩散渗透加快、交换结合加快。

除了鞣性物采用较低的温度、大分子或聚集物采用较高的温度原则外，在工艺要求中通常有两种情况：要求复鞣深度结合或者着重表层作用。在解决这种渗透与结合，内部与表层之间矛盾的过程中，控制温度应掌握以下规律：

① 表面结合提高温度，深度结合降低温度。

② 乳液状态提高温度，溶液状态降低温度。

其中，温度是指一个范围，如果温度在 25~50℃，为了表达便利，可以设 ≤34℃ 为低温，35~44℃ 为中温，≥45℃ 为高温。具体操作时，操作的温度可以按鞣剂的溶解分散能力及与坯革反应情况从中选定。

（2）复鞣 pH 的控制

制革的 pH 控制贯穿整个湿操作过程，复鞣工序也不例外。操作体系的 pH 通常指两部分，一是浴液的 pH，二是坯革的 pH。两者之间的差别主要来自中和材料及过程。

与温度类似，浴液 pH 也涉及电解质的溶解与分散。当复鞣剂被要求在坯革内渗透和结合时，坯革的 pH 更显重要。

对浴液：在水中形成胶体、半胶体及弱电解质物，如植物鞣剂、酚类合成鞣剂及一些树脂鞣剂复鞣，在较高溶液 pH（>5.0）下有较好的溶解、分散与渗透；较低 pH 可导致它们较大的缔合粒径。

对坯革：较低的坯革 pH 使阴离子材料在革表面过早缔合聚集，发生沉积结合。因此，在复鞣初期使用较高 pH 渗透，末期降低 pH（<4.0），完成结合。

阴离子树脂鞣剂在低 pH 下溶解分散不好，不利于渗透；复鞣体系 pH 过高，负电排斥，分子伸展大，也不利于渗透；坯革表面低 pH 导致吸附过多使革面电势反相，造成后续阴离子渗透与结合受阻。因此，这类阴离子树脂鞣剂应该有一个适合的 pH 使用范围，使用 pH 随具体产品而定，见图 2-36。

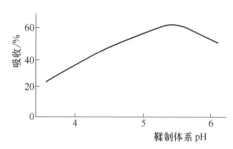

图 2-36 丙烯酸树脂鞣剂吸收与 pH 关系

栲胶以植物多酚结构为主，作为阴离子半胶体，在水溶液中，低 pH 下缔合加强，高 pH 下易氧化成醌，降低水溶性，甚至沉淀。因此，需要一个适当的 pH 浴液进行复鞣。同样，低 pH 坯革也只能表面结合。

对醛类鞣剂，其渗透力主要来自物理机械力作用，pH 以影响结合为主，在高 pH 下使用，表面结合快，低 pH 下吸收与结合均慢。可按照成革要求进行低 pH 下长时间作用，以获得深度结合；在高 pH 下加快表面结合，营造粒面感官。

（3）材料用量与浓度

用量与浓度也与液比有关，若将液比固定讨论，用量与浓度讨论合二为一。复鞣剂用量大，浓度高，无论从动力学或热力学方面解释，相同的机械力下都有利于渗透及结合，或者说有利于深度复鞣或填充。同理，若只要求表面作用，则用量小即可。

在工厂技术管理中，为了合理使用材料，不宜过多地使用某种鞣剂去解决渗透问题，减少液量（≤100%），后续加入同电荷或极性相近的材料可以协助渗透。由此，特点在于：先用材料吸收好，对坯革粒面作用小，废水排放少。实际操作时，液比变化需要注意以下问题：

① 在小液量时，转鼓受到的扭矩大，过大的拉伸与撕裂使坯革易受损，转鼓的传动装置及内部装置受力也大。

② 液量减少，增加坯革与坯革及坯革与鼓内之间壁摩擦力，坯革表面受到较大的剪切力，易使坯革粒面受损，造成松面。

③ 收敛性或脱水性较强的复鞣剂会增加坯革之间的摩擦，使坯革缩面缩纹、打绞而影响材料的均匀吸收，引起部位差、色花。

④ 加料后材料扩散慢，坯革吸收部位差增加，复鞣材料难以按时均匀作用，使同一批坯革出现质量差异。

完成均匀渗透、均匀分布、省时省液，无论是高效、节水、节能，都是清洁生产所提倡的。值得注意的是，低液比操作存在不同类型的材料高浓度混合，需要注意使用条件的相容性。

（4）复鞣时间的控制

一个工序的时间通常指从物料加入转鼓内开始转动至下一材料被加入或排液水洗前的时间。当操作中有停鼓时，可分别称转动时间和总时间。事实上，工艺设置时，能够在设定的时间内达到渗透及结合的平衡是很少的，而制革工艺中多数靠对浴液判断或坯革切口观察决定。

根据吸附、扩散渗透及结合的共性原理表明，材料被吸收的速度往往是非线性的。表观上，材料吸收控制只能在完成快速吸收的时间点。相同电荷单位面积上材料与坯革之间电位差大，或有反电荷作用状态时工序要求时间短；用较小分子材料作用也可较快完成；水溶性材料较水乳型材料吸收快。

丙烯酸树脂鞣剂先通过电荷作用吸附快，而其主要与铬鞣剂结合，由于铬的配位速度慢，坯革表面阳电荷被迅速掩蔽，难以完成后续部分吸收，则要求较长渗透时间完成，见图 2-37。

合成鞣剂或植物鞣剂通过电荷、弱极性及氢键等多电势方式与坯革胶原纤维及铬鞣剂结合，则速度较快。短时间可以达到吸收要求，但较大的分子使深入渗透需要较长的时间。

坯革的状态也影响复鞣时间，较硬、较厚的坯革都需要有较长的时间达到高吸收。

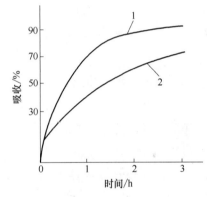

1—芳族合成鞣剂或栲胶；
2—丙烯酸树脂鞣剂。

图 2-37　鞣剂的吸收时间与吸收关系

（5）机械作用的控制

机械作用使坯革孔隙扩缩，有利于材料的渗透；也使纤维内外表面产生动电，有利于材料的结合，最终将材料最大化地带入坯革内。同时，机械作用也使浴液中的材料良好地溶解、分散，并均匀地分配给各张坯革及每张坯革的各个部位。机械作用的力度可由多方面决定。

① 转鼓的种类。普通悬挂式转鼓、恒温转鼓、Y 型转鼓、倾斜转鼓。

② 转鼓的参数。鼓径大小、长径比、鼓内挡板及鼓桩的数量与尺寸。

③ 转鼓的操作。鼓的转速、转动时间与方式、装载量、液比大小。

④ 坯革的张幅、长宽比、厚度、粒面革或绒面革。实际生产中，需要根据工厂的固定设备条件进行考虑，理想的效果应从综合作用因素中得出结论。一般来说，在工厂能够临时调整机械作用的方法是改变液比、装载量、连续运转或停转结合的时间。有时安排适当材料加入的方法也可使机械作用有所变化。

（6）坯革的状况与复鞣

"看皮做皮"是句老话，在复鞣阶段也较为重要，也是工程师的职责所在。如果不谈复鞣剂与复鞣条件，则影响复鞣的坯革状况除了前述的物理、化学特征外，其他相关因素有：平均的厚度，粒面的松紧，整张部位差，内外表面电荷。

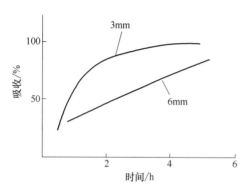

图2-38 坯革厚度、时间与吸收关系

较厚的坯革复鞣，要求吸收与深度渗透较困难。从不同厚度坯革的合成鞣剂复鞣吸收曲线图2-38可见，厚革随时间的延长吸收增加，而较薄的坯革在2h内基本完成了吸收。

为了尽可能缩短操作时间，要求厚坯革预处理加强，如深透中和、漂洗、辅助型鞣剂预处理等。在条件控制上保证以渗透为主。

对服装类薄革，则适当加大复鞣剂用量，以得到深度复鞣填充。

对粒面紧实的坯革，要求用较多的助剂或温和性的复鞣剂复鞣；而对松弛的坯革，只要整张质地均匀，可选用先填充性强、后收敛性强的树脂鞣剂复鞣代替合成鞣剂及植物鞣剂，加强身骨及粒面的弹性和饱满性。

对部位差较大的坯革就会使复鞣变得困难。往往是多选用选择性填充强的大分子树脂鞣剂。有时还要另加干填充操作才能解决。

2.6.1.5 复鞣顺序的控制

在染整的湿操作中，诸多材料因进入坯革内的顺序不同使成革感官上有差异。表示复鞣剂在复鞣、加脂、染色、填充之间加入的先后不同会有不同的结果，其基本结果可以描述为如下规律：

（1）先入为主

有相同结合点或结合基团的材料则先入占优。制革生产实践表明，同点结合的材料之间先入为主十分明显。先加入的材料可较充分地体现其功能特点，如用丙烯酸类树脂先复鞣，后染色加脂，成革丰满性、弹性均好，上染率低，加脂剂的柔软功能下降，甚至吸收率也受影响。如果先染色加脂，后加入复鞣剂，则显示丰满，弹性就差，柔软有加。先染色再复鞣加脂，染料在表面结合，可以获得较多的上染。因此，需要考虑皮革的感官要求确定工艺。也有分步隔开加入材料进行处理，如将加脂剂分步加入来提高柔软功能，但也会使结果复杂化，因为后续材料替代前者需要克服多种困难。

（2）两种材料有相同电荷则先后受渗透方式控制

两种相同电荷的材料，相同的机械力作用下，后渗入者将会受到排斥。因此，考虑或营造不同的渗透方式是有意义的。除了库仑引力外，毛细渗透、疏水结合、吸附或沉积都能够补充渗透与结合，保证后续材料进入坯革。

（3）先复鞣后强填充获得逐渐饱满紧实

一方面，后续材料需要足够的空间才能获得良好渗透；另一方面，后续材料能与坯革或前期材料良好结合，有利于后续材料的吸收。否则，后续材料的吸收不良，尤其是相同离子型的。

（4）同入需要相容，互聚需要分离

两种材料的同浴连续处理或同浴混合处理可以省水、省时。但需要两种材料互为相容、相安稳定才能渗透。对于互相不容或互聚的材料，则必须按以下几种方法进行解决：

① 过渡处理。根据前后材料相互作用原理进行过渡处理或调节，减弱或使双方失去互聚作用，如温度、pH 及介质调节，表面电荷掩蔽处理。

② 隔离处理。水洗、换液、静置都是较好的方法，如此，降低了溶液中反应物浓度，降低了先入者反应活性，可以采用介质调节物将两者隔开。

③ 顺序处理。根据材料之间反应特征的确定顺序，满足渗透、结合平衡；先植物鞣剂后戊二醛鞣剂，将使坯革粒面紧实；先用戊二醛复鞣解决坯革的弹性，再用植物鞣剂渗入解决饱满；先金属盐再植物复鞣，金属盐经水解而钝化，后续植物鞣剂可以良好渗透；先阴离子填料后两性填料，可以解决表面电荷，否则填充仅仅在表面。

思考题：

（1）如何解决复鞣剂的渗透与结合？请详细分析描述。

（2）列举一个复鞣填充顺序，说明理由。

2.6.2　复鞣举例

本节通过介绍一些工艺流程来了解复鞣剂的使用。值得提出的每一种工艺有其本身特定存在的环境条件。实际应用的工艺表述还不能完全在基本技术原理上获得理解时，需要根据成革要求对坯革、材料及操作 3 个因素进行平衡。各因素之间的具体关系还需要在现场因地制宜地进行分析。

2.6.2.1　山羊服装革复鞣

（1）成革要求

高质量山羊服装革要求粒面柔软，粒纹平细，革身丰满。山羊皮粒面纤维细而紧实，易紧缩。复鞣要求使用收敛性小的合成鞣剂、温和的填充为主，以防撕裂强度下降。

（2）参考工艺过程

① 铬鞣山羊蓝湿革（Ts≥90℃），挤水（含水 45% 左右）（滚木屑），削匀至 0.55~0.65mm，称重，增重 50% 作为用料依据，水洗 10min，排液

② 漂洗回软	水（40℃）	200%	
	回湿剂	0.3%	
	甲酸（85%）	0.3%	60min

排液，水洗 5~10min，排液

③ 复鞣	水（40℃）	200%	
	铬粉（B=33%）	4.0%	
	含铬合成鞣剂（固体）	4.0%	120min
	+小苏打	0.5%~0.7%	3×20min+60min

pH 4.0 左右，静置 10~12h，排液

④ 中和	水（40℃）	200%	
	中和剂（固体）	1.5%	
	甲酸钠	1.0%	
	碳酸氢钠	1.5%	60min

pH 6.0 左右，排液，水洗预热，排液

⑤ 染色，加脂	水（55℃）	100%	
	染料	3.0%	30min
	加脂剂	8.0%	60min
	+甲酸（85%）	1.0%	3×20min+30min

浴液 pH 4.2 左右

⑥ 复鞣填充	+水（20℃）	50%	
	+丙烯酸树脂（大分子）	3.0%	30min
	+甲酸（85%）	0.7%	2×20min+20min

浴液 pH 3.6~3.8，水洗 10min，出鼓搭马。

（3）工艺说明

① 采用铬粉与含铬合成鞣剂复鞣使成革粒面饱满、平细，增加铬含量，缓冲 pH。

② 为后填充形式，保证低收敛性，增加边腹部丰满、弹性，改善可涂饰性，可选用填充性丙烯酸树脂或大分子树脂复鞣剂。

③ 填充直接在染色加脂浴中进行，节水；补充低温水，降低复鞣填充稳定，防止粒面收缩，增加加脂剂吸收。

2.6.2.2 黄牛鞋面软革复鞣

（1）成革要求

黄牛鞋面软革复鞣要解决的是使革身紧实、饱满、延伸性小、抗折痕、耐曲挠、

成型性好。需要用树脂复鞣填充为主。

（2）参考工艺过程

① 铬鞣黄牛蓝湿革（Ts≥90℃），挤水（含水 45% 左右），削匀至 0.8～0.9mm，称重，增重 30% 作为用料依据，水洗 10min，排液

② 漂洗回软	水（30℃）	200%	
	回湿剂	0.3%	
	草酸	0.5%	溶解加入，60min
	排液，水洗 5～10min，排液		
③ 复铬	水（40℃）	200%	
	铬粉（B=40%）	6.0%	90min
	含铬合成鞣剂（固体）	3.0%	
	+甲酸钠	1.0%	10min
	+碳酸氢钠	0.5%	2×20min+20min
	停鼓 10～12h，次日测 pH 为 4.0，转 20min，排液		
④ 中和	水（40℃）	200%	
	中和剂（固体）	3.0%	
	碳酸氢钠	0.5%	60min
	pH 5.5 左右，排液，水洗 5min，排液		
⑤ 复鞣	水（35℃）	150%	
	自鞣性丙烯酸树脂	4.0%	40min
	+综合型合成鞣剂	4.0%	20min
	+栗木栲胶	10.0%	60min
	+双氰胺树脂	4.0%	60min
	+蛋白填料（粉状）	2.0%	30min
	+甲酸	0.3%	20min
	pH 4.2 左右，排液		
⑥ 染色，加脂	水（50℃）	150%	
	染料	2.0%	30min
	+加脂剂	6.0%	60min
	+甲酸（85%）	1.0%	2×20min+20min
	pH 3.6 左右，排液		
⑦ 顶层加脂	水（35℃）	150%	
	+阳离子加脂剂	1.5%	
	铬粉（B=33%）	1.0%	30min
	排液，水洗 5min，出鼓搭马。		

（3）工艺说明

① 采用了重铬复鞣，树脂与栲胶复鞣填充模式，兼顾弹性及饱满性；

② 中和用辅助型合成鞣剂进行良好深入，掩蔽电荷，给栲胶渗透提供通道；

③ 用自鞣性丙烯酸树脂鞣剂加强坯革紧实，并有助于栲胶分散作用，选用相对分子质量中等为佳；

④ 采用水解类栗木栲胶增加紧实性，蛋白填料增加皮质感；

⑤ 顶层用少量阳离子加脂剂，加强表面滋润感及强度，降低吸水性；

⑥ 用少量铬盐紧固栲胶及其他阴离子材料，加强粒面耐干湿擦及柔韧性。

2.6.2.3　绵羊服装革/软鞋面革复鞣

（1）成革要求

革身软且丰满，粒面略紧并有弹性，整张伸缩均匀，色调均匀。

（2）参考工艺过程

① 铬鞣山羊蓝湿革（Ts≥90℃），挤水（含水45%左右）（滚木屑），削匀至0.50~0.55mm，称重，增重50%作为用料依据，水洗10min，排液

② 漂洗	水（40℃）	300%	
	脱脂浸润剂	0.3%	
	甲酸（85%）	0.3%	15min
	排液		
③ 复鞣	水（40℃）	100%	
	铬粉（B=40%）	6.0%	90min
	+甲酸钠	1.0%	10min
	+碳酸氢钠	0.5%	2×20min+20min
	停鼓10~12h，次日测pH4.0，转20min排液		
④ 中和	水（35℃）	200%	
	中和剂（固体）	1.5%	30min
	+碳酸氢钠	0.7%	60min
	浴液pH6.0，排液		
⑤ 复鞣填充	水（35℃）	150%	
	+丙烯酸树脂鞣剂	3.0%	60min
	+替代型合成鞣剂	4.0%	30min
	+荆树皮栲胶	6.0%	30min
	+三聚氰胺树脂	4.0%	30min
	+蛋白填料	3.0%	30min
	排液，水洗，排液		

⑥ 染色，加脂　　　水（55℃）　　　　　　　150%

匀染剂　　　　　　　1.0%　　　　10min

+染料　　　　　　　2.5%　　　　30min

+加脂剂　　　　　　15%　　　　90min

+甲酸（85%）　　　1.5%　　　　3×20min+20min

+阳离子加脂剂　　　1.0%　　　　30min

pH3.6 左右，排液，水洗 10min，排液，出鼓搭马。

（3）工艺说明

① 绵羊皮结构疏松，需要较大量复鞣填充，因此，采用重铬复鞣。

② 代替型酚类鞣剂，既作为复鞣填充，又作为栲胶预处理。

③ 用碳酸氢钠提高至高 pH 状态，后续用丙烯酸树脂适当延长时间，使栲胶良好渗透，增加丰满弹性。

④ 用蛋白填充材料填充，要求显示弱双电性，为后续上染与加脂剂的吸收给予补充。

2.6.2.4　猪服装革复鞣

（1）成革要求

成革丰满，边腹部不松，部位差缩小，粒纹细而均匀，毛孔收缩。

（2）参考工艺过程

① 猪蓝湿坯革挤水伸展，剖皮至 0.60~0.65mm，削匀至 0.50~0.55mm，称重，增重 50% 作为用料依据，水洗 10min，排液，脱脂、漂洗、回软，排液

② 复铬　　　　　　水（40℃）　　　　　100%

铬粉（B=33%）　　4%　　　　60min

+乙酸钠　　　　　　1%　　　　20min

+碳酸氢钠　　　　　0.7%　　　60min

浴液 pH4.0 左右，停转结合 10~12h，排液，水洗，排液

③ 中和　　　　　　水（35℃）　　　　　200%

中和剂（固体）　　2.0%

+碳酸氢钠　　　　　0.7%　　　60min

浴液 pH6.0 左右，排液

④ 复鞣　　　　　　水（40℃）　　　　　100%

苯乙烯马来酸酐树脂　4.0%　　　60min

两性合成鞣剂　　　　4.0%　　　60min

排液

⑤ 染色，加脂　　　水（55℃）　　　　150%

丨　　　　　　　　匀染剂　　　　　　1.0%　　　　　10min

丨　　　　　　　　+染料　　　　　　2.5%　　　　　30min

丨　　　　　　　　+加脂剂　　　　　15.0%　　　　90min

丨　　　　　　　　+甲酸（85%）　　 1.5%　　　　 3×20min+20min

丨　　　　　　　　+阳离子加脂剂　　1.0%　　　　30min

丨　　　　　　　　排液，水洗10min，出鼓搭马

⑥ 固定　　　　　　水（25℃）　　　　150%

丨　　　　　　　　+铬粉（B=33%）　1.0%　　　　20min

⑦ 复染　　　　　　+染料　　　　　　0.5%　　　　　20min

丨　　　　　　　　+甲酸（85%，稀释）1%　　　　　20min

丨　　　　　　　　浴液 pH 3.7

⑧ 顶层加脂　　　　+阳离子加脂剂　　1.5%　　　　20min

丨　　　　　　　　排液，水洗，出鼓搭马。

（3）工艺说明

① 猪皮纤维组织紧实，油脂较多，需要在漂洗时脱脂。

② 苯乙烯马来酸酐树脂，增加丰满与平整性，后续用两性填充剂改变表面电荷。

③ 用铬粉最终固定油脂与染料。

2.6.2.5　黄牛轻修面革复鞣

（1）成革要求

革身弹性好，丰满不松面，粒面紧实可磨、易磨。

（2）参考工艺过程

① 铬鞣黄牛蓝湿革（Ts≥90℃），挤水（含水45%左右），削匀至1.3~1.4mm，称重，水洗10min，排液

② 漂洗　　　　　　水（35℃）　　　　200%

丨　　　　　　　　回湿剂　　　　　　0.5%

丨　　　　　　　　甲酸（85%，稀释）0.5%　　　　　45min

丨　　　　　　　　排液

③ 中和　　　　　　水（35℃）　　　　100%

丨　　　　　　　　中和剂（固体）　　2.0%

丨　　　　　　　　甲酸钠　　　　　　1.5%

丨　　　　　　　　碳酸氢钠　　　　　0.5%　　　　　60min

丨　　　　　　　　浴液 pH 5.5左右，排液

④ 复鞣，填充　　　水（40℃）　　　　100%

	丙烯酸树脂（小分子）	2.0%	
	丙烯酸树脂（中等分子）	3.0%	90min
	加脂剂	1.5%	
	荆树皮栲胶	8.0%	60min
	双氰胺树脂	4.0%	60min
	蛋白填料	2.0%	
	戊二醛（50%）	1.0%	60min
	+甲酸	1.0%	20min×3+30min
	浴液 pH 4.2 左右，排液		
⑤ 染色，加脂	水（47℃）	100%	
	染料	2.0%	30min
	+加脂剂	6.0%	70min
⑥ 固定	+甲酸（85%）	1.5%	2×10min+30min
	浴液 pH 3.6 左右，水洗 5min，排液，出鼓搭马，干燥，整理，磨革。		

（3）工艺说明

① 本产品为轻修面革，蓝革较厚，漂洗后进行温和的低 pH 中和，目的是保证革紧实并深度中和；

② 用较小及中等分子质量丙烯酸树脂加强复鞣；

③ 初步加脂，保证粒面不过早收紧，以保证革心使之柔软；

④ 由栲胶、氨基树脂鞣剂、蛋白构成复鞣填充并最后醛固定，使革面紧实易磨。

2.6.2.6　黄牛白色软鞋面革复鞣

（1）成革要求

成革丰满弹性好，白度好，抗曲挠性好，耐光。

（2）工艺过程

① 铬鞣黄牛蓝坯革，削匀至 1.20~1.25mm，称重，水洗 10min，排液

② 漂洗	水（40℃）	100%	
③ 回软	回湿剂	0.5%	
	草酸	0.5%	60min
	浴液 pH 5.5 左右，排液		
④ 复鞣	水（40℃）	200%	
	铬粉（B=33%）	4.0%	
	含铬合成鞣剂	4.0%	120min
	+小苏打	0.5%~0.7%	3×20min+60min

pH 4.0 左右，静置 10~12h，排液

⑤ 中和　　　水（35℃）　　　　　　　100%

白色革中和剂（固体）　　　2.0%

甲酸钠　　　　　　　　　1.5%

碳酸氢钠　　　　　　　　0.5%　　　　60min

浴液 pH 5.5 左右，排液

⑥ 复鞣，填充　水（40℃）　　　　　　　100%

丙烯酸树脂（中等分子）　　3.0%

耐光分散单宁　　　　　　3.0%　　　　60min

白色合成鞣剂　　　　　　6.0%

聚氨酯树脂　　　　　　　2.0%

中空微球丙烯酸树脂　　　2.0%

⑦ 加脂　　　水（50℃）　　　　　　　100%

+加脂剂　　　　　　　　14%　　　　90min

+甲酸（85%）　　　　　1.5%　　　3×20min+30min

+中空微球丙烯酸树脂　　2.0%　　　30min

排液，水洗，出鼓搭马。

（3）工艺说明

① 先用草酸漂洗除去变价金属盐。

② 用中空微球丙烯酸树脂进行丰满性复鞣及表面增白填充。

③ 用白色合成鞣剂复鞣填充，保证白色耐光。

④ 加脂固定后再补充表面填充中空微球丙烯酸树脂，增加白色。

2.6.2.7　黄牛压花家具革复鞣

（1）成革要求

压花粒纹饱满，革身柔软、平整、挺拔，耐汗性好。

（2）工艺过程

① 准备　铬鞣蓝坯革挤水，摔软 20min，削匀（厚为 1.1~1.2mm），水洗 10min，漂洗回软，pH 3.6，排水

② 复鞣　　　水（40℃）

铬粉（B=30%）　　　　4.0%

戊二醛（50%）　　　　2.5%

加脂剂　　　　　　　　1.5%　　　60min

+甲酸钠　　　　　　　1.5%　　　20min

+小苏打　　　　　　　0.5%　　　60min

pH 4.0 左右，停转结合，共 12~14h，排液

③ 中和	水（40℃）	150%	
	中和剂（固体）	2.5%	
	甲酸钠	1.5%	
	碳酸氢钠	0.7%	60min

pH 6.0 左右，排水，水洗 10min，排水

④ 染色，复鞣	水（40℃）	150%	
	染料	2.0%	20min
	丙烯酸树脂（大分子）	6%	20min
	+综合性合成鞣剂	4%	
	荆树皮栲胶	8%	60min
	+三聚氰胺树脂	4%	30min
	+蛋白填料（固体）	3%	60min
	+甲酸（85%）	0.5%	20min

浴液 pH 4.2 左右，排液

⑤ 加脂	水（50℃）	150%	
	加脂剂	14%	60min
	+甲酸（85%）	1.5%	15min×3+20min
	+铬粉	1.5%	20min

浴液 pH 3.6 左右，排液，水洗，出鼓搭马，挤水，绷板干燥。

（3）工艺说明

① 铬复鞣加入戊二醛，增加成革抗汗性。

② 加入大分子丙烯酸树脂，使革身弹性、连接性增加，压花形变性好。

③ 合成鞣剂助栲胶分布，氨基树脂加强对面部位作用，配合蛋白填料构成紧实的填充。

④ 加脂前甲酸及终端铬盐都为了稳定填充及加脂剂破乳结合，保证湿态绷板时坯革内材料的稳定。

思考题：

（1）写出一个复鞣工艺，并说明工艺操作过程要求。

（2）从成革品种及原料结构出发，讨论一个复鞣填充方案。

第3章 皮革染色化学

皮革的染色是指用染料使皮革着色的过程。染色的目的是赋予皮革一定的色调，通俗地说是颜色。皮革通过染色可改善其外观，使之适应流行风格，增加其商品的价值。除一些底革、工业革、修面革无须顾及材料本身色调或只需涂饰改色的产品外，大多数轻革在鞣制后都需要进行染色。

人类发现和应用天然矿物、植物染料已有四五千年的历史，皮革最早着色物来源于天然植物果、叶、花的提取物或无机矿物质。公元前 2500 年古埃及金字塔、公元前 100 年我国马王堆文物都有染色的痕迹。天然栲色、苏木精、桑色素、植物靛蓝、汞化合物等均为早期的着色物。1857 年，美国 Perkin WH 用煤焦油中的苯制得了有机合成染料苯胺紫（Marveine），并实现了工业化生产。随后各种染料相继出现，20 世纪初，出现了第一个稠环还原染料，1956 年，又出现了活性染料。从此以后，合成染料成为替代天然染料用于皮革、纺织的主要染料。

染料是可溶于水或有机溶剂，能使被染物具有鲜明而坚牢颜色的一类化合物。染料不仅是一类有色物质，而且当与被染物结合着色后需要有保持颜色的能力。染料用于皮革的染色，应当满足下列基本要求：

① 被染皮革色泽鲜艳、明亮、清晰，色调均匀一致，无色花、色差现象。

② 皮革色调具有较高的坚牢度（不易变色、褪色），如耐光、耐洗、耐摩擦等，能够保持自身颜色的稳定性。

皮革染色方法较多，在转鼓、划槽染色，辊染、喷染、刷染等。在水浴进行染色也是皮革染色的主要方法。

皮革的染色效果不仅取决于染料的质量，还取决于染色前革坯的状态、性质，染色工艺，以及染色前后处理工艺等。因此，要了解皮革与染料的上染特征，不仅要根据染色的要求和皮革的性质，合理地选择染料的种类和确定染料的配方，而且要充分考虑其他工序对染色过程的影响，采取适当的染色助剂，达到理想的染色效果。

3.1 颜色的调配

在讨论皮革的染料及染色之前，需要简单了解颜色及染料的发色理论，颜色的测量方法及颜色的拼配原理。

3.1.1 光和颜色关系

人们感受到某一物体有颜色判别应当具备 3 个必要条件。

颜色的辨认需要光源。在黑暗中无法辨别物体的颜色；同一物体在阳光或荧光灯下，常有不同的色泽。

物体对光的选择吸收性质。由于物质对可见光不同的吸收、反射性质导致人眼对物体有不同的颜色认知。

人眼对颜色的辨认能力。人眼对颜色的辨认依赖可见光转换速度与空间的尺寸。不同的人对颜色的辨认存在不同程度的差别，通过空间尺寸的辨别限制，使得染料的混合成为现实。

因此，可见色觉是光、物体、人眼相互作用的结果。

3.1.1.1 光的性质

日光由各种波长的光组成。如果让一束白光穿过狭缝射到一个玻璃棱镜上，太阳光经过棱镜发生折射，即分解成各种不同的有色光，而在另一侧面放置的屏上形成一条彩色光带，排列的次序是红、橙、黄、绿、青、蓝、紫，称为光谱。光谱中每一种有色光称为单色光。

以上的现象说明可见光是由各种单色光组成的。太阳是能够发光的自然光源，白炽灯、日光灯、碳弧灯等是发光的人造光源。太阳光和这些人造光源都是由单色光组成的复色光。复色光可以分解成单色光的现象，称为光的色散现象，见图 3-1。

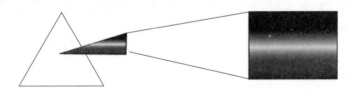

图 3-1 光源经棱镜分解成多色光谱

光是一种电磁波，有一定的频率。光波在媒质中传播时又有一定的波长和传播速度，设 λ 为波长，C 代表光速，υ 为光波的频率，它们之间的关系用下式表示，$\upsilon = C/\lambda$。在空气中，光的传播速度近似于在真空中的速度，即 $3 \times 10^5 \, \mathrm{km/s}$。

光的颜色是由光波的频率决定的。各种单色光的频率不同，红色光的频率最小，紫色光的频率最高。光的色散现象是不同频率的光波产生的分解现象。不同频率的单色光从空气进入棱镜后，速度发生了改变，折射随频率不同而不同。频率低的单色光折射率也小，如红色光；频率高折射率也大，如紫色光；这样就形成了日光通过棱镜后的光谱位置排列与单色光的频率次序的一致性。

虽然日光通过棱镜后分解成可用肉眼辨别的 7 种有色光，见表 3-1，但实际上每种有色光中又包含一定波长范围内许多不同波长的有色光。

表 3-1　　　　　　　　　　　　　　　光谱色的分配

光谱区域	波长/nm	频率/s^{-1}
红	770~640	$3.9×10^{14}~4.7×10^{14}$
橙、黄	640~580	$4.7×10^{14}~5.2×10^{14}$
绿	580~495	$5.2×10^{14}~6.1×10^{14}$
青、蓝	495~440	$6.1×10^{14}~6.7×10^{14}$
紫	440~400	$6.7×10^{14}~7.5×10^{14}$

太阳光线中除了有色光线以外，还包括人眼看不见的波长不同的一系列光线，靠近红色光线的部分称为红外线，靠近紫色光线的部分称为紫外线。"可见光谱"部分是波长为 400~760nm 的光线，这只是各种光波中一个极为狭小的范围，图 3-2 为光的波长分布。

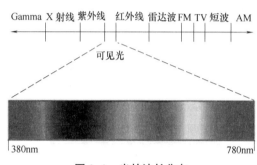

图 3-2　光的波长分布

3.1.1.2　光和颜色的关系

颜色是不同波长的光在人眼中的反映。人们肉眼所感觉到的自然界各种各样的色彩，是外界光源照射在物体上，各种物体对光不同的吸收和反射的结果。对于透明体，其颜色就是其能透过的光的颜色，如红色玻璃用白光照射时，主要是透过红色光，其他色光被物体吸收了，因此，呈现红色。如果这种透明体能透过各种不同波长的色光，它就是无色透明体，如无色玻璃等。

当物质受到光线照射时，一部分光线在物质表面直接反射出来，同时有一部分透射进物质内部，光的能量部分被物质所吸收，转化为分子运动能量，剩余的光又返回或投射。如果物体表面能够把射入所有不同波长的有色光几乎全部吸收，该物体就是黑色的不透明体。反之，如果能够把各种有色光全部反射出来，就是白色不透明体。一种物质能够把组成白光的各种不同波长的有色光同等程度地吸收，则呈现灰色。

不透明体的颜色就是光线照射其表面被反射的光的颜色。当白色光照射到不透明体时，反射了与物体同一颜色的有色光而吸收了其他波长的有色光。一块红布是吸收了日光光谱中由绿到紫的一段光波，剩余的光波显出红色。绿叶是由于它反射绿色光，而吸收了其余的色光。所以物体的彩色是其对连续照射的白色光中一定波长的光的选择吸收的结果。也可以说，光照射在物体上，物体若吸收了波长为 500~560nm 的光线（即吸收绿色光部分的光线），物体就是紫红色，这是因为所有可见光谱中除了被吸收的以外，剩余部分为波长 400~500nm 和 560~760nm 的有色光，综合起来成为紫红色。

如果将整个可见光谱分为任意选择的两部分，混合起来即可得到白色，这种互相补充若成为白色，这一混合色称为互补色。因此，我们称紫红色是绿色谱的补色。所以在可见光谱中，除去被选择吸收的有色光以外，其余光综合起来就是人们视觉感受到的颜色，即该物体吸收的光谱色的补色。光谱色及其补色见表 3-2。

表 3-2 光谱色的范围及其补色

波长范围/nm	760~647	647~585	585~565	565~492	492~455	455~424	424~400
光谱色	红	橙	黄	绿	青	蓝	紫
补色	蓝绿	青	蓝	紫红	橙	黄	黄绿

根据补色的关系，在染色时如发现染料副色较强，则可加副色的补色来调整色泽。例如在染黑色时，发现黑度不正，泛有一定的红色，则可以在染色时加入适量的红色的补色——蓝绿色染料，使颜色显得纯正。

人们对于颜色的感觉是由于光线与物质的相互作用反映在人的视神经上的结果，人们感觉到的颜色是由视神经的三种神经中心受到的刺激强度共同决定的，三种视觉神经受到相同程度的强烈刺激，就产生白色感觉；所受刺激较弱，就感觉灰色；三种视觉神经都没有受到刺激就感觉是黑色。当这三种视觉神经单独受到刺激时，一种是产生纯红感觉（波长在 700~570nm），另一种是纯绿感觉（570~490nm），第三种是纯蓝感觉（490~400nm）。光线照射到有色物质后反射出来的光同时刺激这三种神经，而不同波长的单色光对三种神经的刺激程度不同，经过大脑色觉皮层综合后，就使人产生颜色的感觉。

不同色光光源照射下，物体的颜色不同。颜色并不是物体的固有属性。例如，在日光照射下呈红色的物质在绿光照射下呈黑色，在红光照射下则增加艳度；在日光照射下呈棕色的皮革若用强烈的黄红色光（如晚霞光）照射则为橙色，如在绿色光（如绿叶丛中）下来看则为橄榄色。因此，在配色、判断、摹染物体的颜色时，最好在自然的日光下进行。

3.1.1.3 染料分子与颜色的关系

在光线照射下，不同的物体选择吸收和反射不同波长的光线，呈现不同颜色。而选择吸收与物质的结构有关。任何物质或染料分子都具有一定量的内能，当它吸收光能时，物质中各级粒子可以从一个能量级转到另一个能级；吸收光的能量只能相当于该分子两个能级之差，能量的差别显示出不同的波长。这就是染料分子对光的吸收具有选择性的原因。分子内电子能量发生变化前后的分布状态称为基态和激发态，E_0 为基态能量，E_1 为激发态能量，则能差 $\Delta E = E_1 - E_0$，ΔE 即为被染料分子选择吸收的能量。已知：

$$E = h\upsilon \tag{3-1}$$

而频率 υ 相当于 $\dfrac{C}{\lambda}$，则 $E = \dfrac{hC}{\lambda}$，以摩尔计，光线选择吸收的波长与分子由基态到激态所需能量的关系可用下式表示：

$$E = \frac{hCN}{\lambda} 或 \lambda = \frac{hCN}{E} \tag{3-2}$$

式中 $N = 6.02 \times 10^{23}$，阿伏伽德罗常量；$C = 3 \times 10^{17} nm \cdot s^{-1}$。

$$E = \frac{hCN}{\lambda} = \frac{1.20 \times 10^5}{\lambda} kJ/mol$$

在可见光波范围内的激化能最高相当于

$$E = \frac{1.2 \times 10^5}{400} = 300kJ/mol, E = \frac{1.2 \times 10^5}{760} = 158kJ/mol$$

因此，只有在 158~300kJ/mol 能量范围内产生激化状态的分子才是有色化合物。

在染料化学领域中，具有许多颜色和分子结构关联的研究和报道。1868 年，就有发色团和助色团、醌构理论的学说，利用电子云概念解释物质色调深浅的某些规律。认为染料分子是一类具有双键的有机大分子，分子内多个共轭双键上的电子云可在一定范围内离域分布（图 3-3）；在外扰下区域内，电子在能级之间跃迁可以通过吸收与发射不同波长的电磁波；由于这些吸收与发射的电磁波波长在可见光区，于是分子的颜色就会被看到。

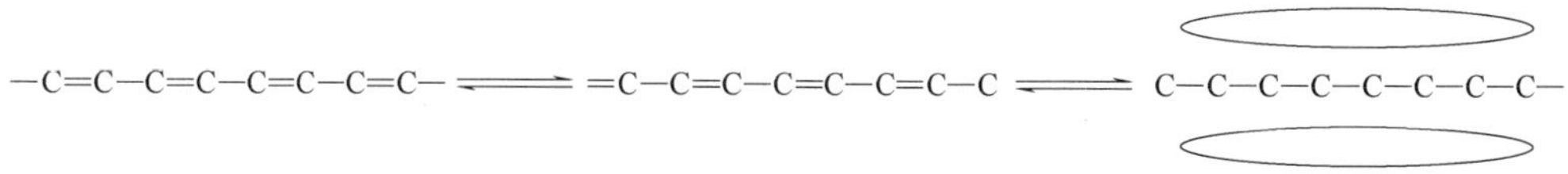

图 3-3　分子多个双键上的电子云变化过程

近年来，又有从分子轨道理论来研究有机化合物颜色和分子结构的关系。从早期的学说反映有机化合物的颜色和分子结构外在关系的某些经验规律，发展到物质结构内部能级跃迁所需能量的微观内在规律。

发色团和助色团学说认为：有机化合物的颜色与分子中的发色团有关，含发色团的分子称为发色体。发色团见图 3-4。

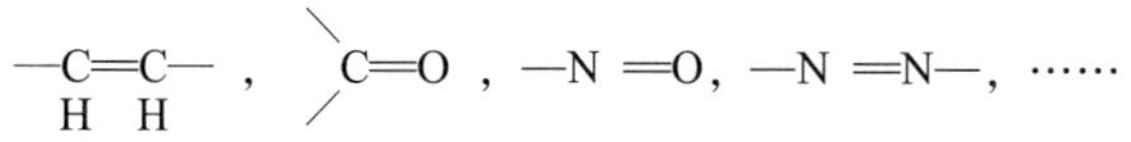

图 3-4　有机化合物的发色团

增加共轭双键可使颜色加深，羰基增加颜色深度。当引入另外一些基团时，也会使发色体颜色加深，这些基团称为助色团，如氨基、羟基和它们的取代基等。

色的醌构理论提出分子中由于醌构的存在而产生颜色，如对苯醌是有色的，在解释芳甲烷染料和醌亚胺染料的颜色时，得到应用。

3.1.2　颜色的测量

物体的颜色是由于物体对可见光选择吸收的结果。物质对光的选择吸收性是由其本身结构特性决定的。物体的颜色以视觉效果来看，一般可分为消色（非彩色）和彩色两大类。消色表示物体对光无选择吸收，包括白色（不吸收可见光）、黑色（可见光全部吸收）和灰色（无选择、部分地吸收）可见光。根据对可见光的吸收程度，又可分为亮灰色、灰色和暗灰色。彩色是物体选择吸收某种波长的可见光而呈现的颜色。另外，根据人们对颜色的感觉，可以将颜色分为暖色调（含有大量黄、橙和红的色调）和冷色调（如与蓝、紫接近的色调）。

经典的测定被染物颜色的色光和深度的方法是目测法，这种方法依赖于操作者的经验，受人的主观因素影响较大，因此为了分辨颜色之间的微小差别，更精确地控制染料及被染物的颜色，用具体数据表示颜色和色差，有利于对颜色作全面的分析，更适合于计算机配色。

3.1.2.1　颜色的属性

颜色视觉的基本属性：色调、明度和饱和度。颜色是人们对物体物理性质的一种感觉。这种感觉的产生是由于物体选择反射可见光，被反射的各单色光以不同比例和不同强度射入人眼，刺激了感色细胞，其分光刺激强度以脉冲信号传送给大脑所产生的一种综合反映。颜色视觉有 3 个基本特征是表示颜色的基础，所以明确颜色视觉的基本特征对说明和分辨颜色是必要的。

国际上统一规定了色调、明度和饱和度为鉴别颜色的 3 个特殊的物理量，即：

色调——区别颜色必要的名称，符号 Hue，简写 H。

明度——颜色明暗的性质，符号 Value，简写 V。

饱和度——颜色的纯度，颜色的饱和状态，符号为 Chroma，简写 C。

色调、明度和饱和度是颜色的三属性。消色之间只有明度和反光多少的差别，彩色间除明度差别外，还有色调和饱和度的差别。

（1）色调

色调又称色相、色别或色名，是颜色最基本的性质，是色与色的主要区别。它可以比较明确地表示某种颜色的色别，如红、橙、黄、绿等。色调由射入人眼的光线所具有的波长和光谱组成决定，如射入人眼的光线为单色光时，该颜色的色调取决于该单色光的波长；而射入人眼的光线为混合光时，该颜色的色调决定于该混合光中各单色光的波长和各波长光线的相对量，色调以光谱色或光的波长表示。用光的波长来表示色调，只是表示了这一颜色同光谱中某些波长能给人产生相同的视觉效果。并不说明光谱成分一定相同。

人眼对光谱中不同波长色光刺激的敏感性并不相同，因此，人眼对不同色调的辨别能力不同。在 494nm 附近的青绿光和 585nm 左右的橙黄光，只需波长 1~2nm 的变化，具有正常视觉的人就能分辨；对绿光光谱段就需要有 3~4nm 的变化才能区别；而光谱两端的红光光谱段及蓝紫光光谱段，人眼对波长变化的反应能力非常迟钝，特别是从波长 655nm 到光谱红色末端，以及由 430nm 到光谱紫色的一端，人眼几乎无法区分颜色上的差异。

色调也就是通常所说的颜色的深浅，即颜色的样子，见图3-5为色相环的表示。从黄色到绿色，最大吸收波长从短到长，称颜色加深（深色效应）；从绿色到黄色，最大吸收波长从长到短，称颜色变浅（浅色效应）。从吸收光的性质和最大吸收波长的情况来说，常称黄色、橙色为浅色，蓝色、绿色等为深色。

（2）明度

明度是物体单位表面对光的反射、透射率或辐射光能量不同，对人眼视觉所引起的刺激强弱的程度。反射光的量越多，对视觉神经细胞刺激越强，明度就越大；反之，视觉神经细胞所受刺激越弱，明度越小。例如，所有消色成分的色调和纯度都是相同的，但明度不同，

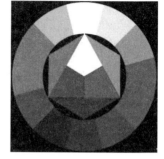

图3-5　色相环

明度越小，越接近黑色，绝对黑体的明度为零；反之，越接近白色，明度越大。因此，明度可以用物体表面对光的反射率来表示。

在光谱色各种色光的明度是不同的，其中黄色、橙色、绿色等色的明度最高，橙色比红色明度高，蓝色与青色明度要低些。

明度是颜色的亮度在人们视觉上的影响，人眼对物体明度的变化是很敏感的。反射光有极小的变化，甚至低于1%的变化，人眼就能感觉出来。

颜色的明度，即通常所说的颜色的浓淡，物体对可见光的吸收程度越大，颜色越浓，明度越小，反之，物体对可见光的吸收量越少则颜色越淡，明度越大。

（3）饱和度

饱和度也称纯度，或称艳度，光谱中每一单色光都各自具有一定的颜色。纯度表示颜色中某光谱色的含量。各光谱色是极纯色，以其纯度作为100%，颜色中光谱色含量越多，颜色纯度越高；而白色、中性灰色、黑色等，消色中不含光谱色，其纯度为零。颜色中含消色成分越少，其纯度越高。因此，纯度可用颜色中彩色成分和消色成分的比例来表示。

颜色的色调、明度和饱和度的3种属性互为因果，彼此影响，不能单独存在。3种属性中任何一特征不同，则两种颜色就不会是相同的。

3.1.2.2　颜色的三刺激值

人眼视网膜上有锥形和杆形两种神经细胞，前者对光的灵敏度比较低，但产生颜色感觉信号；后者对光的灵敏度比较高，受光刺激后只产生物体的形状、大小、材质的知觉信号，而不能产生颜色感觉信号。二者具有不同的视觉功能。此外，正常人眼对可见光谱中各单色光的灵敏度是不相同的，这也是视觉的特性，即当各单色光射入人眼的光量相同时，人们所感觉到它们的各个明度是不相同的。锥形视觉神经细胞对

波长为 555nm 的黄绿色光的光效率最高，即感觉最亮，而杆形细胞对 510nm 的光线感觉最亮，见图3-6。可见光谱灵敏度曲线各有一个最大值，相对地对红光和紫光是不灵敏的。根据颜色视觉理论 Young—Helmholtz 学说，认为人眼视网膜上至少有 3 种不同感色锥形神经细胞，它们的分光灵敏度最大值分别在红、绿、蓝区域内，见图 3-7。由图可知，任何一种颜色都是这 3 种感色神经细胞遭受不同程度、不同比例刺激的结果。

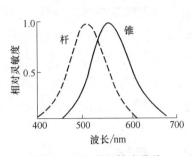

图 3-6　视觉灵敏度曲线

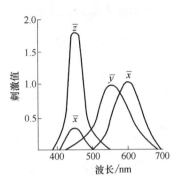

图 3-7　等色函数曲线

把光度计视野的一侧用试样反射光照射，另一侧用红、绿、蓝三种色光混合照射，适当调整三种色光的比例，使视野两侧等色，这时三种色光的相对量分别为该颜色的三刺激值，通常用 x、y、z 来表示。三刺激值是表色、测色以及色差计算等方面的基本数据。光谱三刺激值曲线表明具有一定波长单色光的三种色光分配比例。光谱三刺激值的波长函数称为分配系数。

物体各种颜色的三刺激值，可用下式求出：

$$y = \int_{380}^{780} E_\lambda \rho_\lambda \bar{y}_\lambda \mathrm{d}\lambda \quad x = \int_{380}^{780} E_\lambda \rho_\lambda \bar{x}_\lambda \mathrm{d}\lambda \quad z = \int_{380}^{780} E_\lambda \rho_\lambda \bar{z}_\lambda \mathrm{d}\lambda$$

$$(3\text{-}3)$$

式中　E_λ——光源 E 在波长 λ 时的能量；

ρ_λ——有色物体在波长 λ 时的反射率（或透射率 τ）；

$\bar{x}_\lambda$、$\bar{y}_\lambda$、$\bar{z}_\lambda$——波长 λ 时的光谱三刺激值。

由于 E_λ、ρ_λ、$\bar{x}_\lambda$、$\bar{y}_\lambda$、$\bar{z}_\lambda$ 不能以解析函数表示，因此，式（3-3）不能直接进行计算，而采用近似法求得，所得结果准确度较差，以后用等波长间隔法列表计算，其结果准确度虽略高，但计算烦琐费时，继而发展为选择坐标法进行计算。近年来，可在测色仪器中装进微处理机、直读存储器、随机存储器和打印机，使测量工作更加便捷，随时可以直接得到测试结果。

3. 1. 2. 3　色的表示方法

每一种颜色都有其三刺激值，是用数值说明一定颜色的性质，也为其他表色方法确立了基础。但三刺激值未能直接表达出颜色特性，颜色是视觉 3 个基本特征构成的色立体，见图 3-8。在表示颜色时，使用三刺激值的标准值作为色度坐标：

$$x = \frac{x}{x+y+z}, y = \frac{y}{x+y+z}, z = \frac{z}{x+y+z}$$

$$(3\text{-}4)$$

$x+y+z=1$，且 x，y，z 都是小于 1 的正数。其中，x 和 y 分别为平面坐标的横、纵坐标，以可见光谱中各个单色光的三刺激值计算 x 和 y 值。把它们在 x-y 色度图上的坐标点连接起来，得到抛物线形曲线，将两端以直线连接起来，则呈马蹄形的光谱轨迹，见图 3-9，这是国际照明委员会推荐的色度图。任何颜色，当已知其 x，y，z 三刺激值后，可算出色度坐标 x 和 y，即可在 x-y 色度图上表示出其位置。图中直线 RV 上各点代表红色和紫色的不同比例混合色——红紫色。因为在 WRV 三角形区域中，任何一个色度点与 W 点相连接的直线都不能与光谱轨迹相交，所以任何配比的红紫色都不能用白色和一个光谱色配出，故称红紫色为非光谱色。

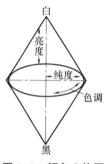

图 3-8　颜色立体图

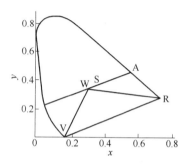

图 3-9　x-y 色度图

图中 W 点为消色点，该点及其附近代表白色。通过 W 点的直线交于光谱轨迹上任意两点，该两点所代表的色互为补色，即这两点所代表的单色光以一定比例相混合时可得到白光。

日常所观察到的各种颜色，都包括在马蹄形光谱轨迹范围内，都是光谱色和消色的混合色。坐标点位置越接近光谱轨迹，该颜色的纯度越高，而越接近消色点，其纯度越低。例如，某一颜色的坐标位置在 S 点，连接 SW 再延长，使之与光谱轨迹曲线相交于 A 点，则 A 点的波长就是该颜色的主波长，表示 S 点颜色的色调。把 SW 连线向另一端延长交于 B 点，则 B 点与 A 点互为补色。WA 线上任何一点都代表与 S 点色调相同而纯度不同的颜色。以 SW/AW×100 表示 S 点颜色的纯度。

由于分配系数 $\bar{y}$ 曲线（图 3-7）和人眼光谱效率曲线相似，即分配系数 $\bar{y}$ 与颜色的明度成比例关系，故用三刺激值中 y 值代表颜色的明度。

这种用 x、y、$\bar{y}$ 表示颜色的色调、纯度和明度的方法称为 xyy 表色法。

3.1.2.4　色差

色差是两种颜色在色调、纯度和明度三方面差别的综合，是两个色度点在色空间中的几何距离。一种颜色在平面坐标的色度图上是一个坐标点，当坐标点的位置稍有改变时，人的视觉并不能感觉颜色发生了变化。一种颜色，在色度图上是一个坐标点，而对视觉来说，颜色在色度图上是一个范围。人眼对光谱的不同波长色差的感受性是不同的，见图 3-10。在 490nm 和 600nm 附近视觉的辨色能力很强，几乎能察觉 1nm

的差别；而在 430nm 和 650nm 附近辨色能力很低，直到有 5～6nm 差别时才有察觉。所以色差不宜用色度图上色度点间距离表示。经过许多研究，提出了一些计算公式，至今仍在不断改进，其结果是用数值表示颜色间差别的程度。用 ΔE 表示色差，用 NBS 单位来表示色差程度。

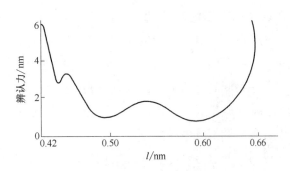

图 3-10　人眼对光谱的辨认力

色差计算公式：

$$\Delta E_{(LAB)} = [(\Delta L)^2 + (\Delta A)^2 + (\Delta B)^2]^{1/2} \tag{3-5}$$

式中　ΔL、ΔA、ΔB——试样和标准样的 L、A、B 值间的差。

而 L、A、B 的值可由下式计算：

$$L = 116(y/y_0)^{1/3} - 16 \tag{3-6}$$

$$A = 500[(x/x_0)^{1/3} - (y/y_0)^{1/3}] \tag{3-7}$$

$$B = 200[(y/y_0)^{1/3} - (z/z_0)^{1/3}] \tag{3-8}$$

式中　x_0、y_0、z_0——光源三刺激值；

　　　x、y、z——样品三刺激值。

3.1.2.5　色深值

有经验的颜色评测者评价两种样品间强度的差别，可达 2%～5%，但评定工作受人的主观因素和评定时的客观因素影响较大，测量两种染样的分光反射率及鉴别它们的强度差，曾有许多经验公式，如：

① Kubelka—Munk 式：

$$色深值\ K/S = \frac{(1-R)^2}{2R} \tag{3-9}$$

式中　R——样品的反射率。

② Integ 色深值公式：

$$色深值\ Integ = \sum_{}^{700} I_\lambda F_\lambda (x_0 + y_0 + z_0) \tag{3-10}$$

$$F_\lambda = \frac{[1-(R_\lambda - R_0)]^2}{2(R_\lambda - R_0)} - \frac{[1-(R_s - R_0)]^2}{2(R_s - R_0)} \tag{3-11}$$

式中　R_λ——样品在波长 λ 处的反射率；

　　　R_s——染色纤维在波长 λ 处的反射率；

　　　R_0——一个小数值常数。

应用测定染样的色深值进行比较，可测定染料的上色率和活性染料的固色率，分散染料的热熔曲线等。

3.1.3 颜色的调配

用一种染料对皮革染色，往往不能获得所需要的颜色，而必须选择几种染料进行配色。人眼不能分辨出光中不同波长的单色光，不能将两个波长不同的光的混合颜色与另外一种同颜色的单色光加以区别，例如将光谱的红色和蓝色部分相混合，可得到紫色，对人眼来说，这种紫色与光谱色的紫色是一样的，因此，人眼的这种典型的性能使颜色的调配成为可能。

染料的配色与有色光（光谱色）的混合是有区别的，在光谱颜色中红、绿、蓝三种颜色的光被称为三原色。这三种色之中的任何一种不能由另两种色调配出，但以这三种色光为基础可以调配出各种其他的色光。这三种色光可混合成白光，显然明度增加，因此色光的混合称为色的相加混合。相应地人眼视网膜也至少有三种不同感色锥形神经细胞，它们的分光灵敏度最大值分别在红、绿、蓝区域内，因此人眼可以感受出各种不同的颜色。彩色电视机的变化的色调就是通过这三种色光匹配来的。

物体的颜色是由入射的白色光中除去被吸收部分的光线，而呈现的是被吸收光线的补色。染料或颜料的混合是减色混合，不同于色光的相加混合，因为互补的色先混合后相加呈白色，而互补的染料或颜料混合，无论怎样都调配不出白色，得到的颜色比所用的最亮的颜色暗，比例适当时为黑色。而减色混合的三原色是加法混合三原色的补色，即红色的补色为蓝绿—青色，绿色的补色为紫红色，蓝色的补色为黄色，习惯把青色、紫红色看作蓝色和红色，因此，减色三原色即为红、蓝、黄，同样三原色中的任一种色不能用另两种颜色调配出来。

染料混合以后的颜色是由各种染料所反射的混合光所决定的。在配色时要有特殊的经验，虽然目前还没有一套严格的配色方法，配色仍是以经验为主，但在这一方面也有一些有效的规律，按照这些规律有可能迅速掌握配色。下面介绍利用配色三角形配色的基本原理。

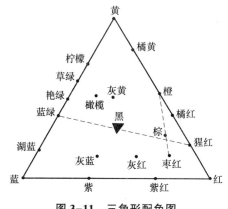

图 3-11　三角形配色图

减法三原色红、黄、蓝三种颜色无法用其他颜色调配。理论上用这三种颜色可以配成各种颜色，用减法三原色组成一个正三角形。见图 3-11，正三角形的顶点分别为三原色，中央有一个倒置的黑色三角形的黑色区。三角形边上所属的颜色为二次色。这类颜色由改变三原色中的某两种色的比例而配成。如在黄色和蓝色的夹边上可构成柠檬、艳绿、湖蓝等一系列的二次色；在黄色与红色的夹边上可构成橙色、猩红等一系列二次色。在二次色中，黄色起沿三角形配色图的两边向红、蓝方向移动，则色泽依次加深。

除原色和二次色外，在红黄蓝三角形内的颜色叫做三次色。即三角形内每一点上的色都具有红、黄、蓝三种原色的色调。在配色图的中心有一个倒置的黑三角形，它所在的位置叫做黑色区，等量的黄、红、蓝三原色即可拼得黑色。此外，通过黑色区的任一条直线，与配色图两边相交的两点所指示的颜色基本上互为余色，它们按一定比例也能拼成黑色。如猩红色经过三角形中心（黑色区）到对边为蓝绿色，即猩红色与蓝绿色互为余色，适当的混合可拼成黑色。

在三角形内某点所表示的颜色，一般可以用通过该点直线的两端所示的颜色来拼配。如对皮革染色非常重要的棕色色调，在配色图右下方 1/3 的位置上，是由邻近的橙、猩红、红、紫红及黑色色调包围着，因此，根据在图中的位置，就可按此法选择适当的染料进行拼配。如果欲用橙色染料染中等红棕色，由图可知，应与带蓝光的枣红色染料混合拼配。在所有这类配色中，必须防止太靠近中心的黑色，否则染色浑浊、不鲜艳，且不够饱满。

在染色中利用三原色拼配的几种基本色调可参见表 3-3。

表 3-3　　　　　　　　　　　利用三原色拼配的几种基本色调

配得色调	所用染料的颜色质量份			配得色调	所用染料的颜色质量份		
	黄	红	蓝		黄	红	蓝
橙	黄 5 份	红 3 份	—	蓝红	—	红 7 份	蓝 3 份
绿	黄 3 份	—	蓝 8 份	柠檬色	黄 7 份	—	蓝 3 份
紫	—	红 5 份	蓝 8 份	棕	黄 4 份	红 4 份	蓝 2 份
橘黄	黄 8 份	红 2 份	—	海蓝	黄 2 份	红 4 份	蓝 4 份
猩红	黄 2 份	红 8 份	—	橄榄绿	黄 4 份	红 2 份	蓝 4 份
蓝绿	黄 3 份	—	蓝 7 份	黑	黄 1 份	红 1 份	蓝 1 份
红蓝	—	红 3 份	蓝 7 份				

染色过程中，染料的调配按上述规律进行，在色调上比较容易达到要求，但在颜色的纯度（鲜艳度）和明度（浓淡）方面则不容易达到要求，染色时，染料的品种越少越好，用的染料种类多，由于是减色混合，往往使颜色变暗，明度不够，配色后如颜色发暗，变灰，则需要重新配色，再加其他颜色的染料往往会使颜色更暗。

在实际的皮革染色过程中，颜色的调配非常复杂，影响因素很多。皮革染色时，革最终的颜色由染料的色调和用量决定，而且与染料的性质（成分、分散度、溶解度、渗透性和电荷性等）、革坯的性质和状况（本身的色调、鞣法、表面电荷等）和染色条件（液比、温度、时间和 pH）等密切相关。

皮革染色时的调色是一项复杂而细致的工作，要求染色技师具有丰富的经验和对颜色的变化具有高度的敏锐性。一般在染料拼配过程中应注意选用染料为染色性能相近的同类染料，以便采用同一种染色方法进行染色；考虑到不同染料与皮革作用的方式和程度不同，特别是在革内的渗透性的差异所造成的色差等问题；在配色时尽量考虑用较少种类的染料，避免染料种类过多而造成颜色明度和亮度较低，以及易产生色花、色差和染色不均匀等问题。

思考题：

（1）能否用三原色染黑色？为什么？

（2）染料不纯，出现副色怎么办？

（3）一种颜色可用几种配方？根据什么原理？

3.2 染料简介

染料根据来源可分为天然染料和合成染料。在合成染料发明以前，纤维的染色几乎全部是天然染料，天然染料主要是从自然界存在的有色物质——植物和动物中取得的，如靛蓝、茜素、五倍子、胭脂红等是我国古代最早使用的植物和动物染料。皮革染色，也很早就开始使用天然染料，如用染料木（苏木、黄木和红木等）的浸提膏与金属离子配合使用，对皮革进行染色。随着工业的发展，合成纤维的大量发展，有机合成染料得到了极其广泛的应用。

合成染料的品种很多，光谱范围广，能基本满足人们对各种纤维染色的需要。染料所用的原料主要是芳香烃类及其衍生物。初期的合成染料大多是以苯胺为原料合成的，当时将合成染料叫做苯胺染料，在皮革染色中现在还沿用这一名称，如将用染料染色的革叫"苯胺革"；后来也将杂环化合物作为染料的原料。合成染料的原料主要来自于炼焦工业副产物和石油化工产品，成为各种纤维染色（包括皮革染色）的主要着色物。

3.2.1 染料的分类、命名和基本特性

人们在长期实践的过程中逐步了解了各种纤维的特点、结构和性能。在生产和应用染料的过程中发现某些染料适合某些纤维的染色，而不适合于其他纤维，或者在某些环境下适合染色，某些环境不适合。随着染料类型、品种的不断发展，对于品种繁多的染料，一般有两种分类方法：①根据染料品种的应用性能和应用方法分类（为应用方便，一般商品染料的名称大都根据染料的应用分类来命名）；②根据染料分子结构分类。应用分类和结构分类又常常相结合。

3.2.1.1 按化学结构分类

这种分类是根据染料分子中相同或相似的结构、染料分子内的一些共同的基团、染料相似的制备方法或染料共同的反应性质等进行分类。以染料分子中类似的基本结构分类，如靛族、芳甲烷、酞菁等；染料分子中各有其共同基团，如偶氮基、硝基等。

染料的化学分类主要类型如下：

① 偶氮染料。含有偶氮基（—N＝N—）的染料。

② 硝基和亚硝基染料。含有硝基（—NO₂）的染料称硝基染料，含亚硝基（—NO）的染料为亚硝基染料。

③ 芳甲烷染料。包括二芳基甲烷和三芳基甲烷结构类型的染料。

④ 蒽醌染料。含有蒽醌结构的衍生物染料，如含羟基或氨基蒽醌及其磺酸衍生物染料等。

⑤ 稠环酮类染料。含有稠环酮类结构或其衍生物的染料。

⑥ 靛族染料。含有靛蓝或类似结构的染料。

⑦ 硫化染料。含有双硫键、巯基等复合结构的芳族染料。

⑧ 酞菁染料。含有酞菁金属络合结构的染料。

⑨ 醌亚胺染料。醌亚胺是指苯醌的一个或两个氧置换成亚胺基结构的染料。

⑩ 反应性染料（习惯称活性染料）。含有能与纤维发生反应生成共价键的染料。

此外，还有其他各种结构类型的染料，如含氮蒽、氧氮蒽、硫氮蒽、甲苯、二苯乙烯等结构的染料。

3.2.1.2　按应用分类

染料应用分类的根据是染料的应用对象、染色方法、应用性能及与被染物质的结合形式等。主要类别如下：

① 酸性染料和酸性媒介染料。染料分子中含磺酸基、羧基等酸性基团而成为有机酸盐的形式，在酸性或中性染浴中可以染蛋白质纤维和聚酰胺纤维（与纤维结构中的氨基或酰氨基相结合而染色）；有些染料用金属媒染剂处理后，能在纤维中形成金属配合物而固着在纤维上。

② 碱性染料。染料分子中含碱性基团，如氨基或取代的氨基，能与蛋白质纤维上的羧基成盐而直接染色。

③ 直接染料。分子中含酸性水溶性基团，主要用于纤维素纤维的染色；染料分子与纤维素分子之间以氢键结合。

④ 硫化染料。不溶于水，由于在硫化碱溶液中染色，所以称硫化染料，主要应用于棉纤维的染色。

⑤ 中性染料。属于金属络合结构的染料，在近于中性的染浴中染色，所以称中性染料，应用于维尼纶、丝绸、柞丝绸、羊毛等织物的染色。

⑥ 冰染染料。由重氮组分和偶合组分在纤维上反应形成不溶性偶氮染料；由于早期染色是在冷却条件下进行的，所以称冰染染料，主要应用于棉布染色。

⑦ 还原染料。还原染料不溶于水，用还原剂（保险粉，Na₂S₂O₄）在碱性溶液中还原成可溶性的隐色体而染色。染色后的纤维或织物经氧化使隐色体在纤维内部转变

成不溶于水的染料，主要应用于纤维素纤维的染色，牢度优越。

⑧ 溶靛素和醌蒽素。可溶性的还原染料，主要用于棉布印花，少量用于丝、毛的染色。

⑨ 活性染料。反应性染料习惯称为活性染料，在这类染料分子结构中带有反应性基团，染色时与纤维分子中的羟基或氨基发生化学结合，所以称为反应性染料（或活性染料），主要用于棉、麻、丝等纤维的印染，也能用于羊毛和合成纤维的染色。

⑩ 分散染料。染料分子中不含水溶性基团，用分散剂将染料分散成极细颗粒而进行染色，所以称为分散染料，主要应用于合成纤维中憎水性纤维的染色，如涤纶、乙酸纤维等。

⑪ 阳离子染料。染腈纶的染料，这类染料溶于水，呈阳离子状态，所以称为阳离子染料。

⑫ 其他。如颜料、色淀，以及正在发展中的丙纶染料、荧光增白剂、混纺织物染料等。

染料结构分类和应用分类存在结构上的关联。偶氮染料由于取代基特点不同，既有酸性染料，又有活性染料，还原染料中既有靛族，又有蒽醌结构。

另外，染料根据其溶解性和在水中染料所带电荷的情况可分为水溶性和非水溶性两类。其中，水溶性染料又可分为阴离子染料、阳离子染料和两性染料。

皮革染色中常用的染料为酸性染料、直接染料和金属络合染料，在一些特殊情况下，还使用一些活性染料和碱性染料。

3.2.1.3 染料的命名

有机染料常常是分子结构比较复杂的有机芳香族化合物，其中某些品种甚至还没有证实化学结构。在工业生产上，染料成品中常常含有某些其他物质或者异构体，为了适应生产和应用的要求，必须规定成品的组成。有机化合物的学名常常不适合作为染料的名称，而必须有可以分辨实用的染料名称。尽管在生产发展的初期，染料品种还不丰富，往往直接用染料的颜色作为名称，例如孔雀绿、品红、荧光黄等，但这早已不适应染料品种日益增多的现状和趋势。一种被公认的命名法被各国染料工业所应用，如我国的染料产品采用三段命名法，即染料的名词由3段组成：

第一段为"冠称"，表示染料根据应用方法或性质而分类的名称。例如：酸性、中性、直接、还原、活性、分散等，共30余种。

第二段为"色称"，表示染料色泽的名称。色称采用30个色泽名称：嫩黄、黄、深黄、金黄、橙、大红、红、桃红、玫瑰红、品红、红紫、枣红、紫、湖蓝、艳蓝、深蓝、艳绿、绿、深绿、黄棕、红棕、棕深、橄榄、橄榄绿、草绿、灰、黑。色泽的形容词，采用"嫩""艳""深"3个字，词尾采用B、G、R等字母，标志色泽。B为蓝，G为黄，R为红。

第三段为"字尾"，以拉丁字母表示染料的色光、形态、特殊性能及用途等。例如：B—蓝光，C—耐氯，D—稍暗，F—亮（一般不用），G—黄光或绿光，I—还原染料坚牢度，K—冷染，L—耐光牢度较好，M—混合，N—新型，P—适用于印花，R—红光，T—深，X—高浓度，Y—黄光。

某些染料产品名词沿用已久，如还原蓝 RSN、还原深蓝 BO、酸性橙黄Ⅱ等。有一些染料，在同一分类中还须区别不同类型，就在名词中第三段增加类型的内容。常把代表染料类型的字母放在词尾的前面，与其他词尾同加短横。下面举几个染料名词的例子。

"还原蓝 BC"，这一染料名词由三部分组成："还原"为冠称，表示染料应用类别；"蓝"为色称；B、C 为词尾。词尾 B 为蓝光，表示色光；C 为耐氯漂，表示性能。

"活性艳红 K-2BP"，这一染料名称中，"活性"为冠称，说明应用类别；"艳红"为色称，其中"艳"为色泽形容词；K 表示活性染料中高温染色类型，属于一氯三氮苯（三聚氯氰）型，K 和字尾之间用短横；词尾部分，B 表示蓝光，2B 表示蓝光程度，P 代表适用于印花，即表示染料的性质或特点。

"活性艳蓝 KN-R"，KN 代表新的高温型，即 N 表示新的类型。

"溶靛素 O4B"，"溶靛素"是冠称，表示染料类别；O 表示从靛蓝或其衍生物的酯化制备的，B 为蓝光，4B 表示蓝光程度。

外国染料产品的命名大致也采用三段命名法，但公司之间或类别之间难以统一归纳。"冠称"还往往表示某公司或制造厂的专用商品名称。如皮革染色常见的有：德国 BASF 公司的欧开苏拉（Eukesolr）、路更尼（Luganil），瑞士 SANDOZ 公司的德玛（Derma），瑞士 CIBA-GELGY 公司的赛拉夫（SellaFast）；德国 Bayer 公司的拜耳（Bayenal）等。其"字尾"除与我国染料命名的字尾符号意义相同的外，还有以下不同规定：

C—抵抗氯漂；D—直接性，也代表印花用；E—坚牢，也代表匀染；Ex. conc—高浓；L. LL—耐光或可溶性；O—基本浓度或由靛类染料制得；S—可溶性或标准强度，适于染丝；V—紫光；W—耐水洗或适于染羊毛；X—高浓；Ⅰ，Ⅱ，Ⅲ……表示本色的色光强度；1，2，3……表示副色的色光强度，如 3G 的黄光大于 2G。

3.2.1.4 《染料索引》的染料编号

《染料索引》（ColourIndex）缩写为 C.I.，由英国染色、印染工作者协会和美国纺织化学合编出版，收集了各种染料品种名称，按应用类别和化学结构类别编成两种编号，《染料索引》对了解染料品种的概况和某一品种基本情况是有益的，此处作简单叙述，便于使用。

《染料索引》中收集的染料按品种结构，对每一种染料都列出了应用分类类属、色调、应用性能、各项牢度等级、在纺织及其他方面的用途、化学结构、制备途径和有关资料来源、不同商品名称及其他。

《染料索引》的前一部分将染料按应用类属分类，在每一应用分类下，按色称黄、橙、红、紫、蓝、绿、棕、灰、黑的顺序排列，再在同一色称下对不同染料品种编排序号，这称为"染料索引应用类属名称编号"，如 C. I. 酸性黄 1（C. I. Acid Yellow 1）、C. I. 直接红 28（C. I. DirectRed 28）、C. I. 颜料蓝 15（C. I. PigmentBlue 15）。《染料索引》的后一部分，对已明确化学结构的染料品种，按化学结构分别另给以"染料索引化学结构编号"，如 C. I. 10316 即 C. I. 酸性黄 1 的化学结构编号、C. I. 22120 为 C. I. 直接红 28 的化学结构编号。

因此，《染料索引》中的每一个染料品种除化学结构不明确的以外，都有这两种编号。现在各国书刊及技术资料均广泛采用染料索引号来代表某一染料。国外产品名称非常繁杂，借用《染料索引》的这两种编号，便于表示某一个染料品种的结构、颜色、性能、来源以及其他可供参考的内容。

3.2.2 染料特性和质量评价

合成得到的染料产品必须经过一系列处理才能加工成商品染料，这是因为生产批次不同以及难以避免的产品质量和染料含量等方面有差异，为使成品质量、含量保持恒定，生产上要进行染料标准化工作。即原染料经染色打样，与标准染样比较，计算填充剂数量，经混合达到标准后包装出厂。

染料商品可加工成粉状、超细粉状、浆状、液状和粒状。某些染料做成液状应用方便，节约能量，但浆状运输不便，长期储存易发生浓度不均现象。根据染料种类、品种不同而定出一定规格，粉状和粒状一般规定细度，通过一定目数的筛网用质量分数来表示，同时说明外观的色泽。

对非水溶性染料，如分散染料、还原染料要求一定的扩散性能。所以这些染料往往和扩散剂一起进行研磨，达到所要求的分散度以后，加工成粉状或粒状产品，最后进行标准化混合。

在染料商品加工过程中，为了获得某些效果，往往选用各种助剂。这些助剂可以帮助染料或纤维润湿、渗透，促使染料在水中均匀分散，染料分子能深入纤维内部，使染色或印花过程进行顺利。如皮革常用的浅色染料中往往加有分散剂、匀染剂和白色合成鞣剂等成分。

在分散染料和还原染料的商品加工过程中，为了使商品染料能在水中迅速分散，成为均匀稳定的胶体状悬浮液，染料颗粒细度须达 1μm 左右，因此，在砂磨过程中应加入分散剂和湿润剂。

直接染料主要用硫酸钠作填充剂，溶解性能较差的直接染料常常再加入纯碱，以提高其溶解性，也可加入一些盐，如磷酸氢二钠。

酸性染料和一般还原染料都用硫酸钠作填充剂，不易溶解的品种，加纯碱以增加染料的溶解。阳离子染料用白糊精作填充剂，但从节约粮食出发，最好避免使用。国外活性染料商品用的填充剂种类很多，但国内生产的活性染料几乎只用硫酸钠。中性染料用于染维纶时一般加扩散剂，溶靛素本身是可溶性的，常加碱性稳定剂。

染料是一类复杂的有机化合物，其组成和结构并不能反映它的应用价值。商品染料除色调外，染料的质量还包括两方面的指标。

（1）基本物理指标

基本物理指标即商品染料中的染料含量、杂质、无机盐、填充剂或其他助剂等的含量；此外，还有固体染料的细度和分散度、水分含量、染料在水中的溶解度等以及染料在某特定溶剂中的最大吸收波长（且 λ_{max}）和染料的色度值等。

（2）各项染色牢度指标

各项染色牢度指标即染料在纤维织物上或其他被染物质上所表现的各项牢度质量指标，是衡量染料质量的重要指标。每类染料都有各自的物理指标和在被染物质上被评定的各项牢度指标。染料的生产厂家一般都把这些染料的应用方法、染色性能、在纤维织物上的染色牢度等技术资料，以染色样本的形式介绍给应用部门和客户。

3.2.2.1　皮革染料的特性指标

与普通染料相似，评价皮革染料质量的特性指标也是普通染料的特性指标，主要有以下几方面：

（1）强度

强度指染料的上染能力，是决定染料品质的重要指标。它表示染色能力的高低，也称为浓度或成分。

染料的强度并没有一个绝对标准，而是通过实际染色的实验比较出来的，通常以百分比表示，例如50%、100%、150%、200%等；其百分比并不表示任何化学成分和纯度，而是与某一标准染料样品的浓度（定为100%）相比较而得出的。染料的强度越大，染色时的需要量就越少。

（2）溶解度

在一定温度下，染料在100g纯水中所能溶解的克数，也是该染料在此温度下的溶解度。溶解度一般分为五级，以第五级为最好，第一级为最差，见表3-4。

表3-4　　　　　　　　　　　溶解度的等级表示

级别	溶解度/g	级别	溶解度/g
五级	10	二级	1
四级	5	一级	≤1
三级	3		

（3）色光

色光是指染料通过被染物质显示主色外所呈现的副色。例如，黑色带有红光、绿色带有黄光等，俗称"光头"。有的色光比较显著易于辨认，有的则不易察觉。

此外，也有将"色光"指为试样与标准样品之间的色差。其差别等级有的定为：微鲜、近似、微暗、较暗、不可比（即相差悬殊）。

（4）坚牢度

坚牢度是指物料经染料染色后抵抗外界作用而持原来颜色的能力。染料的染色坚牢度项目较多，有耐日晒、耐水洗、耐酸碱、耐溶剂、耐摩擦、耐熨烫、耐汗以及耐冲淋等。对皮革来说，耐日晒、耐摩擦和抗水坚牢度颇为重要。如当耐日晒坚牢度较差时，革制品的颜色在日光曝晒下就会变色，有的变深暗，有的变灰白，也有的会发生色调的变化。对于不涂饰的服装手套革和绒面革等，其耐日晒坚牢度尤其重要。

染色坚牢度不仅与染料本身有关，也与被染物的性质有关。如用同种染料染棉、合成纤维、毛、革等，其坚牢度会有很大的差别。又如用直接性染料或酸性染料染铬鞣革的坚牢度较好，而染植物鞣革则不理想。

染料的各项坚牢度，根据其耐抗的程度，一般均分为五级，以第五级为最优，第一级为最劣。其中耐晒坚牢度分为八级，以第八级为最佳，第一级为最差。

（5）渗透度

渗透度指一定条件下染料渗透的能力。但是染料的渗透度与其本身的性质有关。不同的染料，在被染物中的渗透程度很不一致。皮革具有一定的厚度，有的染料能渗入革的内层，而有的只沉积于革的表面。此外，渗透度与被染物的性质也有直接的关系。

（6）上染百分率

上染百分率是指染色达到平衡时染料上染的质量。是上染到纤维上的染料与染液中原有染料总质量的分数。上染百分率与操作方法有关，如是否加促染剂。

（7）吸收速率

在标准状况下，回湿铬鞣小牛革在染色前 15min 内所吸收的染料量。吸收速率以所加染料量的质量分数表示，划分为 5 级（为区分前面使用的级别）。

5 级：很快，75%～100% 的染料被吸收；4 级：快，60%～74% 的染料被吸收；3 级：一般，45%～59% 的染料被吸收；2 级：中度，30%～44% 的染料被吸收；1 级：慢，30% 以下的染料被吸收。

以上的染料特性指标，关系到染料质量的优劣，这些特性一般用符号表示在染料名称的字尾，在选用染料时，必须注意这些特性，以保证染色的结果。

3.2.2.2 皮革染料上染的特征指标

染料上染及上染后的性质不仅可以检验染料的品质，同时也能判断选用染料的合理性。如果将被染的革坯用 3%~5%（全粒面革用蓝革重的 3%，绒面革用蓝革的 5%）染料、液比 150%~200%、温度 50~55℃时，经过 30min 染色，若染料吸收评价为：75%~100%，很好；60%~74%，好；45%~59%，一般；30%~44%，中；< 30%，差。

根据吸收情况，可以参考是否调整染色时的坯革及外界条件或调整染料品种。对于染色后色牢度的优劣，则可参照国际坚牢度委员会（IUF）及国际颜色坚牢度委员会（ICC）标准进行判别。按照灰色分级卡对革在一定条件下受外界作用后色的改变（如耐酸、耐碱、耐甲醛、耐溶剂、耐洗、耐水、耐汗渍、耐干洗等），通常将色变分为 5 级。

5 级：很好（色调不变）；4 级：好（色调几乎不变）；3 级：满意（色调可见有改变）；2 级：中等（色调有显著改变）；1 级：劣（色调有显著的改变或浅淡）。

思考题：

(1) 染料的溶解重要吗？为什么？

(2) 染料颜色的浓淡深浅是什么意思？

3.3 皮革染色常用染料

3.3.1 皮革染料功能要求

能用于皮革染色的染料品种有 1000 多种。这些染料大部分来源于纺织纤维的染料。由于皮革组成及组织结构的复杂性，其与纺织纤维在使用性能及使用结果上有很大的不同。理想的皮革染料应具有下列性能特点：

① 色泽鲜艳，皮革染色后应该色泽鲜艳。

② 染料的溶解性要好，获得染料良好的分布及渗透。

③ 能在较低温度下染色。皮革染色时的温度比纺织纤维染色时的温度要低得多（一般不超过 60℃），而且皮革的组织纤维比纺织纤维细致，比表面积大，因此，一般需要 5% 的染料才能得到羊毛 1% 的染料染成的深度，这就要求皮革染料在低温时有较好的表面上色率和固色率。

④ 匀染性好。皮革表面的不均匀性使得染色均匀性要比染纺织纤维困难得多，因此要求染料有较好的匀染性。

⑤ 渗透性好。特别是染服装革、家具革及软鞋面革等需要染透的革，更需要有深度渗透性的染料。

⑥ 遮盖力强。为解决被染色的坯革本身色调，皮革染料应该有良好的遮盖力。

⑦ 结合力强。与革有多形式及良好的亲和力，染色后，染料的迁移性小。

⑧ 多项牢度高。包括耐光、耐水、耐洗、耐汗、耐酸、耐碱、耐甲醛、耐干湿擦等。对涂饰革还要考虑到染料的耐溶剂性，也要考虑不与涂饰剂反应。

3.3.2 常用皮革染料分类

皮革染色中使用的染料的种类主要有以下几类，见表3-5。

表3-5　　　　　　　　　　　　　皮革染色较常用的染料

水溶性染料		水不溶性染料	
电荷性质	染料种类	溶解介质	染料种类
阴离子	酸性染料	碱金属硫化物	硫化染料
	直接性染料	醇	醇溶性染料
	活性染料	溶剂	油溶性染料
阳离子	碱性染料	溶剂	金属络合染料
阴离子	金属络合染料		

皮革染色最常用的染料是水溶性染料，其中，水溶性染料根据其染料离子的性质而分为阴离子、阳离子和两性染料。染料在水中的溶解性对其染色性能具有决定性作用，染料在水中的溶解度是由染料分子本身的结构（亲水基团的种类和数量、染料分子的大小、染料分子中的其他基团等）和外在条件（溶液的 pH、中性盐的存在、水的硬度和浴液的温度等）共同决定的。一般来说，染料的溶解度随着染料分子中亲水基团的数量、离解的程度和温度的增加或上升而增加；随着染料分子质量、配位活性基的增加和中性盐、水的硬度以及重金属盐的存在而下降。

3.3.2.1 酸性染料

需要在酸性条件下加深所染的颜色或固定染料，因此称为酸性染料。酸性染料又分为强酸性、弱酸性、酸性媒介、酸性络合染料等。中性染料和酸性络合染料结构类似，是由后者发展而成的。

强酸性染料是最早发展起来的酸性染料，在酸性介质中可染羊毛及皮革，也称酸性匀染染料。强酸性染料分子结构简单，分子质量低，含有磺酸基或羧基，在羊毛上能匀移，故可染得均匀色泽。

根据化学结构的不同，强酸性染料又可分为：

① 偶氮型。例如酸性大红 G，见图 3-12。

② 蒽醌型。例如酸性蓝 R，见图 3-13。

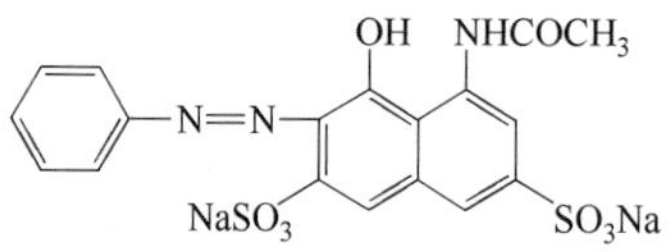

图 3-12　酸性大红 G 结构示意

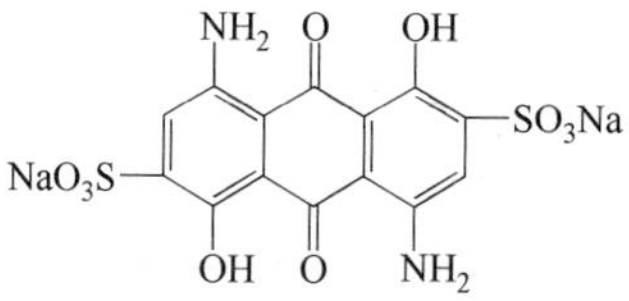

图 3-13　酸性蓝 R 结构示意

③ 三芳甲烷型。例如酸性湖蓝，见图 3-14。

④ 氧蒽型。例如酸性荧光黄，见图 3-15。

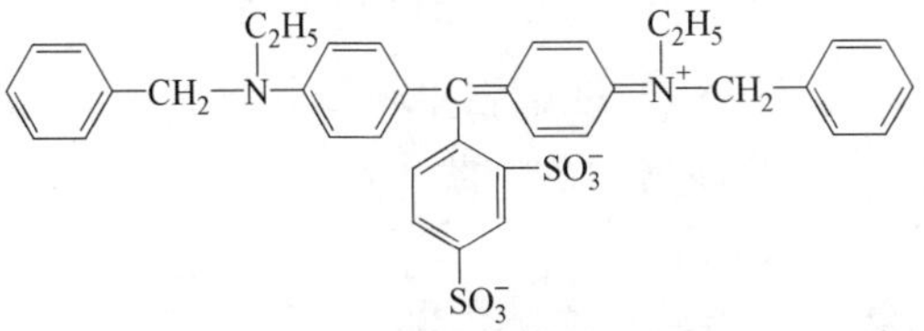

图 3-14　酸性湖蓝结构示意

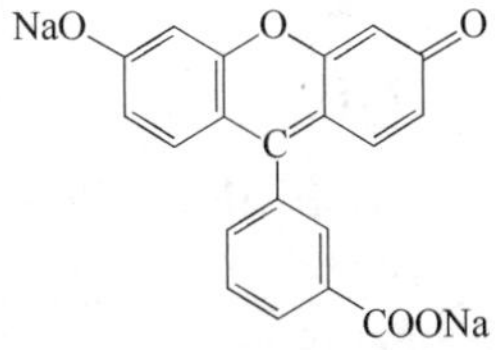

图 3-15　酸性荧光黄结构示意

强酸性染料染色时，虽色泽鲜艳，匀染性好，但染不浓，耐湿处理牢度不好。在强酸性介质中染羊毛时羊毛强度有损伤，染后羊毛手感不好，耐晒牢度也低，为了克服强酸性染料在染色时存在的缺点，对酸性染料进行了改进。

在强酸性染料基础上增加分子质量，生成弱酸性染料，又称酸性耐缩绒染料。这类染料分子结构稍复杂，分子质量增大对羊毛亲和力增大，能在弱酸性介质中染羊毛。染色时弱酸性染料和羊毛分子间借盐键及非极性范德华力相结合，染料和羊毛分子间的亲和力增加了，染料的耐洗牢度便有所提高，也染得浓。染色时对羊毛强度无影响，但在染浴中染料溶解度则较低。按增大分子的方法不同，弱酸性染料又有以下几种：

① 在分子中引入苯甲氧基、芳砜基等基团，例如弱酸性艳红 3B，见图 3-16。

② 引入长碳链烷基，例如弱酸性桃红 B，见图 3-17。

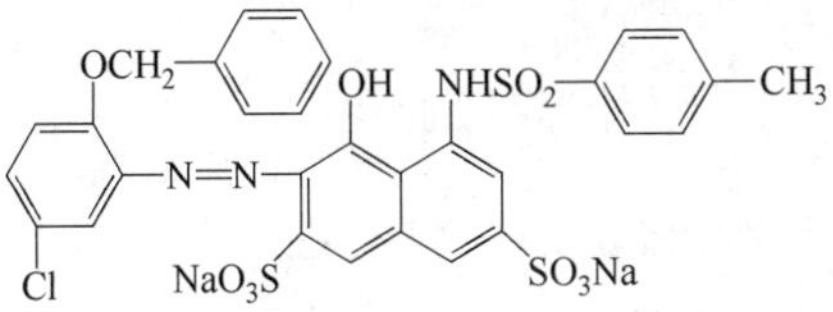

图 3-16　弱酸性艳红 3B 结构示意

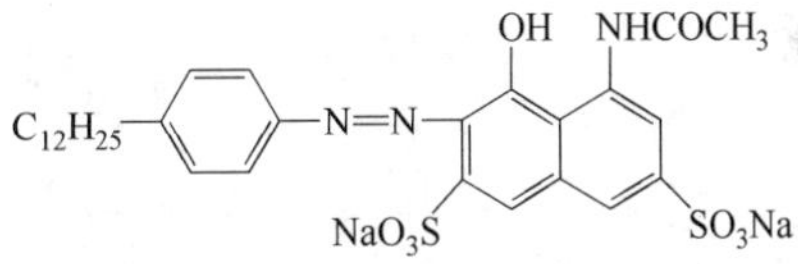

图 3-17　弱酸性桃红 B 结构示意

③ 生成双偶氮染料，例如弱酸深蓝 5R，见图 3-18。

④ 金属媒染与络合染料。凡经金属媒染剂处理后能增加坚牢度的酸性染料，称为酸性媒染染料。媒染时将染色物加入金属盐（如铬盐或铜盐）处理，即可提高原来酸性染料的耐晒牢度。

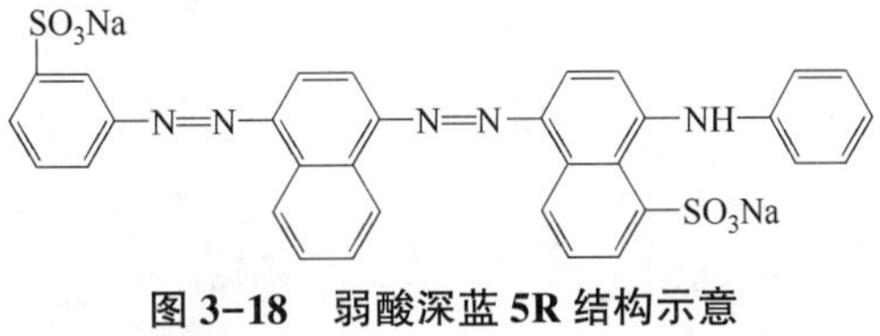

图 3-18　弱酸深蓝 5R 结构示意

弱酸性染料主要用于羊毛及聚酰胺纤维（锦纶）的染色，在酸性介质中，染料阴离子和羊毛纤维上的铵基生成盐键，因而上色。强酸性染料分子质量低，匀染性好，但湿处理牢度差，为了改进性能，可增大酸性染料的分子质量，从而增加染料分子与羊毛纤维间的非极性范德华力，即可增加染料分子和羊毛纤维间的亲和力，提高耐湿牢度。

增加染料分子质量的结果是增加了染料分子与羊毛纤维间的非极性引力，盐键的重要性相对减少。故羊毛纤维染色时不必具有很多铵基，染色时不须在强酸中进行。

一般来讲，偶氮型弱酸性染料分子中具有一个磺酸基时要求相对分子质量在 $400 \sim 500$，两个磺酸基时相对分子质量为 800 左右，这样的弱酸性染料染聚酰胺纤维时染色性能最好。分子质量太大不能匀染，分子质量过小湿处理牢度下降。染料分子有羧基、酰胺基时，有利于氢键的生成，湿处理牢度好，但匀染性差。

某些偶氮染料能和过渡金属元素生成内络合物，称为金属络合偶氮染料，和酸性染料相比，金属络合偶氮染料具有较高的耐晒、耐洗和耐缩绒牢度等。

这类偶氮染料分子中都含有可与过渡金属元素生成络合物的基团，如羟基、氨基、羧基、偶氮基等。羟基、氨基及羧基有时互处在邻位或周位，有时则在偶氮基的邻位。络合物中所含过渡元素主要是铬、钴、铜等，染料分子中氨基、羟基、偶氮基、羧基等基团是和金属元素络合时的配位体。酸性染料染色后用金属媒染剂处理，在纤维上生成金属络合物，这种酸性染料称为酸性媒介染料。染料媒染后可提高酸性染料的耐晒及耐湿牢度，缺点是染色手续较复杂。

酸性染料在皮革染色中使用得很广泛。酸性染料染色时，一般在酸浴中进行，染色后期常需要加酸。酸性染料分子一般较小，并含有亲水基团，亲水基团最主要的是磺酸基（有的带有羧基），因此在水中的溶解度较高，溶于水后，染料分子发生电离，染料主体呈阴离子性，属阴离子性染料，见反应式（3-12）。

$$D\text{—}SO_3Na \longrightarrow D\text{—}SO_3^- + Na^+ \qquad (3\text{-}12)$$
染料分子　　染料阴离子

其电离出来的阴离子一般不呈聚集状态，分散性好，因此渗透性、匀染性较好。酸性染料在酸的作用下，可生成色素酸，见反应式（3-13）。

$$D\text{—}SO_3Na + H^+ \longrightarrow D\text{—}SO_3H + Na^+ \qquad (3\text{-}13)$$
染料分子　　　染料酸分子

色素酸有聚集的倾向，因此加酸有利于上染，增深被染物颜色，促进染料的固定。如果在染浴中加入中性盐（如 Na_2SO_4、$NaCl$ 等）就可以抑制色素酸的形成，从而达到缓染的目的。

酸性染料对钙、镁离子不敏感。由于亲水基团主要是磺酸基，染料分子质量较小，因此硬度大的水对其影响不大。

酸性染料对铬鞣革进行染色时，在酸性浴液中（pH 低于革的等电点时），革往往带正电荷，因此，带负电的染料离子容易与革中带正电荷的氨基（$-NH_3^+$）以离子键相互结合而使皮革着色。加酸对酸性染料有促染作用，对于铬鞣革来说，由于革本身带有阳电荷且呈酸性，与阴离子染料有很大的亲合性，所以在低 pH 下对铬鞣革直接染色，阴离子染料很容易与革表面结合，而不容易染透，因此，可以通过调节革的表面电荷和反应温度，以控制革与染料间的亲和力，从而控制染料的渗透和结合。一般用阴离子染料对铬鞣革染色时，首先对革进行中和，还常在染浴中加入氨水，提高 pH 值，降低革的阳电荷性，促进染料的渗透，在染色末期加入酸（通常是甲酸等有机酸），降低 pH，增加革表面的阳电荷性，促进染料与革牢固地结合。

对于植鞣革或经植物鞣剂或阴离子复鞣剂复鞣的革，其表面带负电荷，对阴离子染料亲合性小，不易上染。因此，对于植鞣的铬鞣革用酸性染料染色时，需加入一定量的酸（甲酸或乙酸），增加革表面的阳电荷性来促染，但染色后要加强水洗，除去游离的酸。对于阴离子复鞣剂复鞣的铬鞣革，用阴离子染料色易染透，为促进染料的结合，可在染色末期加入一些阳离子的固色材料。

由于酸性染料在水溶液中离解带负电荷，因此，它不能与在水溶液中带正电荷的阳离子染料、阳离子染色助剂或其他阳离子的材料如（阳离子复鞣剂、加脂剂）同浴使用，否则它们会相互作用产生沉淀而破坏染色。

酸性染料的色光较鲜艳、色谱齐全、渗透性好、使用方便，并有一定的坚牢度。因此，酸性染料是皮革染色中常用的一类染料；但由于其分子小，亲水基多，因而对纤维的亲合力较小，抗水性较差，不耐水洗，耐湿擦性差，特别是耐碱洗坚牢度差。

酸性染料一般还分为强酸性染料、弱酸性染料、酸性媒介染料和酸性络合染料。对于皮革来说，铬鞣革是极易上染的被染物，皮革染色不是酸性染料形成色素酸沉淀在革表面，所以皮革染料不再将酸性染料细分，染色时 pH 控制在 3.5~6.0，也不进行媒染处理或其他特殊处理。

皮革染色中常用的酸性染料如酸性橙Ⅱ、酸性黑 ATT 等。

3.3.2.2　直接染料

不需媒染剂的帮助即能染色的染料称为直接染料。直接染料与酸性和碱性染料结构特征相同，只是分子质量更大。直接染料染色时，在中性或微碱性染浴中食盐或元明粉存在下煮沸，即可使棉纤维直接染色。

直接染料色谱齐全，应用方便，生产方法简单，价格比较低廉；但缺点是耐洗及耐晒牢度较差。凡耐晒牢度在 5 级以上的直接染料，称为直接耐晒染料。

直接染料用于针织、丝绸、棉纺、线带、皮革、毛麻、造纸、棉布印染及巾被等。

按化学结构的不同，直接染料可分为以下几种：

① 直接偶氮染料。例如直接黑 BN；直接偶氮染料又可分单偶氮直接染料、多偶氮直接染料（直接红 118）、联苯胺直接染料（直接紫 51）等，见图 3-19 和图 3-20。

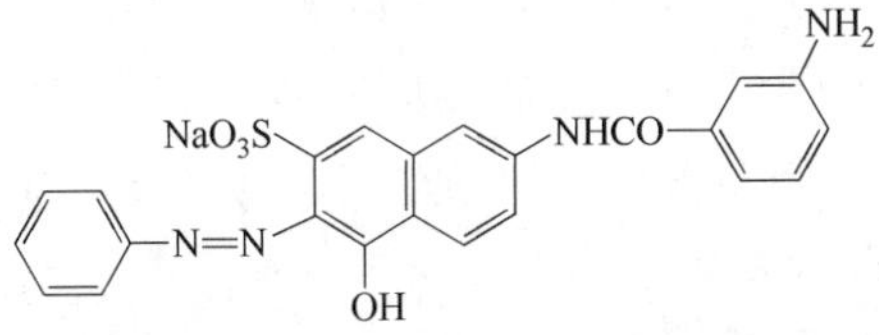

图 3-19　直接红染料 118 结构示意 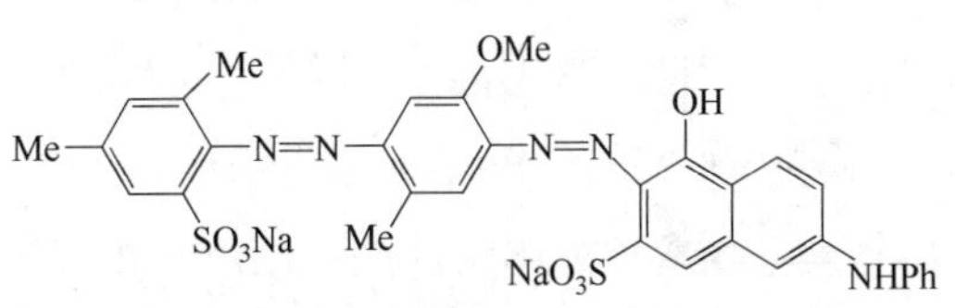　　　图 3-20　直接紫染料 51 结构示意

联苯胺直接染料具有红、蓝、棕、绿、灰、黑等各种色谱，过去生产量达直接染料总产量的一半左右。联苯胺为致癌物质，自 1971 年以来世界各国已先后禁止使用，因此联苯胺染料的代用问题是目前染料工业的一个重要课题。

②二苯乙烯型直接染料。例如直接冻黄，见图 3-21。

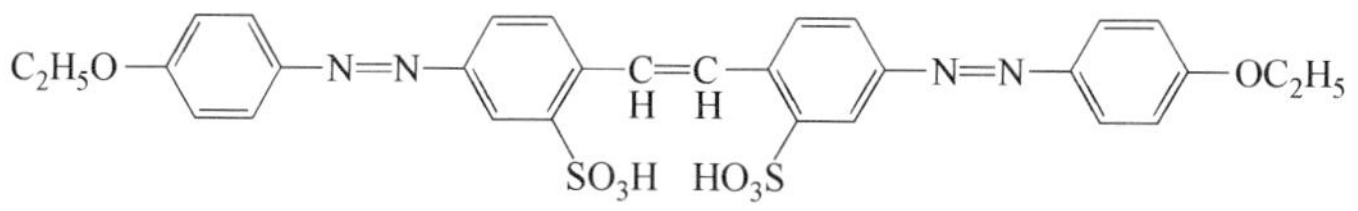

图 3-21　直接冻黄结构示意

③噻唑型直接染料。例如直接耐晒嫩黄，见图 3-22；以脱氢硫代甲苯胺及樱草黄碱为原料制得。

④二哑嗪型直接染料。例如直接耐晒蓝 8R，见图 3-23。

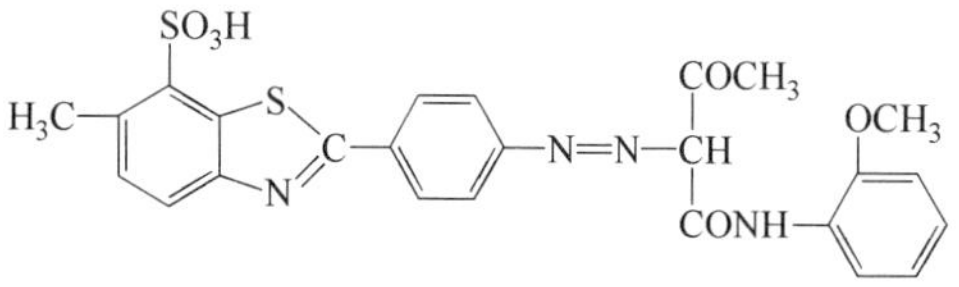

图 3-22　直接耐晒嫩黄结构示意

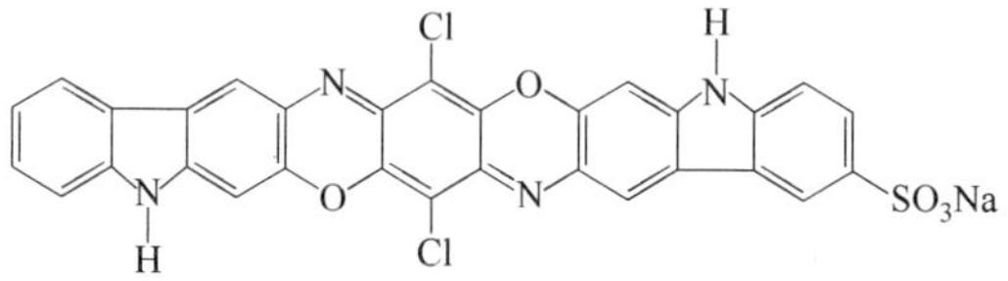

图 3-23　直接耐晒蓝 8R 结构示意

直接染料能不借媒染剂而使纤维素纤维直接染色，染色时染料从染浴中转移至纤维。将棉布放在染浴中取出后加水洗淋，大部分染料不会被冲洗下来，这种性质称为直接性。直接性是由染料分子和纤维分子间引力造成的，分子间的吸引力来源有两个：一个为极性引力，染料分子和纤维分子间产生氢键；另一个为非极性力，即范德华力。作为直接染料，染料分子与纤维分子间应有较大的吸引力，其条件为：

①染料应是线型分子，使染料分子按长轴方向平行地吸附在纤维轴上，最大限度地使范德华力发生作用。

②染料分子中占同一平面结构部分范围要大，若染料分子具有延伸的共轭体系，共轭体系部分即呈平面型，平面型分子吸附在纤维表面上面积大而又紧密，二者间的范德华力也大。

③染料分子中可以形成氢键的基团较多，染料分子中氨基、羧基等基团能和被染物纤维分子中的羟基、羧基和氨基等形成氢键。

直接染料用于棉、丝、粘胶及维纶等纤维的染色，染色时可采用浸染、卷染等不同工艺。将直接染料用温水调浆，热水溶解，加入碳酸钠，并加入太古油、拉开粉、平平加等助剂，加入食盐或元明粉促染，投入被染物，常温，再加入食盐并继续染。染后将被染物取出，用水冲洗，固色，烘干即得成品。

直接染料对皮革纤维也有较好的亲和力，容易使革着色。和酸性染料一样，直接染料分子中的主要亲水基团是磺酸基，随着亲水基团的增加，染料的溶解度也增高，直接染料在水溶液中也离解成色素阴离子和金属阳离子。

直接染料对钙、镁、铁等金属离子敏感。与钙、镁、铁等金属离子作用，直接染料将产生沉淀，因此染色时要注意水的硬度。

直接染料的分子比酸性染料大，因此其对金属离子、中性盐的性质不同于酸性染料，其分子的结构特点也决定了其着色特点。其渗透性较差，遮盖力较好，染出的颜色色泽浓厚，与酸性染料相比，色泽不太鲜艳，但耐湿擦性较好。

直接染料用于铬鞣革染色时，主要是表面着色，遮盖性好。常与酸性染料结合使用，在同浴中染铬鞣革可兼有二者的优点，酸性染料渗透好，使着色有一定的深度，直接染料则使表面着色浓厚，产生较牢固的着色。直接染料分子有聚集趋势，不易渗透，在革粒面有伤残处更易沉积，造成该处颜色较深，且显得深浊；在革的伤疤处，因疤块紧密而使该处颜色显得浅淡，使革表面着色显得不均匀。当有酸或中性盐存在时或水的硬度较大时，染色的缺陷更明显，升高浴液温度，可减少染料分子的聚集，有利于染料的分散和溶解，因此，直接染料染色在染浴温度较高时上染效果较好。

直接染料和酸性染料都属阴离子型染料，因此对于皮革染色，它们与皮革的结合等性质相同，染色工艺的条件控制也基本一致，能与阴离子型材料（如扩散剂、阴离子复鞣剂、加脂剂）同浴使用，而不能与阳离子型材料（如阳离子表面活性剂、碱性染料）同浴使用。

皮革染色中应用的直接染料很多，直接染料的色谱较齐全，主要用于铬鞣革等矿物鞣革的染色，在特殊情况下也可用于植鞣革的染色，植鞣革呈负电，用直接染料可以渗透。

3.3.2.3　碱性染料

碱性染料又名盐基性染料，是由带正离子的有色部分与无色负离子组成，因而是阳离子染料。正电是由染料分子中的胺基带来的，由于季铵基的亲水性比磺酸基和羧基差，因此，碱性染料的溶解性低于酸性染料。染料是指在溶液中带阳电荷，而并非呈碱性，也不要求在碱性介质中溶解或染色。双偶氮碱性染料（纺织染料棕）结构示意见图 3-24。

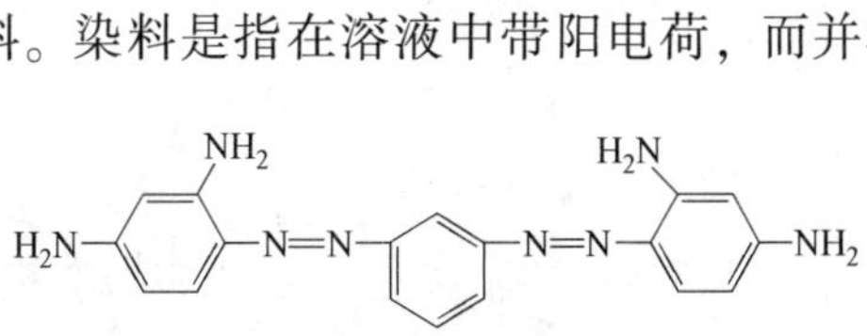

图 3-24　双偶氮碱性染料结构示意

阳离子染料的母体分为偶氮型、蒽醌型、三芳甲烷型及菁类等。这类染料溶于水、热稀乙酸中，也可用乙醇、丙酮等有机溶剂助溶。碱性染料溶与水后，染料分子电离成色素阳离子和酸根阴离子，见反应式 3-14。

$$Me—NH_3Cl \longleftrightarrow Me—NH_3^+ + Cl^- \tag{3-14}$$

碱性染料遇碱将生成不溶性的色基沉淀，见反应式 3-15。

$$Me—NH_3Cl+NaOH \longrightarrow MeNH_2 \downarrow +NaCl+H_2O \tag{3-15}$$

碱性染料   色基沉淀

碱性染料在水中的溶解度不如酸性染料和直接染料。若需溶解较多的碱性染料时，通常要加入与染料等量的乙酸（浓度为10%）使之调湿，再加热水溶解，碱性染料对水中碳酸盐、碱度十分敏感，碱的存在会使之沉淀，只是色基沉淀加酸后又溶解。所以碱性染料染色时，染浴的pH控制在4~7，个别品种如碱性嫩黄在65℃时就会分解，因此，溶解染料的水温不宜过高。碱性染料多数能与还原剂作用变成无色化合物或隐色体，氧化时大多能恢复原色泽。使用时，应注意避免还原剂的存在。

由于碱性染料在溶液中带正电荷，对带阳电荷的铬鞣革无亲和力，因此对皮革染色来说其作用不如阴离子染料；对带阴电荷的植物鞣革则有较大的亲和力，植鞣革与碱性染料反应极快，但主要是表面染色，渗透性差，易出现染色不均匀现象，用量过多会产生古铜色，为改善上述缺陷，可在染浴中加入少量乙酸，以减缓其着色作用。碱性染料在使用时不能与阴离子性材料，如阴离子染液、植物鞣液、阴离子复鞣剂、加脂剂以及阴离子表面活性剂等混合使用，以免形成色淀而影响染色。

铬鞣革可以通过用植物鞣剂、合成鞣剂等阴离子复鞣剂复鞣或用其他阴离子材料处理，改变革表面的电荷性，使革表面带负电荷而利于碱性染料的染色，但都是以表面染色为主。

碱性染料在皮革染色中可用来套色，即铬鞣革先以阴离子的酸性或直接染料染色，再用碱性染料染色，这样套染后，两种染料在革纤维表面形成沉淀而提高了碱性染料的坚牢度，而且由于碱性染料鲜艳的色泽也增强了染色效果。套染主要应用于染色要求较高的革，如绒面革的染色，以及用于产生"败色效应"的革，来增加革表面的着色深度。

碱性染料色谱广，色调浓艳且饱满，着色力强，但耐晒、耐干、湿擦牢度差。皮革如采用溶剂型涂饰剂一般不能用碱性染料染色，因为碱性染料会被溶剂溶解而产生迁移。目前，阳离子染料在碱性染料的基础上得到了较快的发展，主要应用于聚丙烯腈纤维的染色。

3.3.2.4 媒介染料

媒介染料最初来源于一些植物提取物，如果单独使用会使色调暗淡，与纤维结合能力也差，因此，为了增强固定，在染色前后会加入金属离子，提高其固定性能。目前使用的媒介染料与酸性染料结构相似，但是阴离子更少，见图3-25。通常情况下，这些染料与胶原亲合性差，因为有金属离子的存在而与胶原产生络合作用，因此金属离子的存在成为必要。

金属盐例如三价铬盐是一定能与胶原作用。别的金属例如三价铝盐、三价铁盐等也可以使用。金属络合物的形成会影响媒介染料最终的颜色，图3-26为媒介染料茜素红结构示意，表3-6为不同金属离子与茜素红结合后的最终颜色。

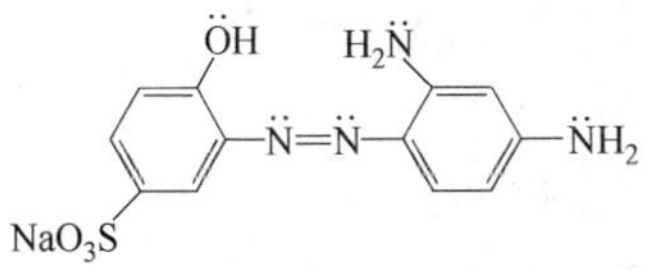

图 3-25　媒染染料棕 13 结构示意

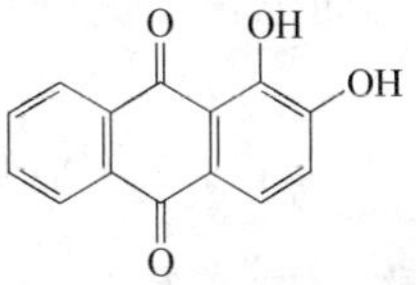

图 3-26　茜素红媒介染料结构示意

表 3-6　　　　　　　　　　　　金属离子对茜素红染料的影响

金属离子	Al(Ⅲ)	Sn(Ⅳ)	Fe(Ⅲ)	Cr(Ⅲ)	Cu(Ⅱ)
颜色	红色	粉色	棕色	紫褐棕	黄棕

在制革中媒介染料染色时，通常是将六价铬还原成三价使用。但是现在很少使用，一是因为六价铬的存在对环境带来影响，二是因为可以使用金属染料预处理替代这一操作。

3.3.2.5　金属络合染料

金属络合染料是在酸性媒介染料的基础上发展起来的。酸性媒介染料是指酸性染料染色后用金属媒染剂处理，在纤维上生成金属络合物，染料媒染后可提高酸性染料的耐晒及耐湿坚牢度，缺点是染色手续较复杂。金属络合染料是在制备染料时就制成金属络合物，使用方便，按染料母体与金属离子比例，有两种络合类型：

① 1:1 型金属络合染料。n（金属原子）：n（染料分子）= 1:1，染色方法与弱酸性染料染色方法相似，又称酸性络合染料，染料分子中具有磺酸基。

② 1:2 型金属络合染料。n（金属原子）：n（染料分子）= 1:2，染色时在中性或弱酸性介质中进行，又称中性染料，分子中不含磺酸基，但有时含有磺酰胺基、甲砜基等亲水基团。

金属络合染料中的染色母体含有能与金属离子配位的基团（例如—OH、—COOH、—NH$_2$、—N=N—等），而且这些基团在染料中的空间位置也要满足金属配合物配位的要求，配位的金属主要有铬、钴、铜，其次为铁、镍、锌等过渡金属元素。

1:1 型金属络合染料是较早的络合染料，如 "派拉丁坚牢" 是 1:1 型单偶氮染料，派拉丁坚牢蓝 GGN 的结构见图 3-27。

1:1 型金属络合染料的染色方法较酸性媒介染料简单，具有良好的坚牢度，但需要在强酸介质的染浴中进行染色（pH<2.5），对羊毛纤维的强度和柔软性有所损伤，因此皮革生产中一般不用作转鼓浴染。

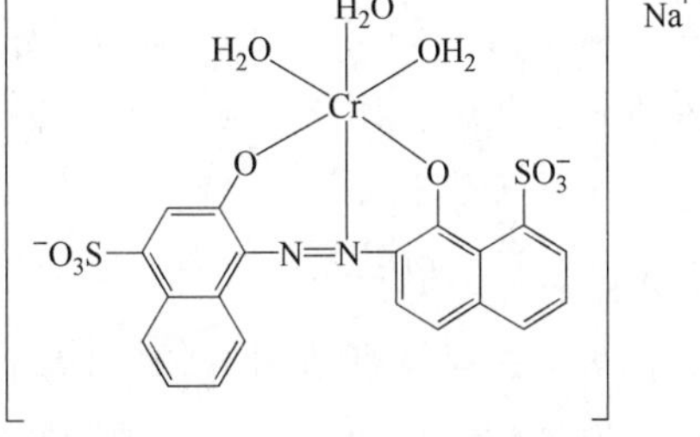

图 3-27　1:1 Cr(Ⅲ) 金属络合染料（酸性蓝 158）结构示意

1∶2 型金属络合染料可以在弱酸性和中性染浴中染羊毛等纤维，并对纤维的强度、手感无损伤，因而也叫中性染料。中性染料分子中不含强酸性基团磺酸基，而引入非离子的磺酰甲基（—SO$_2$CH$_3$）、磺酰氨基（—SO$_2$NH$_2$）或磺酰胺甲基（—SO$_2$NHCH$_3$）等亲水基团来提高染料的亲水性。1∶2 型金属络合染料中的 2 个染料母体可以相同也可以不相同，相同则为对称型 1∶2 型金属络合染料，不相同则称为不对称型 1∶2 型金属络合染料。如金属 Co 的络合染料，见图 3-28 紫色 BT。

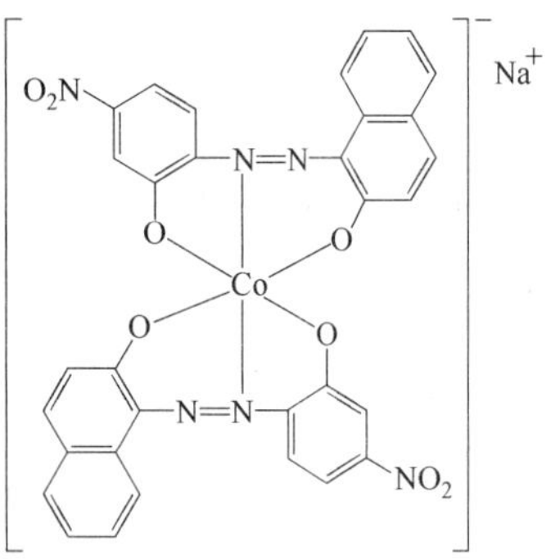

图 3-28 1∶2 Co 金属络合染料（紫色 BT）结构示意

1∶2 型金属络合染料对皮革染色的特点是吸收迅速，尤其是在表面染色时极为均匀且遮盖性良好，由于其与革纤维有良好的结合性能，能被铬鞣革、植鞣革及结合鞣革吸收，在染色时，大多数情况下不用加酸就能染出遮盖性良好而饱满的色调。

金属络合染料是由染料母体与金属离子络合而成的。皮革上使用的金属络合染料中的金属原子多数是铬，因此这种染料与皮革以多种方式结合，既有染料母体中的磺酸基、羟基、氨基、羧基等基团与革纤维相应的基团形成离子键、氢键和范德华力的作用，也有金属原子与革纤维的羧基等基团的配位作用，因此金属络合染料对革有较大的亲和力，染色性能优良，具有很好的耐湿擦性能，各项牢度都较高，此外还具有较轻微的鞣制作用。

亲水性中性染料分子中无亲水基团的中性染料，这类染料不溶于水，通常以有机溶剂的溶液形式作为商品，主要用于喷染或帘幕涂饰，溶剂选用能与水互溶的，如乙二醇乙醚、乙醇和二甲基甲酰胺等。溶剂除溶解染料外，如乙二醇乙醚有较好的匀染作用，这类产品如德国 BASF 公司的 Enkesolar 系列和我国生产的一些皮革喷染染料等。

近年来，以活性染料为基础制造了活性金属染料，具有更高的坚牢度而且色泽鲜艳，此外，还有甲亚胺金属络合染料和甲基金属络合染料等。

金属络合染料由于分子结构中含有金属，因而色光不太鲜艳，但染色坚牢度好，遮盖性强，耐光、耐洗、耐摩擦，特别适合于要求皮革真皮感强的苯胺革、服装革等轻涂饰革的喷染和涂饰中。

3.3.2.6 活性染料

活性染料是一种典型的酸性染料，染料分子中含有活性基团，在染色时能与被染物纤维发生化学反应，形成牢固的共价键，从而增加染色的坚牢度，具有较高的耐洗、耐擦性能，因此活性染料又称为反应性染料。

活性染料的分子结构中有两大部分：一部分是母体染料，另一部分是活性基团。

活性基团能与被染物发生化学反应，因此可以根据需要来改变活性基团，满足不同种类纤维染色的需要。

活性染料，根据其活性基团的不同分为以下几类：

① 含活泼卤元素原子的杂氮环化合物，其中最主要的是三聚氯氰及衍生物，见图 3-29。

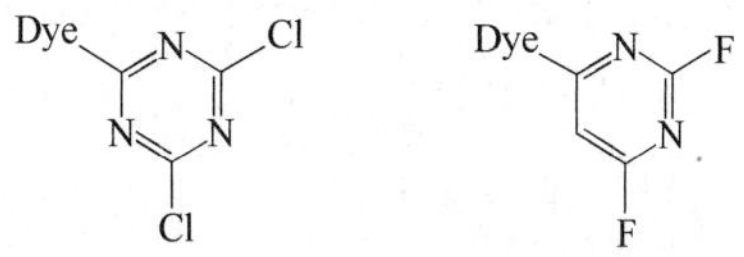

② 含活泼卤元素原子或硫酸酯键的化合物。活性染料一般都含有磺酸基，因此它们的水溶性都比较好。对硬水具有较高的稳定性，溶于水后，呈

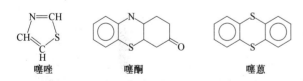

图 3-29　三聚氯氰及衍生物结构示意

阴离子性，因此可以与阴离子型或非离子型助剂同浴使用，而不能与阳离子型材料同浴使用。

活性染料用于皮革染色，活性基团与革纤维的氨基、羟基等基团反应，产生共价结合。活性染料与纤维着色反应时往往要释放出酸，因此染色后期必须加碱中和，以促进染色反应，使染料在纤维上固着，所以在用活性染料染铬鞣革时，染浴的 pH 控制在 4~5，待染料渗透后，在染色末期加碱固色，但碱不宜加多。为避免碱对革性能的不良影响，可以不加碱，这实际上是把活性染料当作渗透性好、耐光性佳的直接染料来使用。活性染料不适合植鞣革的染色，因为植鞣革不耐碱，在碱性条件下会反栲变黑；活性染料用于可洗涤的醛鞣革的染色则十分理想。

活性染料浅色、艳色多，坚牢度好，耐水洗，但是由于要求母体染料对纤维亲合力小，所以缺少深色颜料，特别是棕色、黑色染料，目前活性染料在制革上应用的还不多。

3.3.2.7　其他染料

（1）硫化染料

该类染料是一些分子结构较复杂的含硫染料（图 3-30 为几种典型的活性染料），一般不溶于水，染色时经硫化钠还原后，成为可溶性隐色体吸附在纤维上，再经氧化，在纤维上重新形成不溶性染料而固着于纤维上，染色时 pH 较高（一般在 10

图 3-30　几种典型活性染料结构示意

以上），因此在皮革上的应用受到限制，只能用来染对碱稳定的革，如甲醛鞣革、油鞣革等。硫化染料染色后具有良好的抗水、耐洗和耐擦的性能。近年来又有了可溶性硫化染料，能溶于水，使用方便。

（2）油溶性及醇浴性染料

这类染料的特点是不溶于水或微溶于水，只能溶于油或醇中，这是因为染料分子结构中没有亲水基或亲水基被封闭，只有亲油或亲醇的基团，这类染料如不溶性金属

络合染料，主要用于喷染或用于非水基涂饰时作为着色剂使用。由于没有亲水基团，所以耐湿擦牢度较高。

3.3.3　皮革用染料性能指标

皮革纤维不同于一般的蛋白质纤维和纤维素纤维，它具有较强的电荷性，常用的染料对皮革的亲和性等性能与其他纤维不同，一些纺织等行业普遍使用的染料直接用于皮革染色往往达不到满意的效果。因此，促进了皮革专用染料的研究和开发。近年来，皮革专用染料在品种和数量上都有了很大的增长。

皮革专用染料主要是针对铬鞣革的性能特点，调整或选择一些染料分子结构；调整染料分子与皮革纤维的亲和性；满足皮革染色条件下的上染性能，如染料的水溶性好、能满足多基团结合、能常温染色、耐熨烫等。

一般来讲，皮革专用染料的性能介于酸性和直接染料之间。以上几种染料均系水溶性染料，也是皮革染色中最常用的几种染料，它们对皮革的染色效果，见表3-7。

表3-7　　　　　　　　　　主要染料对标准铬鞣革的染色性能

染料种类	吸收率	色调浓度	明亮度	渗透性	匀染性	耐光、湿擦牢度
酸性染料	-	0	+	++	+	-
直接染料	+	+	+	0	0	0(+)
皮革专用染料	+	+	+	+	+	0
1∶1型金属络合染料	+	0	-	+	+	+
1∶2型金属络合染料	++	+	-	-	++	++

注：（1）实验革样为标准铬鞣鞋面革样。
（2）"-"表示低；"0"表示中等；"+"表示好；"++"表示很好。

由表3-7可以比较出各种染料对皮革染色的基本性能如下：

① 吸收率。酸性染料的吸收率低，因为酸性染料只能以离子键形式与皮革结合；直接染料由于有较多的羟基、氨基等基团，还能与革纤维形成偶极和氢键结合，因此其吸收率高于酸性染料；皮革染料、1∶1型金属络合染料和1∶2型金属络合染料都有较好的着色力，甚至优越的吸收性能，混合染料一般有中等的吸收率。

② 着色力。酸性染料和1∶1型金属络合染料有中等的着色力，直接染料、1∶2型金属络合染料都有较好的着色力，所染的革色泽浓厚，混合染料也有较好的着色力。

③ 明亮度。金属络合染料染色，颜色的明亮度较差，其他染料的明亮度较好。

④ 渗透性。酸性染料分子小，与革的亲和力低而渗透性好，最先渗透；直接性染料分子大，极性基团较多，与革的亲和性较大，渗透性一般，1∶2型金属络合染料渗透性较差。

⑤ 匀染性。直接性染料的亲水基团少，溶解度低，在酸性介质中易聚集、沉淀，因此其匀染性较差，其他染料的匀染性较好。

⑥ 坚牢度。酸性染料的坚牢度差，1∶2 型金属络合染料有很好的耐光、耐湿擦牢度。

皮革专用染料的综合性能较好，因此更适宜皮革染色，目前国内外一些染料生产厂家都推出了一些皮革专用染料。

目前，皮革用染料仍主要是以酸性染料、直接染料、金属络合染料和活性染料为主，并少量使用一些碱性染料和硫化染料。在一些特殊情况下，如毛皮染色中对毛的染色使用少量的分散染料和其他特殊染料。在皮革常用染料中，酸性染料占 70%，直接染料占 18%，金属络合染料占 6%，其他染料占 6%；皮革常用的酸性染料中，偶氮染料占 40%，酸性金属络合染料占 26%，蒽醌类染料占 3%，其他结构染料占 6%，未知结构的酸性染料占 25%。

值得一提的是，很多皮革使用的商品染料是几种染料的混合体，一般是具有同类分子结构和相近的分子大小的几种染料的混合体，因此，在实际配色时，考虑多种染料混合带来的颜色发暗的负面影响。

3.3.4　禁用染料及其代用品

合成染料中，偶氮染料是品种数量最多的一类，目前工业上染料品种半数以上是偶氮染料。偶氮染料生产的中间体是各种芳胺。研究表明联苯胺、乙萘胺、4-氨基联苯等芳胺为致癌物，因此许多国家都成立相应的机构，研究染料对生态的影响和染料的毒理，并确定了能致癌的芳胺种类，同时制定出相应的法令，限制有毒染料的生产和使用。

德国环保法规作为法令，于 1992 年 4 月 10 日首次在国际上公布了"食品及日用消费品法"，其中规定禁止使用可以分解成 MAK（Ⅲ）A_1 及 A_2 组中胺类的偶氮染料。MAK（Maxium Artbeitplaz Konzentrations 的简写，即被允许的最大浓度）第三类 A_1 和 A_2 组是德国联邦健康总署每年公布的致癌物质名单。1994 年公布的 MAK（Ⅲ）A_1 及 A_2 组芳胺共计 20 种，并规定从 1995 年 1 月 1 日起，那些可以通过一个或多个偶氮基团分解而形成所列 20 种致癌芳胺中任一种偶氮染料，不得再用于非短期接触人体物品的制造，之后又延迟了禁用期。德国危险品法第四修正案后来又确认了两种致癌性芳胺。

偶氮染料本身不会对人体造成有害的影响，但含有致癌芳胺的偶氮染料织物等与人体长期接触，染料被皮肤吸收，并在人体内扩散，与正常代谢过程释放的物质混合在一起，并发生还原反应，形成致癌的芳胺，经人体的活化作用使人体细胞的 DNA 发生结构与功能的改变，成为人体病变的诱发因素，从而诱发癌症或引起过敏。禁用的染料是指经还原分解后能得到致癌芳胺的染料，并不是指所有的偶氮染料。1994 年 7 月 15 日，德国发布首批禁用的染料共 118 种。其中大部分是偶氮染料，还包括一些硫化染料、还原染料等。另外，还有些染料不需要经过还原裂解为致癌芳胺，其本身对动物致癌。

皮革染色主要是用酸性和直接染料，直接染料受德国环保规定的影响最大，首先禁用的 118 种染料中，直接染料有 77 种，占 65%，其中以联苯胺、二甲基联苯胺、二甲氧基联苯胺等三类衍生物中间体合成的直接染料为 72 种，以联苯胺为中间体的直接染料为 36 种，产量几乎占直接染料总产量的 50%。近年来，我国生产的直接染料中属于禁用的直接染料达 37 种，占我国生产的直接染料品种数的 62.7%。受德国环保法规影响的酸性染料共 26 种，所涉及的有害芳胺品种较多，分布于联苯胺、二甲基联苯胺、邻氨基苯甲醚、邻甲苯胺、对氨基偶氮苯、4-氨基-2,3-二甲基偶氮苯及染料本身有致癌作用等广泛范围内。色谱主要集中于红色，共 18 种，黑色为 5 种，其他分布于橙、紫、棕等色谱。列入德国禁用的碱性染料有 3 种，分别为 C.I. 碱性红 42，含有邻氨基苯甲醚；C.I. 碱性棕 4（21010），含有 2,4-二氨基甲苯；C.I. 碱性红 111，含有对氨基偶氮苯。皮革中，除上述几类主要禁用染料外，还有一些禁用的颜料，有一些颜料是致癌芳胺为基础制得的，也在禁用范围内，特别是对于黄、橙、红色的一些偶氮颜料，如 C.I. 颜料橙 13（21110）、C.I. 颜料黄 12（21090）、C.I. 颜料黄 17（21105）、C.I. 颜料黄 83（21108）、C.I. 颜料红 8（12335）、C.I. 颜料红 22（123215）和 C.I. 颜料红 22（12315）等。

禁用染料对皮革的影响较大，因此对出口皮革制品，特别是出口德国等欧盟国家，要选用非禁用染料，即还原分解后不产生有毒芳胺的染料。在染料的生产过程中选用非毒芳胺作为中间体来代替禁用芳胺，开发新的染料品种。目前禁用染料的代用品的研制和开发已得到较大的发展，已有许多无毒染料投入生产应用。

皮革在染色时，除选用经有关机构检测后确认的非禁止使用染料外，还必须对生产设备进行彻底清洗，以免以前的"毒性"染料的污染影响革制品检验。另外，对于涂饰的颜料选择也要注意选用非禁用颜料。

我国生产或曾生产过的禁用染料见表 3-8。

表 3-8　　　　　　　　　　我国生产或曾生产过的禁用染料及单位名称

染料索引号	有害芳胺	禁用染料商品名称
C.I. 直接黄 4	联苯胺	直接黄 GR
C.I. 直接红 28	联苯胺	直接大 4B
C.I. 直接红 13	联苯胺	直接枣红 B、GB，直接红酱，直接酒红，直接紫红，直接紫酱
C.I. 酸性红 85	联苯胺	弱酸性大红 G
C.I. 直接红 1	联苯胺	直接红 F
C.I. 直接棕 2	联苯胺	直接红棕 M，直接深棕 M，直接深棕 ME
C.I. 直接紫 12	联苯胺	直接紫 R，直接青莲 R，直接雪青 R，直接红光青莲
C.I. 直接紫 1	联苯胺	直接紫 N，直接紫 4RB，直接青莲 N

续表

染料索引号	有害芳胺	禁用染料商品名称
C. I. 直接蓝 2	联苯胺	直接重氮黑 BH,直接深蓝 L
C. I. 直接蓝 6	联苯胺	直接蓝 2B,直接靛蓝 2B
C. I. 直接棕 1	联苯胺	直接黄棕 D-3G,直接金驼 D-3G
C. I. 直接棕 79	联苯胺	直接黄棕 3G 直接棕黑 3G
C. I. 直接棕 95	联苯胺	直接耐晒棕 BRL,直接棕 BRL
C. I. 直接黑 38	联苯胺	直接黑 BN、RN,直接青光,直接元, 直接元青,直接红光元青,直接红光元
C. I. 直接绿 6	联苯胺	直接绿 B
C. I. 直接绿 1	联苯胺	直接深绿 B,直接墨绿 B
C. I. 硫化黄 2	联苯胺,2,4-二氨基甲苯	硫化黄 GC
C. I. 冰染色酚 7	2-萘胺	色酚 AS-SW
C. I. 颜料红 8	2-氨基-4-硝基甲苯	永固红 F4R
C. I. 冰染色基 12	2-氨基-4-硝基甲苯	大红色基 G
C. I. 颜料黄 12	3,3′-二氯联苯胺	联苯胺黄
C. I. 颜色黄 83	3,3′-二氯联苯胺	永固黄 HR
C. I. 颜料黄 17	3,3′-二苯胺	永固黄 GG
C. I. 颜料橙 13	3,3′-二氯联苯胺	永固橙 G
C. I. 颜料橙 16	3,3′-二甲氧基联苯胺	联苯胺橙
C. I. 冰染色基 48	3,3′-二甲氧基联苯胺	快色素蓝 B,蓝色盐 B
C. I. 直接蓝 151	3,3′-二甲氧基联苯胺	直接铜盐蓝 2R,直接铜盐蓝 KM, 直接铜盐蓝 BB,直接藏青 B
C. I. 直接蓝 15	3,3′-二甲氧基联苯胺	直接湖蓝 5B
C. I. 直接蓝 1	3,3′-二甲氧基联苯胺	直接湖蓝 6B
C. I. 直接黑 17	对-克力西丁	直接灰 D
C. I. 分散橙 20	对-克力西丁	分散橙 GFL,分散橙 E-GFL
C. I. 分散黄 23	对氨基偶氮苯	分散黄 RGFL
C. I. 碱性棕 4	2,4-二氨基甲苯	碱性棕 RC
C. I. 酸性红 73	对氨基偶氮苯	对氨基偶氮苯,酸性大红 GR,酸性红 G,酸性大红 105
C. I. 硫化橙 1	2,4-二氨基甲苯	硫化黄棕 6G
C. I. 硫化棕 10	2,4-二氨基甲苯	硫化黄棕 5G
C. I. 冰染色酚 18	邻甲苯胺	色酚 AS-D
C. I. 冰染色酚 10	对氯苯胺	色酚 AS-E
C. I. 冰染色酚 15	对氢苯胺	色酚 AS-LB
C. I. 直接蓝 14	3,3′-二甲基联苯胺	直接靛蓝 3B
C. I. 冰染色酚 5	3,3′-二甲基联苯胺	色酚 AS-G
C. I. 酸性红 114	3,3′-二甲基联苯胺	弱酸性红 F-RS
C. I. 直接绿 85	3,3′-二甲基联苯胺	直接绿 2B-NB,直接墨绿 2B-NB,直接绿 TGB
C. I. 分散黄 56	对氨基偶氮苯	分散橙 GG,分散橙 H-GG
C. I. 酸性红 35	邻甲苯胺	酸性红 3B,酸性桃红 3B
C. I. 冰染色基 4	4-氨基-3,2′-二甲基偶氮苯	枣红色基 GBC
无索引号	3,3′-二甲氧基联苯胺	直接深蓝 L,直接深蓝 M,直接铜蓝 W,直接深蓝 1-5

续表

染料索引号	有害芳胺	禁用染料商品名称
无索引号	3,3′-二甲基联苯胺	直接绿 BE
无索引号	3,3′-二甲基联苯胺	直接黑 EX
C. I. 直接黑 154	3,3′-二甲基联苯胺	直接黑 TBRN
无索引号	联苯胺	直接黑 2V-25
无索引号	3,3′-二甲氧基联苯胺	直接耐晒蓝 FBGL
无索引号	2-氨基-4 硝基甲苯	分散黄 S-3GL
无索引号	对氨基偶氮苯	分散黄 3R
无索引号	对氨基偶氮苯	分散草绿 G，分散草绿 E-BGL，分散草绿 E-GR
无索引号	对氨基偶氮苯	分散草绿 S-2GL
无索引号	对氨基偶氮苯	分散灰 N，分散灰 SVBN，分散灰 S-3BR
无索引号	对-克力西丁	活性黄 K-R
无索引号	对-克力西丁	活性黄棕 K-GR
无索引号	3,3′-二甲氧基联苯胺	活性蓝 KD-7G
无索引号	对-克力西丁	活性黄 KE-4RNL
C. I. 冰染色酚 20	邻氨基苯甲醚	色酚 AS-OL

思考题：

（1）制革为什么以使用阴离子型染料为主？

（2）酸性与直接性染料有使用区别吗？简述理由。

（3）偶氮染料都是禁用染料吗？

（4）列举一个禁用染料的原因（查资料）。

（5）染料的结构与染色性能是否有关系？

3.4　皮革染色的基本特征

　　将皮革浸入有一定温度的染料溶液中，染料就从水相向革表面移动并向革内迁移，水中染料的量逐渐减少，经过一段时间后达到平衡，染料进入皮革内与皮革纤维发生结合，从而使皮革着色。因此，皮革的上染过程一般分为染料被革坯吸附、染料向革坯内部扩散或渗透、染料在革纤维上固着 3 个阶段。

　　皮革的染色与其他纤维的染色过程既有共性又有其特殊性。特殊性主要体现在皮革纤维与其他纤维的差异上。皮革是由蛋白质纤维和鞣剂所构成的复合体，因此，皮革染色与其他纯蛋白质纤维（如羊毛）的染色不同。染料不仅要与皮革纤维上的游离氨基、亚氨基、羟基或羧基等极性基团发生作用，而且还要与鞣剂分子、纤维表面的疏水基团发生作用。此外，不同动物皮或同一张皮不同部位间的纤维结构差异，也是皮革染色必须考虑的因素。这就使皮革染色机制变得更为复杂。

染色时，染浴中除坯革、染料和水之外，还常常有染色助剂和其他电解质的存在。这些材料与染料之间往往要发生作用。因此，染色过程中要考虑的因素很多，其中最主要的因素是染料和纤维之间的相互作用。

3.4.1 染料在水溶液中的状态

皮革染色所用的染料一般都是水溶性的，在水中溶解、解离形成带不同电荷的染料离子。也就是说，由于染料分子中磺酸基、羧基、酚羟基和氨基等亲水基的存在，染料在水中解离而形成带电荷的有色染料离子和反离子（如 Na^+、Cl^- 等）。

由于染料分子结构、分子大小和所含的亲水基的种类和数量的差异，使不同染料在水中的溶解性、电离程度不同，从而它们在水溶液中的存在状态也不同，而且随溶液中染料的浓度、pH、中性盐的量和温度等的变化而变化。

在水溶液中染料分子的状态非常复杂，既有以单分子状态存在，又有以缔合状态的形式存在。以阴离子染料为例，有以下 3 种不同的形态，见图 3-31。

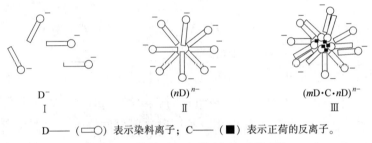

$$D^-\qquad\qquad (nD)^{n-}\qquad\qquad (mD\cdot C\cdot nD)^{n-}$$
$$Ⅰ\qquad\qquad\qquad Ⅱ\qquad\qquad\qquad Ⅲ$$

D——（▭○）表示染料离子；C——（■）表示正荷的反离子。

图 3-31 染料在水中的溶解与分散示意

第Ⅰ种为典型的电解质，表示完全离解而生成单一的染料离子；第Ⅱ种为离子胶束，是一种胶体电解质，表示染料离子的缔聚体；第Ⅲ为典型的胶体粒子，表示较大的染料集合体，内部包含着反离子而粒子外围附着少量的染料离子。

染料溶液中上述 3 种形态的粒子往往同时存在，并有一定的平衡关系，随条件的变化而相互转化。染浴中直接染料分子单体和聚集体间的平衡与下列因素有关：

① 增加染料水溶性，减少染料分子聚集的倾向。

② 提高染料浓度，增加染料的聚集。

③ 增加染浴的温度，减少染料聚集。

④ 加入中性盐，如 Na_2SO_4、NaCl，能降低染料的溶解度，增加聚集倾向，在染色时造成浮色，所以要加入平平加等匀染剂。

染料在水溶液中的聚集程度还与溶液中的其他物质的存在有关，如溶液中的 pH、水的硬度和材料的影响。如对于阴离子染料，溶液中的 pH 较高时，其亲水基团的解离程度高，溶解性好，聚集程度降低；对于容易聚集的染料，在高硬度的水中，其聚集程度会更高，而且聚集的结果往往会导致染料色调的改变。对于皮革染色，染料的溶解度好，染料在溶液中聚集的程度低，是获得良好染色效果的关键先决条件之一。如果染浴中染料的缔聚程度大，必然会导致皮革的表面染色，而且颜色不鲜艳，染色不均匀。

染色过程中，染浴中的染料形态的平衡将不断被打破，建立新的平衡。染色时，染料离子被纤维吸附，最初建立的平衡被破坏，于是聚集较大的胶束进一步分散为染料离子。这样的过程一直进行至上染结束为止。由此可见，染料在染浴中的聚集情况，直接影响着染色进行的速度。

3.4.2 坯革纤维的染色特征

前已述及，坯革纤维是胶原蛋白质和鞣剂所构成的复合体，其染色性能由胶原蛋白质和鞣剂的性质共同决定的。不同前处理的坯革及坯革的组织差别都会引起染色效果上差异。除了坯革纤维表面的多极性基团外，表面的两性会因环境条件变化显示不同电荷特征。这对水溶性染料上染具有显著的影响。由于坯革不同的前处理，体现出坯革内纤维的编织状态、紧实性和空隙性等，都将成为影响染色的因素。

3.4.2.1 坯革表面电荷对染色的影响

胶原是生皮的主要成分，胶原的等电点是由其结构所决定的。经过加工鞣制后胶原的等电点随所用鞣剂性质的不同将移向较高或较低的 pH，并使其表面电荷发生变化，从而影响着胶原纤维对染料的作用。利用鞣制对胶原等电点和电荷变化的影响对坯革表面等电点进行近似表达，见表 3-9。

表 3-9		不同鞣剂对胶原纤维等电点及表面电荷的影响	
胶原的鞣法	等电点 pI	鞣制后 pI 位移	表面电位/mV（pH=6.5）
未鞣制的裸皮	5.2		−31
甲醛鞣制	4.6	−0.6	−41
儿茶素栲胶鞣制	3.8	−1.4	−17
荆树皮栲胶鞣制	4.0	−1.2	−85
酚类合成鞣剂鞣制	3.2	−2.0	−119
阴铬络合物鞣制	3.8~4.8	−0.4~1.4	−1~−5
碱式硫酸铬鞣制	6.7	+1.5	+25
碱式氯化铝鞣制	6.2~6.9	+1.0~+1.7	+17~+33

表 3-9 表明，用甲醛、阴铬络合物、植物鞣质和合成鞣质等鞣成的革，其纤维表面带负电荷，而用碱式硫酸铬或碱式氯化铝等鞣得的革，其表面则带正电荷。

在染色过程中，要求染料对纤维有足够的亲和力。与复鞣剂作用机制类似，这种亲和力来自各种键的形成。由于静电作用的作用距离较大，坯革表面电荷与染料分子间的静电作用起着主要作用，决定着上染的速度及表面着色浓度。电荷差距越大，上染结合速度越快，极易造成染色的不均匀。

通常染色有两种要求，一是采用较少的染料在坯革表面上染达到理想色调；二是在革内的渗透获得透染。当染色在复鞣填充前，解决坯革内外表面电荷控制两种染色是关键；当染色在复鞣填充后，除了坯革的表面电荷外，渗透空间是控制两种染色的关键，而这种渗透空间靠机械作用进行弥补。对于表染，需要防止染料透入革内太深，导致表面着色较轻微，使染色效果降低；对于透染，选择合适染料及加强机械作用是必不可少的。

3.4.2.2 坯革的前处理与染色性能

（1）铬复鞣坯革的染色

铬复鞣坯革染色主要采用阴离子型染料染色。在染色过程中，染料能与坯革形成离子键、配合键结合。

$$P \begin{cases} NH_3^+ \\ \\ COO^- \ce{-[}Cr]^+ \end{cases} + Na^+ \ ^-O_3S—D \longrightarrow P \begin{cases} NH_3^{+-}O_3S—D \\ \\ COO^- \ce{-[}Cr]^+ \ ^-O_3S—D \end{cases} + Na^+ \qquad (3\text{-}16)$$

铬复鞣坯革中含铬量越高，革的正电荷增强，便能结合更多的阴离子型染料。

对同种革用铬或铝盐复鞣，其皮革表面电荷有不同的增加，阴离子染料的吸收量也有所差异。采用铝盐复鞣后表面电荷增加更多。因为铝盐比铬盐较难被隐匿，它比等量的碱式铬盐能吸收更多的阴离子染料，见图 3-32。实验表明，过渡金属盐在完全水解前处理坯革均可以提高表面电荷作用。

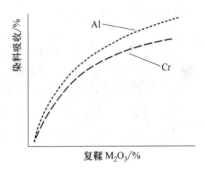

图 3-32 Cr_2O_3 或 Al_2O_3
复鞣对染料吸收

铬复鞣中引入阴离子含铬鞣剂或合成鞣剂，则革对阴离子染料的亲和力就会减弱。例如，在中和时，采用隐匿作用较强的盐作为中和剂，从而降低铬鞣革与阴离子染料的亲和力，使染料均匀着色及深入。当湿态铬复鞣革经过静置或干燥，配体进入稳定配合，降低离解能力，表面正电荷会减少，对阴离子染料的亲和力降低，染料吸收量也低，见图 3-33。

（2）阴离子复鞣坯革的表面因素

阴离子复鞣剂使阴离子染料上染率降低。阴离子性的芳香族合成鞣剂、丙烯酸复鞣剂等能与铬盐配位，使坯革的阳离子性降低，使阴离子染料的亲和力降低，但匀染效果增加。尤其是丙烯酸树脂，分子以羧基亲水，缺乏与染料的弱碱亲和能力，显示出更大的排斥。

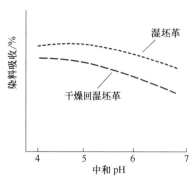

图 3-33　干燥回湿与湿态坯革的上染率

阴离子复鞣坯革带有阴电荷，它与碱性染料（阳离子染料）具有较大的亲和力。采用阳离子染料可以获得着色迅速，往往容易出现染色不匀的弊病。

阴离子复鞣剂复鞣坯革难免存在表面复鞣剂的沉积，当染料继续吸附沉积就会产生不耐干湿擦的缺陷。阴离子复鞣坯革在染色前需要进行漂洗。

（3）阴离子复鞣坯革的组织构造因素

复鞣坯革的构造紧实与否对染色的渗透影响。如前所述，坯革的染色性能不仅与其电荷性质有关，而且坯革纤维密度也影响其染色性能。染料在革内的渗透情况不仅取决于染料与革纤维的亲和力，也取决于染料粒子的大小和革纤维中的孔隙大小。

复鞣填充不仅缩小坯革内的渗透空间，而且不同复鞣剂的结合水分子能力不同。复鞣剂以水合形式进入坯革纤维后，自然也占有空间。如果染料与坯革或鞣剂结合能力不足，缺乏与水的交换能力也影响染料渗透。工艺解决的方法是升高温度，减弱水分子的氢键作用，使染料渗透能力提升。

思考题：

（1）哪种情况下要考虑坯革的 pI？

（2）请描述染料良好渗透的基本条件。

（3）上染的快慢对染色效果有何影响？

3.4.3　阴离子染料的皮革上染

3.4.3.1　皮革的上染过程

皮革的上染过程可分为吸附、扩散、结合 3 个阶段。

（1）染料从溶液中被吸附到皮革表面

该吸附过程速度较快，而且是上染必要的第一步。

（2）染料的扩散与渗透坯革内表面

染料向革坯内扩散或渗透是染色染透的过程。理想条件下的扩散与渗透不受化学影响，可用菲克的动力学扩散定律来解释。这时，影响扩散与渗透的主要因素是革坯组织的状况及染料分散颗粒的体积及浓度。坯革组织紧实或染料颗粒大都使扩散与渗透困难。染料浓度低也使其缺乏动力。事实上，静电力及范德华力也是决定染料扩散与渗透的主要因素之一。其他因素还有机械作用的强度及时间、坯革的柔软度等。

（3）染料在革纤维上固着

扩散到皮革内的染料与皮纤维通过物理作用（如分子间的引力）和化学作用（如氢键、离子键、共价键和配位键）而产生结合，被固着在皮革纤维上。这种染料分子和皮革纤维发生的相互作用随纤维（不同的处理方法）和染料的不同而不同。

皮革染色过程中，吸附、扩散、渗透和固着是同时发生、相互影响和相互交替的；染色过程是染料分子对革纤维的渗透和结合、物理和化学作用的总效应。但在不同的染色阶段，某一过程又会占优势。

在染色过程中，如果染料对纤维没有亲和力，就不能染色。亲和力的大小与染料分子的化学结构，大小形态，以及纤维的种类、性质等有关。如果染料分子与纤维间的引力小于与水分子的引力，那么这种染料就不易上染；相反，如果染料分子与纤维间的引力大于与水分子的引力，则染料分子运动到纤维表面附近时，就会失水而逐渐被吸附在纤维表面上；染料分子在纤维表面被吸附后继续运动，向纤维内部进行扩散渗透，渗透到纤维内部的染料分子又有重新回到纤维表面的趋势。这种吸附与解吸、渗入与渗出是可逆的，受着彼此间亲和力大小的支配。

染料的固着或上染是一种受热力学控制的过程。染料的染色热为负值，即上染是放热过程。染色体系中，过程的熵总是降低的，因此染料上染将会受温度影响。然而，在制革的实际染色中，升高温度却会使染料结合加快，这种特殊现象是制革染色蛋白质与铬鞣剂之间作用，可以通过电荷作用结合，适当升温可以分散染料剂增加渗透，因此高于 $50℃$ 后其活动性迅速增强，迅速的交换反应可使负电性染料离子被结合。

3.4.3.2　皮革与染料的作用方式

皮革纤维与染料分子之间的作用包括化学结合和物理结合，化学结合包括离子结合、共价键结合和配位键结合等；物理结合主要有范德华力、氢键和疏水键结合等。

（1）离子键结合

皮革纤维具有可以电离的基团，在染色条件下，这些基团发生电离而使纤维带有电荷。当具有相反符号电荷的染料离子与纤维接近时，产生静电引力（库仑力），染料因库仑力的作用而被纤维吸附，生成离子键形式的结合，离子键也称为盐键。皮革染色时以离子键结合的方式比较多，例如酸性染料染铬鞣革时，革纤维上的氨基在染色条件下电离成 $P—NH_3^+$，带有正电荷，酸性染料则电离成 $D—SO_3^-$，带负电荷，染料与皮革纤维由于库仑力作用而生成离子键结合。同理，直接染料染铬鞣革时也产生离子键结合。用碱性染料染植鞣革时，染色条件下，染料电离而带正电荷，革纤维因与植物鞣剂结合而使得革纤维上负电荷增强，从而使染料与革纤维之间因库仑引力产生离子键结合。

（2）氢键结合

氢键是一种定向性较强的分子间引力，它是由两个电负性较强的原子通过氢原子而形成的结合。若 A、B 为两个电负性较强的原子（或原子团），当 A—H 和 B 接近时，形成 A—H…B 的相互结合，这就是氢键。这里 A—H 称为供氢基团（或称供质子基团），B 称为受氢基团（接受质子基团），A—H 的供氢性越强或 B 的受氢性越强，即 A、B 原子的电负性越强，两者间形成的键能就越大，因此，氟可以比氯形成更强的氢键；芳香族酚类与脂肪醇相比，由于芳香环对电子的吸引，使芳香族酚通过氧原子形成的氢键比脂肪醇强；同样，R—NH$_3^+$ 比 R—NH$_2$ 形成的氢键强。常见的氢键结合能量见表 3-10。

在染料分子和皮革纤维分子中，都不同程度地存在着供氢基团和受氢基团。因此，氢键结合在各类染料对各种鞣法所得皮革的染色中都存在，当然其大小和重要性也各不相同。由于受氢基不同，与供氢基之间形成的氢键又可分成 p 型（或 π 型）氢键结合，即受氢基上具有孤对电子，通过孤对电子与供氢基形成氢键结合，如 A—H…B。通过孤立双键或芳香环上共轭双键的 π 电子与供氢基形成的氢键称为 π 型氢键。从结合能来看，π 型氢键通常低于 p 型氢键，但对于具有较长共轭体系的染料分子，则 π 型氢键具有相当重要的意义。

表 3-10 常见氢键的平均键能

结合情况	平均键能/(kJ/mol)	结合情况	平均键能/(kJ/mol)
—O—H…N	29.26	N—H…O	9.61
—O—H…O	25.03	N—H…N	8.36~16.72
—C—H…O	10.87	N—H…F	20.90

坯革与染料中，常见的供氢基团有：—OH，—NH$_2$，—NH（—CO—NH—R，R—NH—R，Ar—NHR），—COOH，—CH$_2$ 等。常见的受氢基团有：—OH，—NH$_2$，—OR，—S—S，—F，—Cl，—N＝N—，芳香环等。因此，染料对铬鞣革染色时，染料分子与蛋白质结构，以及结合的铬盐离子等，能形成多种氢键结合。

在染色过程中，二者形成的氢键越多，染料与革的结合也就越牢固。说明染料和皮革纤维之间形成氢键结合的时候，在染料分子与染料分子、纤维分子与纤维分子、染料分子与水分子、纤维分子与水分子以及其他溶剂之间，都可能形成氢键。因此，在染料分子与纤维分子形成氢键时，原来的氢键将发生断裂。

（3）范德华力作用

范德华力是分子间力，可分为定向力、诱导力、色散力 3 种。范德华力的大小随分子的偶极距、电离能、极化的难易程度等的不同而不同，分子的极性越大，极化越容易，则分子间的范德华力越大。温度升高，极性分子的定向排列变差，定向力降低。范德华力的大小还与分子间的距离有关，随着分子间距离的增大，范德华力急剧降低，作用距离为 0.3~0.4nm。在偶极分子对偶极分子的情况下，范德华力与分子间距离的 6 次方成反比。

范德华力的作用能量为 0.0836~8.3600kJ/mol。简单的无机分子或有机分子之间的范德华力，可以根据一些基础数据和关于定向力、诱导力、色散力的公式计算。染料分子与纤维分子之间的范德华力比简单分子要复杂得多，这方面的研究还很少。染料和皮革纤维之间的范德华力大小取决于分子的结构和形态，并和它们的接触面积及分子间的距离有关。染料的分子质量越大，共轭系统越长，分子呈直线长链形，同平面性好，并与纤维的分子结构相适宜，则范德华力一般较大。范德华力在各种处理方法所得的皮革、各类染料染色时都是存在的，但它作用的重要性却各不相同。

范德华力和氢键结合的能量较低，一般在 41.8kJ/mol 以下，但在染色中起着重要作用，是染料对纤维具有直接性作用的重要因素。范德华力和氢键引起的吸附属于物理吸附，吸附位置很多，是非定位吸附。

（4）Lewis 酸碱力作用

Lewis 酸碱力作用属于非共价结合，其发生在供电子体 D 及受电子体 A 之间，从 D 到 A 转移了一个电子，在 D 与 A 之间产生了吸引力，这就是电荷转移力。结果在 D 与 A 之间形成了一定的结合，称为电荷转移结合。

$$D+A \rightarrow D^+A^- \tag{3-17}$$

电荷转移结合相似于路易氏酸和路易氏碱的结合。供电子体的电离能越低（即容易放出电子），受电子体的亲电性越强（即容易吸收电子），两体之间则越容易发生电子转移。作为供电子体的化合物有胺类、酯类化合物或含氨基、酯基的化合物（称为孤对电子供电），以及含双键的化合物（称为 π 电子供电）。作为受电子体的化合物有卤素化合物（称为 σ 受电子体）及含双键的化合物（π 轨道容纳电子）。例如，皮革纤维分子中的氨基与染料分子中的苯环可以发生电荷转移，生成电荷转移结合。

（5）疏水结合

因水的表面张力引起的一种排斥力。皮革染色时，染料的非极性部分有利于使水形成簇状结构。染料上染纤维使簇状结构部分受到破坏，一部分水分子成为自由的水，从而导致熵的增大，熵的增大有利于染料上染，并与纤维结合。这种由于熵的变化而导致的染料上染纤维和固色称为疏水结合。在一般的皮革染色中，疏水结合并不是染料与纤维结合的主要因素，但是在疏水性纤维用疏水性染料染色时，疏水结合可能起辅助作用。

（6）共价键结合

共价键结合被认为是单键能量最高的一种，也是键合两元素距离最近的形式。染料和皮革纤维之间的共价键结合，除了发生在含有活性基团的染料与皮革纤维之间，阴离子染料在机械力的作用下可以共价反应。共价键的作用距离为 0.07~0.20nm。但是，较短的距离使得共价键难以产生。

（7）配位键结合

配位键结合被认为是共价键的一种形式，也是元素近距离作用的一种形式。铬盐复鞣增加了配合物的形成机会，染料分子与坯革形成配位结合也是不可缺少的部分。

上述不同性质的作用力（或结合）往往是同时存在的，追究任何一种键的机理是没有意义的。染料上染与染料本身、坯革特征及操作方法的作用影响同时存在。工艺过程的目的是考虑如何获得上染率高、色调理想及坯革具有良好的色牢度。

思考题：

（1）偶氮染料与铬鞣坯革可能有哪些结合？

（2）如何增加染料分子在皮革纤维表面获得良好的坚牢度？

3.5　皮革染色实践

皮革的染色实践与其他工序相似，需要讨论的内容也是建立在染色用革坯、染料品种、操作条件三者的各自特点或状态以及它们之间的相互关系基础上。事实上，在讨论中，面对三者的可变性及复杂的关系不能够一一独立分辨及明确地用某一理论进行解释，只能按照它们的基本特征以及实践中相互作用的结果去找出一般规律进行总结。

3.5.1　染色前的准备

要做好染色操作必须先做好四个方面的准备工作，即革坯状况判定、染料的准备、水及试染。染色只是将染料置于水溶液中使之与革坯接触而上染的过程，准备过程会直接影响染色的效果。

3.5.1.1　革坯的准备

不同的染色要求，对皮坯的要求也不相同，如对浅色革染色，则对革坯的伤残、前处理、存放时间都应注意，以免造成张与张、批与批及每张各部位间的色差。对于不涂饰的绒面革和水染革的要求更高，均匀一致的革坯是十分重要的。染色前革坯的准备就是根据革坯的状况和染色要求，对染色革坯进行适当的处理。对于不同鞣法的革染前处理的方法不同。对于铬鞣革的染色，染前的革坯处理主要采取的措施是回软、漂洗、中和工序。这些工序在前面章节中已有介绍，对染色而言，以下几点值得重视。

除去粒面上任何非均匀性结合或吸附物，以免影响染色后的色调和均匀性。这些杂物有革屑、粉尘、泥沙、油污、脂肪、中性盐、钙皂、铬皂、提碱材料、鞣剂与复鞣剂等。漂洗时用热水、脱脂剂、分散剂及漂洗剂等对革面进行漂洗，脱除皮面上的杂物，并使革充分回水。对于染浅色革常用草酸漂洗，使革表面颜色变浅。对于革坯表面颜色不均匀、油脂、铬皂含量大的革坯，除了降低革的pH，对革表面强化脱脂外，还可以用酸性蛋白酶和酸性脂肪酶进行酶处理，结果表明，适当的酸性酶处理不仅可以增加革的柔软、丰满度和得革率，而且还明显提高坯革的均匀程度，染色均匀性也随之得到显著改善。

复鞣对坯革的染色性能影响很大。通过铬复鞣可以增加坯革中的铬含量，可以改善铬在坯革中分布的均匀性，因此铬复鞣后革的染料结合量增加，表面阳电荷增加，使阴电荷染料结合迅速、颜色加深、上染牢固。铬复鞣后直接染色前必须进行良好的洗涤和中和，通过中和前的水洗，洗去革中的中性盐、游离酸以及尚未结合的铬盐，避免染料不良结合与沉积，造成染花。

坯革的前处理不应有过强的阴电荷材料作用，以保证阴离子染料有良好的结合上染，但对需要染透的铬革坯，不易靠革坯表面的阳电荷着色，否则将会造成扩散与渗透的障碍。如要求染色浅淡、染透，则选用阴离子的复鞣材料或匀染剂。

皮革的品种决定中和的程度和所用染料的种类：

① 表面染色，中和程度要小，中和 pH 一般可控制<5.0；染色要透，中和也要求深透，坯革切口的 pH 应控制在>5.0。

② 黑色或深色革中和程度可小些，以使色泽浓厚；浅色革中和程度要大些，使着色缓慢，以免色花。

③ 酸性染料其分子较小，使用时皮革的中和程度可轻些；直接染料：其分子较大，使用时皮革的中和程度可重些。

皮革的中和程度一般可用指示剂溴甲酚绿或甲基红溶液滴在革的切口上来确定。其 pH 变色范围如下：溴甲酚绿 3.8（黄）~5.4（蓝）；甲基红 4.4（红）~6.2（黄）。

重复鞣革的洗涤。重复鞣革在染色前需要进行适当的处理，以除去阻塞在革中的和结合不牢固的鞣剂。复鞣填充后的革，尤其是经长时间干燥状态存放的革，复鞣填充剂，尤其是树脂鞣剂、植物鞣剂微粒，会发生树脂状的聚集，在革纤维上形成保护层，使染料难以透入，因而对这样的革必须进行洗涤，使其能均匀地吸收染料。

3.5.1.2　染色用水

染色用水应满足一些要求，其中包括溶解染料用水及染浴水。理想的染色用水有以下要求：无悬浮物，不含重金属盐；暂时硬度（10mg/L 以 CaO 计）<8，永久硬度<15；pH 为 6~7。

地面水常含有悬浮物，工业区的雨水常含有煤烟灰，大江及河流的水也会因上游的暴雨使泥沙量增加，使用前都应进行澄清或过滤。水中最常见的重金属盐是铁盐，许多可溶性及不溶性铁化合物来自泉水、井水及工厂的铁质容器和管道中，这些铁质盐能与染料结合，使它们改变色调、鲜艳度，甚至难以上染，应该排除在染色用水之外。

暂时硬度不大于 8，一般无碍于阴离子染料的染色，但含镁盐和钙盐太多时，不少染料将产生比钠盐溶解度小的镁盐和钙盐，使染色不够浓厚，遮盖力也小。永久硬度只有过大时才有害，在较高的硬度下多数阴离子染料变得难以溶解。当用碱性染料染色时，较少的 Ca^{2+}、Mg^{2+}（暂时硬度）就会造成影响。要求在溶解染料或染色时适当加入甲酸或乙酸才能解决。

水的酸碱值也影响染料的溶解性、颜色的饱满性，因此，在染色前也要注意水的酸碱性。如在碱性的水内，阴离子染料则渗入铬鞣革较深，染色不浓厚；阳离子染料则因电离受到抑制而变得难溶或不溶了。

3.5.1.3　染料的溶解

皮革染色的有些缺陷往往是溶解染料不良造成的，如用水量不足、水质、pH 不适使染料以悬浮状形式进入上染，容易导致色花。当然，染料的品质及人为搅拌也是影响染料溶解分散的原因，应引起工厂的重视。溶解染料最好在搪瓷、玻璃、塑料或瓷的容器中运行，不要使用金属容器，否则有可能与染料或染液中的其他助剂发生反应。除个别染色工艺外，通常采用的染料溶解方法如下：

（1）阴离子染料

溶于皮革重 30~50 倍近沸的水中，先用少量的水调成糊状，然后在搅拌下加入其余的水量。有条件时可以通入蒸汽进行短时间冲沸，检查是否完全溶解。要求高的染色，尤其是浅色革染色，有时可将染料液进行过滤。

（2）碱性染料

先用酸调成糊状，然后加入革坯重 50~80 倍的近沸水溶解，考虑到有些碱性染料不耐沸水，则可用≤60℃水溶解，碱性染料溶解度小，在皮革染色中有极强的上染力，如有不溶的小微粒，容易出现色斑，要求染色前充分检查溶解情况，足够的稀释是较好的保证。

（3）金属络合染料

金属络合染料主要以液体形式存在，使用前仍需用热水稀释。络合染料有很强的上染能力，通常用于表面上染，故良好的溶解分散也很重要。有时可加入一些醇类增加溶解度。

X 型活性染料可先用少量冷水调匀，在室温的水中溶解，因这类染料稳定性较差，须随用随配，不能溶解后长期不用，一般最好在 3h 内用完。K 型活性染料可先用少量温水调匀，加 70~80℃的热水溶解。

（4）硫化染料须同硫化碱混合加热溶解

染料完全溶解后，在使用前应进行过滤，一般经双层纱布过滤即可达到使用要求。配好的染料溶液若不及时使用，会因降温而重新出现缔合，这时应该再一次用热水或加热方法进行溶解或分散。

3.5.1.4　染料配方的确定

（1）样品色调鉴别

工厂在制定产品的色调时，都需要先确定样品（自定或客户送样）的色调，即使工厂内部生产批与批之间、张与张之间也需要时常对比，以此来确定或调整染料配方或染色条件。影响革样品色调鉴别的因素有两种。

① 照射光。日常的白炽灯由于红黄光重不能用于色调鉴别，而日光灯、水银灯等又因过重的紫光，会使革面改变应感觉到的颜色，也无法作为色调的鉴别。理想的光源应为直射的正午阳光，即没有周围反射污染，其次是明亮的自然光。

② 视觉。由于人的视觉存在个体差异，如果在色敏度上有差异，就会对色调产生误差鉴别。即使同一个人，也会因疲劳、受色或光的刺激对色调鉴别造成差异。

（2）染料配方选定

由于人眼不能分辨出光中波长的成分，使同色异谱色成为现实，工厂可以用多种染料配合，即不同色调染料构成同一上染色调混合体，实际染色配方中包括染料的品种和用量。

① 色调初选。选用哪些色调的染料进行染色来满足样品或样版的要求，可参考配色三角形或配色圆选用主染料，再根据所选染料的副色选用一些互补色调进行初步纠正。在制革厂，色卡的选用与确定常常给染色者带来方便，许多生产染料的单位都有标准的色卡，这时可直接按色卡配制染料。

② 染料品种选择。根据革坯的状况，对染色深度（是否染透）、均匀性、饱满和鲜艳度等要求，选用阴离子型或阳离子型染料。同在阴离子型中又可选用酸性、酸性媒介或直接性染料。

③ 染料的用量。从理论上讲，染色用染料的用量与染料的上染率、遮盖力、坚牢度有关。实际使用时的基本规律可以总结为表面染色，浅色革染色时染料用量较少，染透、深色及饱满度高的染色用量大；绒面革、薄型革用染料量大；同一配方中染料品种应尽可能少；同一生产批所有染料品质应相同。

（3）试染

染色配方初定后，不能直接进入大生产，复杂的影响因素几乎难以确定结果会怎样。因此，要求有试染或者小试。用一张或几张革坯，采用大生产的条件进行染色实验，确认后再进入中试，否则应再调配方。中试一般采用羊猪革 100~500 张，牛革 50~100 张，根据结果再调整。直到达到要求则可进入大生产。然而，由于小试、中试与大生产之间总存在着保温（木鼓）、机械作用、浴液的淹入状态的差别，结果也会不同，应按实际情况进行略微调整才能满足大生产要求。如果当小试至大生产色调重现难以达到时，应该从染料的品质或者配方上进行考虑。

3.5.2　影响皮革染色的因素

皮革的染色过程受很多因素的影响，除了构成染浴的各种组分相互影响外，染色前革坯的状况、染色操作和染色过程中的参数、染色中其他材料的使用以及染色前后的其他工序等因素，也影响着染色过程。

3.5.2.1 染色前坯革的状况

坯革的表面状态是影响染色色调均匀性的重要因素，表面状态的一致性是匀染的前提条件之一，包括表面色泽均匀一致、表面结合的材料及物理形态均匀一致。对全粒面坯革来讲，表面无色花、色差、无污物（油脂、盐）、无不均匀结合的材料、无机械伤、病残伤。对绒面革来讲，要求绒毛均匀，即各部位绒毛长短、粗细尽可能一致。其他的革坯状态的均匀性还表现在张与张之间、同一张的各部位之间厚薄的一致性，一些较严重的剖层伤、削匀伤及相对过厚或过薄等都会造成染色后色调的差异。

革坯的染色前处理也是影响染色结果的一个重要因素。用阴离子型染料对铬革坯进行染色时，若革坯预先经过阴离子型材料处理，如先复鞣后染色、先加脂后染色等，革坯表面着色能力会有明显的下降，当然这种下降程度会随材料的品种、用量不同而有区别。实际工艺实践已表明，在相同条件下，革坯经预处理后表面上染能力为铬复鞣>戊二醛复鞣>氨基树脂复鞣>合成鞣剂>栲胶复鞣>乙烯基树脂复鞣剂。因此，在要求染出有浓艳色调的情况下，如绒面革、水染革的制造，应尽可能避免或少使这些材料在染色前处理。

3.5.2.2 染色条件对上染的影响

染色条件通常是指染色时间、pH、温度及液体用量等。对于实际染色过程，这些条件同时存在并相互关联，不能单独讨论，为了解某一条件对染色的特殊影响，通过固定某些条件而变化被讨论条件。

（1）上染时间

上染时间通常指从染料被加入鼓内到基本上完成上染达到平衡的时间，染色时间主要取决于革的种类及其染色的深度。染色的初始阶段染料的上染速度较快，经过一段时间，染料上染速度减缓，逐渐达到平衡状态。不同温度、不同染料对不同的革染色时，达到平衡的时间不同。下面是 BASF 公司对染料上染的研究：

原料	黄牛蓝湿坯革，厚 1.5mm，以削匀革重计		
水洗	水（40℃）	300%	10min
	排液		
中和	水（40℃）	100%	
	中和剂+	x %	10min
	小苏打（1：15）	x %	
	转至浴液 pH 稳定		
水洗	水（50℃）	300%	10min
	排液		

染色	水（50℃）	200%	
	染料	1.5% ~ 3.0%	30min
加脂	+Lipoderm Liq. SC	5%	60min
	+甲酸（85%，1∶10）	1%	20min×2 次
	排液，水洗		

伸展，挂晾，回湿，震软，绷板。

实验中采用了 5 种染料，对不同时间内染料的上染情况进行了检查，结果见表 3-11。选择了其中染料品牌为 BASF 公司的 Luganil 系列。

表 3-11 中的 5 种染料的应用条件相同。从表中可以看出几个特点，每种染料的上染速度都很快，5min 后均超过 60%，有些已近 80%。尽管在 30min 内各染料上染速度变化有差别，但 30min 后均已基本吸净，达到吸收最高值。实际生产中，表面上染或者说吸附染料的迅速性被较多地采用，如染色 20~30min 后进行后续工序的操作，只是在要求染透或深度染色时才延长固定染料的时间。有些染料的上染率低，一般不能靠延长时间来解决，而应考虑改变染色条件，如加固色剂等。

表 3-11　　　　　　　　　　　染料吸收率与时间关系（pH 6.5）

染料	吸收率/%			
	5min	10min	20min	30min
棕 N3G	74	88	96	98
棕 NGB	79	91	97	98
棕 NT	77	90	96	98
枣红 N	63	77	87	92
灰 GC	64	80	92	95

（2）染色 pH

染色体系的 pH 指两部分：一是革坯的 pH。对阴离子型水溶性染料而言，尽管铬鞣革坯的染色 pH 总是在等电点以下，但 pH 的升高，可以促使铬盐的水解及胶原的阳电荷减少，结果使染料扩散与渗透有利，低 pH 使革坯阳电荷增加，则有利于上染；二是染浴的 pH。pH 高，阴离子型染料分散离解程度大，有利于扩散渗透，pH 低则易形成色素酸，聚集性及被吸附性增强有利于上染。因此，染色体系的 pH 对革坯和染料在染色方面的影响趋势是一致的。染料的品种不同，对 pH 的要求不同。单纯染色时，自然水的 pH 在 6.5 以上即可满足要求，但当在含有其他材料的浴液中就应考虑 pH。革坯的 pH 是决定染料上染的关键，应在染色前已被调整，不同的 pH 对上染速度影响是较大的。按前述的实验方法，若将革坯的 pH 调至 3.5，上染结果见表 3-12。

表 3-12　　　　　　　　　　　染料吸收率与时间关系（pH 3.5）

染料	吸收率/%			
	5min	10min	20min	30min
棕 N3G	97	98	98	99
棕 NGB	94	98	99	99
棕 NT	99	99	99	99
枣红 N	98	99	99	99
灰 GC	81	89	93	97

与表 3-11 相比，当革坯 pH 由 6.5 变为 3.5 时，在 10min 内上染率就达到甚至超过了当 pH 6.5 时 30min 的上染率。在染色初期，在染浴内加入少量的氨水，不仅对染料溶解有利，对表面减缓上染也是有利的；在染色末期降低 pH 达到固色结果。

（3）染浴的温度

染料的上染与温度有关，升高温度有利于染料分子的扩散和渗透。皮革对染料的吸收也随温度的升高而加快。但温度太高，染料会被革迅速吸收，将影响染料的渗透，而且会导致革面变粗。表 3-13 是用 LuganU 棕 NT 作为考察物，在革坯 pH 为 6.5 时上染率与温度的关系。显然，高温时上染速度较快。

表 3-13　　　　　　　　　　　染料的吸收率与温度关系（pH 6.5）

温度/℃	吸收率/%			
	5min	10min	20min	30min
30	62	79	95	97
50	71	83	96	98

降低染液温度，虽然染料的扩散能力减弱了，缔合度增加，但革纤维对染料的结合能力也下降，总体趋势为有利于染料的渗透。一般来说，温度越低，着色越慢，越均匀，渗透也越深。实际生产中，较低温度下染色有时是必要的，当革坯不易受到较高温度作用时或要求染料有较均匀上染并有良好渗透时，较低的温度会更有意义。常规的染色温度为 40~60℃，具体温度根据实际情况决定。

（4）液体用量

液体用量（或液比）的大小意味着染料作用坯革的浓度。在同样染料用量下，采用大液比，染料向革内的扩散渗透能力减少，良好的离解使其反应活性增加，结果倾向于表面上染。少液染色或某种被称为干染（与加脂剂一起在无水下作用）会使渗透能力加强。从匀染角度讲，采用高浓度非离解态染料与革坯作用或采用大液比低浓度时都可获得匀染效果。但从生产实践中发现大液比更多被采用。尤其在用少量染料染色或在浅色调的染色中大液比更为可行。甚至使用染料的量越少，越应注意增加液体量。事实证明，当液体量为坯革重的 250% 以上时，都可获得良好的匀染效果，当然液比的大小也受转鼓的装载量控制。

（5）机械作用

机械作用在染色中对染料的分散、渗透及均匀上染起着重要作用。为了加强这种作用，工厂多采用悬挂式转鼓，直径在 2.8~3.5m，转速为 8~10r/min 以上。较大直径的鼓会对染料在短时间内均匀分散带来困难而影响匀染，较低的转速也是如此。当然并非鼓径越小越好，装载量受到限制。同样，过快的转速会带来大的机械作用，转鼓会受力过大，对较薄的革坯被撕破的危险性也会增加。

3.5.2.3　染后操作对染色的影响

通常在一个工艺过程中，染色并非最终的湿操作。在工艺安排中，为了使染色不受或少受其他操作的影响，往往将其放在复鞣加脂工序之前。但是，由于复鞣剂与加脂剂都存在着与革坯的结合，甚至同染料与革纤维的结合方式相同。因此，后续工序对染色效果或多或少存在影响。

（1）染色后复鞣

染色后复鞣的工艺主要也是为了更少地影响染色效果，但染后使用的复鞣剂品种很多，影响各异。按下面工艺进行试验观察：

原料	铬鞣蓝湿坯革，以削匀重计		
水洗	水（30℃）	200%	10min
中和	水（30℃）	100%	
	甲酸钠	1%	
	小苏打	0.7%	60min
	pH 5.0，排水，水洗		
染色	水（50℃）	200%	
	染料	1.5%~3.0%	30min
复鞣	复鞣剂	5%	60min
	排水		
加脂	水（50℃）	200%	
	加脂剂	5%	40min
排液			
固定	水（30℃）	200%	
	甲酸（85%，稀释）	10%	30min

实验结果发现，所有合成鞣剂都有使革坯褪色的作用，其中取代型鞣剂褪色作用最强。而且发现这种复鞣剂作用后引起的浅色效应有两种情况：一种是将革坯表面已上染的染料褪下进入浴液被洗去；另一种是复鞣剂将被染料从表面"推入"革坯内部使色变。

（2）染色后加脂

与染色后复鞣相似，染色后加脂也会出现浅色效应。随着加脂剂品质不同差别很大，尤其是与染料的活性基团（对革纤维）相同的加脂剂影响最大。实践证明，一些难以或未被固定的加脂剂在革坯干燥时迁移将表面染料带入革内，有时这种潜在的隐患还表现在革制品使用中，使革品颜色变浅，发白。有时并非加脂剂本身问题，而是加脂后的固定方法和力度不足造成。这种加脂后最终固定一直延伸到加脂后的存放和干燥。顶层加脂是改善成革表面感官及加工性能的有效方法，适当使用顶层阳离子加脂剂可使表面色泽更浓。但一些阳离子型加脂剂品种用量较大时不仅不增色反而出现褪色效应。总之，染色后加脂，由于其用量较复鞣剂多（如软革类品种制造），因此褪色效应也相对较染色后复鞣时强。

（3）染色后水洗

染色后期进行固定，然后用水洗去除表面浮色及染料中的中性盐（被革吸收）。这种浮色来自生产中不易与革坯结合的组分和分子态染料在革坯上的吸附。这些浮色不去除会在成革中造成向内或向外迁移而使革变色，向外迁移还使革不耐湿擦。

3.5.2.4 染色用材料的影响

（1）染料

染色时染料的选定是最为主要的。在选用染料时主要考虑两个方面：一方面是主色调的确定，在实际生产中，由于染料色调的种类及纯度的限制，往往需要多种染料的复合配色，同时，要求兼顾色调的饱满度及鲜艳度；另一方面，要根据染色深度要求，是表面染色还是全透染，选用相应渗透性的染料，如酸性染料渗透快又深，直接性染料着重表面。另外，在选择染料时还要兼顾对染色的特殊要求，如耐光性、耐洗性等。

（2）染色助剂

染色中为了染料更好地溶解分散、渗透与结合等，一些辅助性材料的加入已必不可少。

酸与碱是染色过程中的常用材料，在铬鞣坯革的染色中，酸被用来固定阴离子型染料。为了缓和 pH 下降速度，往往在染色后期采用一些小分子有机酸，如甲酸或乙酸，硫酸及盐酸不宜采用。酸的用量由要求的最低 pH 决定，加酸固定的时间则应以染料基本吸收上染完成为好，当溶液中含有过多的染料或加脂剂时，直接用酸降低 pH 则达不到满意的效果，而应该先设法让染料及油乳液吸收。碱作为助剂用于分散增溶阴离子型染料，在使用较多的直接性染料、浴温较低时，可用氨水将染料化开加入，有利于染料均匀上染，良好渗透，但最终要用酸固定。

染色助剂在皮革染色中的作用越来越重要，合理地选择使用染色助剂，可以得到匀染、渗透或表面着色等不同的染色效果。根据它们对纤维或染料的亲和性的不同，染色助剂可分为亲染料型、亲纤维型或对染料和纤维双亲型。

最好的匀染、染透的方法是大量使用染料，但由于对革色调的要求、成本的控制和染色牢度的要求等方面的原因，使用大量染料获得匀染性和染透的方法在实际生产过程中是不可取的。然而，用适当的匀染剂可以达到同样的效果。以下介绍 3 类染色助剂：

① 染色助剂对坯革具有亲和性。主要的染色助剂是以低分子质量的合成鞣剂为基础的产品。这类产品可看作无色的染料，它们对皮革纤维具有亲和力。在染色前先与革坯结合，占有染料与革坯的结合点，使染料不能迅速上染，随着染色时间及机械作用，染料又渐渐取代匀染剂，最终得到较好的上染率。因此，大量使用此类阴离子型产品可以促进染料的渗透，达到匀染的作用。这类助剂还具有分散作用，可以阻碍某些染料的聚集。

② 染色助剂对染料具有亲和性。这类助剂与染料分子形成复合体，降低了染料与皮革纤维的亲和力，而有利于染料的渗透。当此种染料—助剂复合体被皮革吸收后，助剂被释放出来，再与染料分子结合或在染色结束时被洗掉。尽管该类助剂是特别为 2∶1 金属络合染料等某种特殊染料而设计的，它们也可以与其他阴离子型材料形成复合体。使用该类助剂时，建议先把该类材料加入溶解后的染料溶液中，再加入转鼓（染色设备中）。

③ 染色助剂对染料与坯革都具有亲和力。该类助剂主要使用于深色革的染色过程。通常在染色前或第一次染色后（需多次染色）或顶染前加入该类材料。这类材料被称为颜色增深剂，通常带有不同程度的阳离子基团。

前两类染色助剂为匀染剂。由于匀染剂的使用，减缓染料的上染，使染色时间延长，同时上染率有所下降。因此，后期固色成为必要，良好的固色使匀染系统的颜色达到没匀染时染色的相同效果，却更均匀，在没有匀染剂染色时，5min 后可达上染率 70%～80%。加入匀染剂后，同样时间内只达到 50% 左右的上染率。然而在染色末期通过固色可使 3 种情况结果相近。

使用固色剂可增加染料的上染率，也可增强染色牢度。其已成为现代染色中必不可少的助剂。能够作为固色的材料很多，对阴离子染料而言，酸及阳离子型物质都可以固色，只是固色效果会因固色剂及染料品种不同而有差异。前已述及，酸用于固色，以形成色素酸，使染料不溶于水而沉积，这种固色要求在染色后期染料基本吸净后采用，否则过多的表面沉积导致不耐湿擦。用酸固定的优点在于价格低，固定深度好，可以在较短的时间内做到全截面上的固定。无机鞣剂如铬盐、铝盐及稀土盐等可作为固色剂用，这类鞣剂本身与革坯能结合，可以使染料在革坯内有牢固的结合，但由于鞣剂分子短时间不易深入革坯内，故以表面固色为主。在这些鞣剂中，铝盐及稀土盐固色主要靠电荷结合为主，这对异电荷敏感的染料有明显效果。其他一些阳离子有机物，如阳离子型加脂剂、复鞣剂及专用固色剂等也能靠异电荷进行固色，同样以表面固色为主，被固定的染料对阳电荷敏感，生产上有时为了加强固定，采用两种以上材料，以增强染色牢度并增加染料的吸收结合。

3.5.3 染色方法

3.5.3.1 皮革染色的方法

皮革染色的方法按工具设备可分为鼓染、槽染、刷染、喷染、辊印等。实际使用中最多也最普遍的是鼓染，其他方法如喷染也较常见，喷染为单面染色，工艺中被用于补充色调或增加效应。至于槽染、刷染、辊印只是对特殊的革坯，在特殊环境下采用。后期还发展了一些特殊的染色方式，比如超声波染色、超临界 CO_2 染色，但是因为实际操作和成本原因，鼓染和喷染仍然是迄今为止比较重要的两种染色方法。

（1）转鼓染色

转鼓染色是一种经济、有效的染色方法，染料溶液及助染剂通过中空轴加入鼓内。是铬鞣坯革的主要染色方法，操作方便，易透染，匀染，染色坚牢度好。根据革坯状态的差异，以及色调的要求，鼓染的操作可有多种。鼓内染色溶液的用量，依据成革所需颜色以及染料性质不同而有所不同。例如如果成革为蓝色，染液与革质量比为2∶1为宜；如果染明亮浅淡的颜色时，液比就要比染饱满的深色色调大得多。染色前，坯革需要经过彻底洗涤，以除去附着的小颗粒，调节坯革的表面状态。在洗涤过程中可以加入一些非离子型表面活性剂，除掉坯革表面未完全除去的脂肪，以确保最终的染色质量。坯革在鼓内的转动时间，根据成革种类及所要求的渗透深度而定。对于大多数全粒面革而言，20～30min足够，而绒面革需要的转动时间会更长。当达到了适宜的渗透深度，加酸固定，结束染色。

（2）喷染

喷染一般是用于生产黑色的包袋革、票夹革、公文箱革等品种。染色时先经过转鼓染色，再通过喷染校正色调。这种染色方法不会像转鼓染色那样使坯革受到较强的机械作用，因为喷染是在喷浆机械的传送带上进行，在较短的时间里可以对大量的坯革进行染色。喷染的成本低，利用率高，但是由于没有机械作用的渗透好，使得染色的坚牢度较差，容易裂浆和掉色。用于喷染的染料为阴离子染料，在进行喷染时，需要在染料溶液中添加回湿剂和渗透剂，以避免染料溶液形成小颗粒，并可以促进渗透，使染色均匀一致。

（3）划槽染色

划槽染色与转鼓染色的原理基本相同。这种染色方法主要适用于一些强度不高的产品。例如作为书籍或笔记本的封皮革、滑雪用革等。这些革如果用转鼓染色会因为机械作用太强而容易损坏。划槽染色相较于转鼓染色，需要更高的液比，染料利用率也较低。该染色方法的优点是能清晰地观察整个染色过程，能根据实际情况和要求及时调节染色工艺。

（4）刷染

刷染主要适用于比较坚实的皮革，而且这类皮革只需要对其中一个表面进行染色，例如白色的手套革。刷染使用的染料需要有良好的溶解性，能很快为皮革所吸收。操作时先在坯革表面刷上染料溶液，然后进行酸化，最后进行氮化和偶联。这种染色方法可能会使成革鞣面留下一些轻微的小斑点，在磨革时注意将其除去，同时在染料中加入一些溶剂，促进溶解改善染料的分散及渗透。

（5）辊染

辊染是利用辊涂机进行通过式染色。方法是将配好的染料溶液转入料槽，以涂饰的方法将染料滚涂在坯革表面。由于简短时间的接触，需要调整涂饰量及渗透流平平衡。辊染对坯革面的润湿均匀很重要，良好铺展防止起泡是关键。辊染要求染料有良好的固定，因此，一方面使用结合性好的络合染料，另一方面要求后续对表面染色的固定。

3.5.3.2　染色操作方法

（1）一次染色法

该方法是在染色操作前先配好染料，用高温水将染料溶解、搅匀，调好鼓内浴温及水量，转动转鼓，从轴孔加入染液，转够时间继续后工序或固定。有时在匀染要求不高时，用袋装染料，投入鼓内，转动适时即可。这种方法简便易控，色调均匀性好。

（2）分次染色法

将配好的染料化均匀，先加入部分，通过染色后进行固定。在此后可以插入一些操作工序，如复鞣、加脂、干燥与回湿等，再将其余染料加入染色。这种方法有时被称为预染与复染，或者称透染与表染。前一部分染料往往要求透入革内，后一部分要求加强表面染色。尤其在前一部分染色后采用固定，使表面 pH 降低或阴电性降低，使后续染料只能在表面结合。习惯上将表染也称为"套染"，这种操作结果可使革面色调饱满，浓艳。

（3）异步染色法

目前革厂较多采用该法。一来可以节约染料成本，二则可以调整表面色光。根据染料渗透性差异或者当革内外色调并不要求完全一致时可以采用的方法。如一些绒面革绒毛面上要求某种色光，而这种色光是由渗透性好的染料形成，这时应先用渗透差的染料打基色（底色），然后用另一染料调色光。如要求染黄绿色，可先用天蓝色染底色，固定后再用嫩黄（渗透性极好）调表色。

（4）套染法

套染得出的革色调最浓艳，但不易匀染，而且操作不便。通常是先用阴离子型染料染色，固定后再用阳离子型染料套色。这种方法较多地用在有机鞣革或重植物鞣剂复鞣、重合成鞣剂复鞣的革坯上，这时即使少量的染料也可使色调十分饱满。

3.5.3.3 革的品种与染色要求

以前，坯革的染色要求及特征常以革的种类讨论，现在，随着人们消费观念的转变，将感官、穿着性能及价格结合考虑，使得对革坯的染色要求不能明确地分类定论。下面根据对革的染色要求讨论。

（1）重染

重染通常指要求染透、色调饱满。如一些深色调的绒面革、运动鞋革及磨砂革（先染后磨）等，不仅要求表面色泽浓艳，革内切口与表面色调基本一致。这时坯革要求透彻中和，使用较多的染料和助染剂，且染色时间长。对表面色泽浓艳、革内只要求透的革，如一些服装革、水染革及一些全粒面轻涂饰革，可采用多次染色，将深度染色与表面染色分开，保证最后染色不受干扰。

（2）轻染

对一些只要求表面染色的品种可采用少量染料，如浅色革、修面革的染色，这时要做好匀染的条件准备，大液比、匀染剂的使用可得到满意的效果。

3.5.4 染色工艺举例

3.5.4.1 正面服装革染色

蓝坯革厚 0.5~0.6mm，称重，按削匀坯重计。

① 漂洗	水（40℃）	200%	
	回湿剂	0.5%	
	甲酸（85%）	0.5%	稀释后加入，20min pH 3.2
② 复鞣	水（40℃）	100%	
	铬粉（B=33%，按 Cr_2O_3 计）	1.0%	
	Trupotan EH（含铬鞣剂）	3.0%	
	Truponol OSL（亚鱼油）	1.0%	120min，静置 12h，30min pH 3.7
	排液，水洗		
③ 中和	水（30℃）	150%	
	Trupotan NGN（中和剂）	3%	30min
	+小苏打	1%	60min pH 6.2
	切口全透，排水		
④ 水洗	水（25℃）	200%	10min
	排水		
⑤ 染色	水（25℃）	30%	
	氨水	1%	
	Trupol RD（匀染剂）	2%	10min

+酸性黑 ATT	2.0%	
直接耐晒黑	3.0%	
直接耐晒深棕	0.05%	30min
+水（60℃）	170%	
Trupol RD（加脂剂）	10%	
Truponl GS（加脂剂）	5%	
Trupotan RKM（加脂剂）	1.5%	90min
+甲酸（85%，稀释）	3%	15min×4+15min

pH 3.8，水洗，出鼓搭马。

该工艺为一次性染色，染料用量较大。工艺中又采用高浓度冷染，使染料渗透性很好，色调内外一致，当染料完全透后加入较高温度水，使染料上染并进行加脂，最终用甲酸固定。

3.5.4.2　山羊正绒面革染色

干磨法，重量基于干坯革。

① 回湿	水（50℃）	600%	
	氨水（22%）	2%	稀释 2 倍加入，60min
② 水洗	水（50℃）	600%	15min
③ 染色	水（50℃）	600%	
	加脂剂	2%	
	酸性黑	4%	
	直接黑	1%	40min
	+甲酸（85%）	1%	稀释后加入，25min
	直接黑	3.5%	
	直接深棕	0.6%	20min
	+甲酸（85%，稀释）	3%	10min×3+10min　pH 4.2
	排液		
④顶染	水（50℃）	100%	
	直接黑	0.75%	15min

排液，冷水洗，出鼓。

本工艺通过阴离子型染料分次染，增加黑度，可以减少染料用量。该工艺为干磨法，即坯革已通过加脂、干燥、磨革，然后回湿染色。

3.5.4.3　防水牛鞋面革染色

蓝坯厚 2.0mm，称重以削匀革计。

① 回潮	水（35℃）	200%	
	甲酸	0.3%	45min，pH 3.3

② 复鞣　　　水（35℃）　　　　　　　150%

　　　　　　　铬粉（B=33，按 Cr_2O_3 计）　1.0%

　　　　　　　戊二醛（50%）　　　　　1.0%　　60min

　　　　　　　甲酸钠　　　　　　　　1.5%　　120min，静置12h，30min pH 3.7

　　　　　　　水洗排液

③ 中和　　　水（35℃）　　　　　　　100%

　　　　　　　Trumpler　DAR　　　　　1.5%

　　　　　　　甲酸钠　　　　　　　　1.5%　　30min

　　　　　　　小苏打　　　　　　　　1.0%　　45min　　pH 5.6

　　　　　　　Trumpler WRT　　　　　4.0%　　90min　　pH 5.2

　　　　　　　水洗，排液2次

④ 复鞣　　　水（35℃）　　　　　　　40%

　　　　　　　丙烯酸树脂　　　　　　4%　　30min

　　　　　　　合成鞣剂　　　　　　　3%　　60min

　　　　　　　坚木栲胶　　　　　　　6%　　60min

　　　　　　　氨基树脂　　　　　　　3%　　60min

　　　　　　　蛋白填充　　　　　　　3%　　45min

⑤ 加脂　　　水（50℃）　　　　　　　150%

　　　　　　　加脂剂　　　　　　　　5%　　90min

　　　　　　　加酸　　　　　　　　　2.5%　15min+15min+30min

　　　　　　　水洗排液，出鼓搭马

⑥ 顶染　　　水（50℃）　　　　　　　150%

　　　　　　　直接染料　　　　　　　1.0%　20min

　　　　　　　甲酸　　　　　　　　　0.8%　20min

⑦ 固色　　　水（40℃）　　　　　　　150%

　　　　　　　铬粉　　　　　　　　　2%　　15min+15min+30min

　　　　　　　水洗排液3次。

3.5.5　部分染色常见缺陷分析

（1）表面色花

① 革面铬结合不均匀（蓝坯革存放，提碱不均匀）。

② 革面被污染（油脂、水垢、无机盐）。

③ 加脂剂结合不均匀（乳化不良）。

④ 树脂结合不均匀（溶解不良）。

⑤ 染料结合不均（溶解及加入不良）。

⑥ 固定不均（加酸固定剂太快，溶解不变）。

⑦ 干燥后色花（固定不良，干燥不规范）。

（2）色调不饱满（或败色、浅色）

① 革面阴电荷太强（阴离子复鞣过重）。

② 有褪色成分存在（加脂剂或中和剂）。

③ 染料副色过强。

④ 染料过少。

⑤ 染浴中或染料中有铵盐。

（3）干燥后褪色

① 固定不良。

② 油脂迁移。

③ 染料不够。

（4）染色不透

① 中和不透（中和剂使用不当，时间不够）。

② 染料配方不当（渗透性染料太少）。

③ 固定不当（温度太高，固定太早）。

④ 坯革过于紧实。

（5）染色不鲜艳

① 水硬度过高。

② 染料纯度不够。

③ 表面鞣剂、填料过多。

思考题：

（1）试叙述染色中染色的本方对染色结果的影响。

（2）影响染色的因素主要有哪些？

（3）如何做好染透操作？

（4）如何做好匀染操作？

（5）皮革染色中常会出现哪些问题？如何克服？

3.6　制革中禁用偶氮染料限量标准及检测方法

欧盟禁用有害偶氮染料指令为 2002/61/EC，涉及纺织品、革制品，其中有布制或皮制玩具，包含带有布制或皮制服装的玩具。欧盟 REACH 限制要求与指令 2002/61/EC 相同。内容如下：

① 偶氮染料经还原可裂解出一种或多种致癌芳香胺（表 3-14）。在最终产品或产品染色部分含有可释放出浓度高于 30ppm 致癌芳香胺的偶氮染料，不得用于与人体皮肤或口腔有直接长期接触的纺织品和皮革制品。

② 上述纺织品和皮革制品如不符合规定要求，不得投放市场。2005 年 1 月 1 日之前，对由再生纤维制成的纺织品可放宽要求到由再生纤维中残余染料引起的芳香胺释放浓度到 70mg/kg。

③ "偶氮染料列表"中新增的偶氮染料不得投放市场或作为浓度质量高于 0.1% 的物质或制剂成分用于纺织品和皮革制品。

表 3-14 目前被欧盟禁用的致癌芳香氨

序号	名称	序号	名称
1	联苯-4-己胺 4-氨基联苯胺	12	3,3′-二甲基对二氨基联苯 4,4′二元邻甲苯胺
2	对二胺基联苯	13	4,4′亚甲双邻甲苯胺
3	4-氯-邻甲苯胺	14	6-甲氧基间甲苯胺对甲酚定
4	2-萘胺	15	4,4′-亚甲基-双(二氯苯胺)
5	4-氨基-2,3 二甲偶氮苯, 4-邻甲苯基-邻甲苯胺	16	二(4-氨基苯)醚
6	5-硝基-邻甲苯胺	17	硫二苯胺
7	4-氯苯胺	18	邻甲苯胺 2-氨基甲苯
8	4-甲氧基-间苯二胺	19	4-甲基-间苯二胺
9	4,4′-亚甲基双苯胺 4,4′-二氨基二苯甲烷	20	三甲胺
10	3,3′-二氯联苯胺 3,3′-联苯基 -4,4′-对苯二胺	21	2-氨基苯甲醚 2-甲氧苯胺
11	3,3′-二甲基对二氨基 联苯邻二茴香胺	22	4-氨基偶氮苯

对于上述禁用染料，欧盟给出了禁用偶氮染料相应的测试标准，见表 3-15。

表 3-15 2017 年欧洲标准化组织 CEN 皮革制品中偶氮染料新检测标准

标准号	标准标题	被替代标准
EN ISO 17234-1	2010 皮革——染色皮革中某些偶氮着色剂的化学检测 第 1 部分:偶氮着色剂衍生某些芳香胺的测定	CEN ISO/TS 17234:2003
EN ISO 17234-2	2011 皮革——染色皮革中某些偶氮着色剂的化学检测 第 2 部分:4-氨基偶氮苯的测定	CEN ISO/TS 17234:2003
EN 14362-1	2012 纺织品——偶氮着色剂衍生某些芳香胺的测定方法—第 1 部分:通过萃取或不通过萃取纤维检测某些偶氮着色剂的使用	EN 14362-1:2003
EN 14362-3	2012 纺织品——偶氮着色剂衍生某些芳香胺的测定方法—第 3 部分:对可释放 4-氨基偶氮苯的某些偶氮着色剂使用的检测	EN 14362-2:2003

　　上述欧洲标准由欧洲标准化委员会制定。欧盟各国必须采用这些标准检验皮革产品是否含有被禁用偶氮染料。欧盟此次公布的测试标准，使我国企业和管理部门有了统一的测定标准，特别是企业有了控制自己产品品质的技术措施和手段。企业应当及时了解和掌握上述测试标准并应用到实际生产过程中，确保产品顺利进入市场。

第4章 皮革的加脂

皮革的加脂（加油）是用加脂剂（油脂）处理坯革，改善皮革感官。通过加脂使皮革吸收一定量的油脂而赋予成革柔软、丰满和良好的延弹；疏水性材料的加入影响着成革的吸水性、透气性、透水汽性等卫生性能，甚至可以通过加脂来赋予成革防水、防油、抗污、阻燃、防雾化等特殊的使用性能。

经过鞣前处理及鞣制的坯革，纤维表面存在大量极性基团与水膜。在生皮纤维周围有一层有序排列的水分子（水合水），在纤维的水合层外，水分子无序排列形成一层薄膜。这层膜在纤维间产生润滑作用，皮纤维间可以相互移动，因此含水的生皮是柔软的。但当生皮失水干燥后，纤维间失去起润滑作用的水分子膜而相互粘接，干皮变得硬而脆。同样，对于鞣制后的革，经过少量鞣剂鞣制后一些亲水基团被掩蔽，失去了部分水分，直接干燥后，纤维之间失水并通过极性基之间和非极性基团之间的相互作用而粘接在一起，纤维的可移动性降低，坯革仍然变得僵硬，缺乏柔软性，不耐弯折。加脂的目的就是通过化学和物理作用使油脂进入坯革纤维表面，在纤维之间形成一层具有润滑作用的油膜，使纤维分离，增加纤维相互可移动性，使皮革变得柔软、耐折，提高皮革的感官性能。

加脂对皮革性能的柔软丰满性、表面手感、抗张强度、撕裂强度、延伸性、吸水性、透气性、透水汽性、防水性和密度等具有较大影响。加脂后皮革干燥收缩率减小，得革率增加；皮革的孔率、密度和透气性受加脂的影响；皮革的含油量越大其孔率就越小，透气性降低；革的表面手感、吸水性、防水性等性能随加脂材料的种类、用量及加脂方法的不同而变化；加脂对皮革还有一定的柔性填充作用。

皮革的加脂材料生产发展已有300余年的历史，从19世纪初的脂肪酸开始，经过100年的研究，已经能够完成对天然动、植物油脂的硫酸化、亚硫酸化、磺化、磷酸化等化学改性，随着表面活性剂工业的进步，以石油产品为基础的合成加脂剂品种不胜枚举，给高品质皮革产品制造创造了良好的条件。

加脂效果不仅取决于加脂材料自身的性质，也与油脂进入皮革内的方式相关，常用的加脂可以通过4种方法加入皮革中：

① 直接加油法（Stuffing）是在干加工过程中直接将纯的固态（先熔化）或液态油脂加入革中，如植鞣革的涂油或转鼓热加油、油鞣等。

② 油包水乳液加脂（Water in Oil）。

③ 水包油乳液加脂（Oil in Water）的油脂，通过乳化剂的作用分散在水中，形成油的水乳液来对皮革加脂。

④ 浸渍法加脂（Dipping）的油脂溶解在溶剂中，革浸渍在该溶液中加脂。

上述 4 种方法中，直接法和油包水型乳液加脂方法主要应用于植鞣或结合鞣底革和带革等皮革的加脂，根据操作方法的不同又可分为手工揩油和转鼓热加脂，所用材料以中性油为主。水包油型乳液加脂是铬鞣及其他轻革最常用的加脂方法，是最重要的也是实际过程中最主要的加油方式，是本章讨论的重点。溶剂介质中的浸渍加脂法主要用于油蜡感官的皮革品种。

皮革生产过程中的湿操作工序都是在水介质中进行的，但油脂与水是不相溶的。因此，天然油脂、矿物油以及一些蜡、高级脂肪醇类等水不溶性材料，不能直接用于水介质中皮革的加脂。一般采用乳化剂将油脂乳化分散于水中，形成油的水分散液（乳液），乳液在水介质中进入革内，最终被革吸收。油脂的可乳化性可以通过对油脂进行化学改性，在油脂分子上引入亲水基团或通过添加乳化剂的方法获得，因此，这种加脂方法常被称为乳液加脂法，这种可乳化的油脂也就是通常所说的乳液加脂剂，简称加脂剂。

采用乳化后加脂，不仅使油脂能够渗透进入革内并被革吸收，而且能使油脂均匀地分布于革纤维表面，达到理想的加脂效果。轻革的乳液加脂一般在转鼓的水浴中进行，常被安排在染色填充之后、干燥之前，是湿操作的最后一道工序。随着加脂剂生产技术的改进和乳化剂种类的不断增加，实际制革过程中从软化以后各工序中均可用加脂剂乳液处理皮革，使油脂在革内各层分布得更趋均匀，加脂效果更好。另外，在实际生产过程中，乳液加脂除在转鼓中实施外，还常采用手工揩（刷、喷）油的方法，使革的紧实部位吸收更多的油脂，使整张革柔软度趋于一致。

本章主要讨论加脂材料的种类、性质，乳液加脂原理，影响乳液加脂的因素，油脂在革内的分布，加脂方法，皮革的防水和三防处理，以及加脂过程中易出现的问题和皮革的防霉等方面的内容。

思考题：

（1）加脂的目的是什么？

（2）主要的加脂方法有哪些？

4.1 加脂剂材料

加脂剂材料是具有长链烷烃为主结构的有机物，来自天然脂质物及石油基产品。随着油脂工业的进步，制革行业中从天然油脂简单提取使用至现代的化学改性，以及石油基产物的合成，使加脂材料品种不断增加，使得其分类变得困难。为了更好地了解现代加脂材料，仍然按照习惯对加脂材料进行分类。

按其来源、结构的不同，一般可分为3大类：

① 天然的动、植物脂质物，矿物油、蜡。

② 天然的动、植物脂质物的水解、交换后亲疏水改性产物。

③ 合成脂质物，如酯、蜡及其他复杂结构的亲疏水产物。

天然动、植物脂质物及矿物油、蜡与水不相溶。需要经过化学改性后才能乳化在水中。这种乳化可以在原料分子内接入亲水基团，称内乳化；也可以外加乳化剂乳化，称外乳化。

加脂剂根据乳化剂所带的电荷可分为4类：

① 阴离子型加脂剂。

② 阳离子型加脂剂。

③ 非离子型加脂剂。

④ 两性离子型加脂剂。

4.1.1 天然脂质物结构与基本功能

脂质物是天然加脂剂原料的主要来源，包括：甘油三酸、二酸、单酸、磷脂、甾醇、脂肪醇、脂肪酸等。其结构主要有以下几种形式，见图4-1。

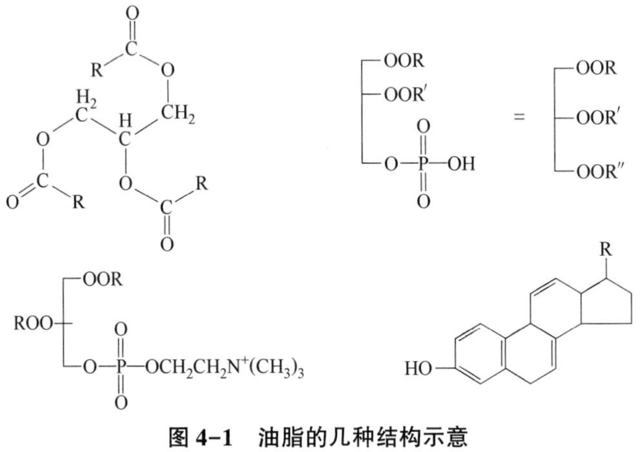

图4-1 油脂的几种结构示意

上式中，R、R′、R″代表不同的饱和或不饱和脂肪酸碳链。R不同，油脂的种类不同。动物脂质物主要存在于动物皮下组织和腹腔内，其他部位如鱼的肝脏中也含有大量油脂。皮革上常用的动物油如：鱼油、羊毛脂、牛蹄油、牛油和猪脂等。植物脂质物主要存在于木本、草本植物的果实中，如蓖麻油、菜籽油、豆油等。

油脂中脂质物的种类和饱和程度影响着油脂的物理和化学性质。常温下，呈固态或半固态的常称为脂，它们的主要组成是饱和脂肪酸及其甘油酯；常温下是液态的常被称为油，它的主要组成是不饱和脂肪酸的甘油酯。

油脂中不饱和键越多，易氧化聚合而显干燥。干性油分子双键之间易发生交联形成树脂状大分子物质，使皮革变硬，因而不适合作为皮革加脂材料。

另外还有一些油脂，本身并不是甘油酯的结构，而是高级脂肪酸和高级脂肪醇的酯，也称为蜡。皮革加脂常用的羊毛脂、鲸脑油中的重要组成部分的化学结构更接近于蜡；蛋黄以前被用作高档革的加脂填充材料，其主要成分是卵磷脂，即甘油酯中一个脂肪酸被磷酸根取代，其本身就是一种乳化剂。制革上常用的动、植物油脂有以下几种。

4.1.2　动物油脂

（1）鱼油

鱼油是从海产鱼的肝脏等内脏及身体中提取的，包括鲸鱼油、鳕鱼油和海豹油等。大部分鱼油含高度不饱和脂肪酸，碘值高，具有优良的低温流动性。它们的油润性好，易使革纤维结构松散，加脂革柔软，使得鱼油类加脂剂是皮革最常用的加脂剂之一。一些高碘值鱼油还可以作为油鞣剂使用。

鱼油中的鲸脑油不同于一般的鲸鱼油，从化学结构来看，更接近于蜡，含有大量高级脂肪醇酯。鲸脑油的滋润性低于牛蹄油，不易被氧化，是优质的加脂材料。

鱼油通过氧化亚硫酸化改性，乳液稳定性好。通过硫酸化改性，生成硫酸醇酯产品，其乳化能力强，加脂时在革内渗透性好。

鱼油价廉，来源丰富，但常带有颜色和腥味，酸度高，因此需要进行预处理。由于对捕鲸的限制，鲸鱼油、鲸脑油等产品正逐渐被合成产品所代替。

（2）牛蹄油

由牛的蹄骨、胫骨中提取出的油，其主要是油酸的甘油酯，其烷烃链结构均匀，低温流动性好。牛蹄油性质稳定，用于皮革加脂具有较强的柔软、滋润性能和填充性能，是高档鞋面革的理想加脂材料。牛蹄油常以硫酸化加脂剂的形式使用。但牛蹄油资源少，使用受到限制。

（3）羊毛脂

从洗涤粗羊毛水中回收的羊毛脂，从化学观点来看是蜡。它主要由醇如甾醇（胆甾醇、异胆甾醇、羊毛醇）和饱和 C_{26} 及 C_{27} 的脂肪酸形成的蜡，特点是熔点高，表面填充性好，缺乏加脂的柔软作用。

羊毛脂最引人注意的性质之一是它能够吸收大量水分而形成很均匀的油包水型的乳液，是化妆品的原料。用于皮革加脂，其保湿性好，使革有特殊的柔和感，并能赋予绒面革良好的蜡感及丝光感。

（4）猪牛羊脂

由于它们含有大量饱和脂肪酸，需要经过改性后作为加脂材料使用，但仍然难免使革容易出现脂肪酸结晶，因此很少单独用来加脂。

（5）卵磷脂

卵磷脂主要来源于大豆及蛋黄。尽管蛋黄含有较多的卵磷脂，但没有大豆来源广。

卵磷脂作为两性脂质物，调节加脂体系的电荷特征，可以作为高档革的加脂材料，如用于小牛皮加脂时，可获得细致而紧实的粒面。

4.1.3 植物油脂

常用的植物油原料来自蓖麻油、豆油、菜籽油、棉籽油、棕榈油等。这类油脂来源广，是制革加脂的主要原料。

植物油加脂剂渗透性好，加脂后革身柔软，革面手感干燥不油腻，但其滋润性等加脂性能不如动物油脂。

制革中常用油脂的主要组成见表4-1，由此可以初步了解相应加脂剂的应用特性。

表4-1　　　　　　　　　　　制革常用油脂的主要组成

品种	肉豆蔻酸	棕榈酸	硬脂酸	油酸	亚油酸	其他脂肪酸
牛脂	3~7	30	20~21	45	1~3	—
羊脂	5	24~25	0	36	2~4	0
猪脂	1.3	28.3	11.9	47.5	6	棕榈油酸2.7,其他3.6
骨脂	–	20~21	19~21	50~55	5~10	—
蚕蛹油	20	4	35	12	—	十八碳三烯酸27,其他2.0
牛蹄油	—	17~18	2~3	74.5~76.5	—	—
鱼油	—	—	—	—	—	不饱和酸72
棉籽油	0.5	21	2	33	43.5	—
糠油	—	20		45	35	—
蓖麻油	—	—	2	8.6	3.5	蓖酸85.9
花生油	—	7	5	60	23	花生酸3.6
豆油	—	6.5	4.2	32	50	花生酸0.7,亚麻油酸2.0
茶油	—	7.5	0.8	84	7.5	—
亚麻油	—	—	—	—	—	
橄榄油	—	—	—	72.2		—
菜籽油	—	—	—	20.2	14.5	芥酸57.2

4.1.4 矿物油

从化学结构来看，矿物油完全不同于天然油脂，它是石油的分馏产品，是各种烃类的复杂混合物。天然油脂能在碱的作用下发生皂化（水解）。矿物油是烃，不是酯，因而不能皂化。

矿物油除了具有润滑作用外，还有以下优点：矿物油稳定，不易氧化和分解；在革内渗透性好；对脂肪有较好的溶解性，与天然动、植物油结合使用可以减少"油霜"的形成；其低温稳定性好；能改善革的物理机械性能。但矿物油极性小，与革的结合性差，易迁移，加脂革手感干枯，矿物油易迁移到革面而影响革涂层的黏着力。因此，矿物油一般不单独使用，而是和动、植物油配合使用，帮助渗透。

通过化学改性和物理方法可使矿物油与其他加脂材料很好地相溶，易于乳化。

烷烃的相对分子质量与结构可使矿物油性质有很大差别，皮革加脂常用的矿物油是石油的高沸点馏分，蒸馏温度为 $300 \sim 370℃$，即沸点在 $300℃$ 以上的润滑油（机油）、凡士林和石蜡。固体石蜡主要与动物或植物油混合使用，用于重革的热加脂。

4.1.5　油脂物理指标与基本功能

当加脂材料的生产者和使用者使用一种油脂时，首先要了解它的主要物理、化学指标，以便掌握其加脂功能，再确定其最合适的直接使用或改性方法。

根据油脂的凝固点，尤其是耐低温性能，可以确定油脂贮存的温度、加脂温度和加入皮纤维中的油脂的沉积情况，对于一些油脂如牛蹄油和鲸脑油，该指标是较重要的。

（1）黏度

黏度是矿物油和动、植物油脂的一种重要指标，是控制油脂渗透到皮纤维内层的因素之一，特别是对于重革的加脂。高黏度的油脂渗透力差，易分布在革的外层，这会使革油腻，但填充性能较好。油脂的黏度随温度的升高而降低，因此高温有利于油脂在革内渗透。虽然油脂的加脂性能并非完全取决于其黏度，但通过比较各种油脂可以看出，黏度最低的大头鲸鱼及鲸脑油使革的柔软性能最好。也应该注意到如有氧化或聚合反应发生，则油脂的黏度明显上升。因此，在鱼油的氧化亚硫酸化反应中，其黏度是控制氧化程度的一个指标。

（2）表面张力

表面张力是液体的一种物理性质，它表征一定温度下气液界面的表面能。不同的油脂具有不同的表面张力。皮革加脂主要是以乳液形式进行的。因此纯油的表面张力对乳液加脂没有很大的意义。但在用生油加脂或革表面涂生油时，油的表面张力有较大的作用，而且它影响着油脂的迁移及分布。表面张力小的油脂易在革纤维表面扩散展开，使纤维得到较大的延伸性和柔软性。相反，表面张力大的油脂不容易在革表面铺展，润滑作用小。鱼油表面张力低，植物油的表面张力较高。同时油脂的表面张力随温度的升高而降低。几种油的表面张力与温度的关系见表 4-2。

表 4-2 油的表面张力与温度的关系

油脂种类	油的表面张力/（mN/m）		
	30℃	40℃	60℃
牛蹄油	43.2	42.4	41.3
鲸脑油	42.7	41.8	40.1
鳕鱼油	43.0	42.7	40.7
海豹油	73.5	42.8	40.9
蓖麻油	45.6	44.7	43.4
凡士林	39.8	39.1	38.2
纯水	71.0	69.5	66.6

4.1.6 油脂化学指标与基本功能

反映油脂化学性质的指标主要有碘油、酸值、皂化值和羟值等。它们反映着油脂的可氧化性、水解性等化学性质及功能特征。

（1）碘值

碘值表示油脂的不饱和程度，也是衡量油脂干性程度的指标。碘值是以每100g油可还原 I_2 的克数来表示。碘值高表示该油脂中含不饱和脂肪酸的成分较多，油脂易氧化。用碘值高的油脂加脂，成革在放置时会因油脂的氧化而变黄，因此，对于白色革、浅色革应尽量选择碘值低的油脂。

（2）酸值

酸值是中和1g油脂所需要的KOH的毫克数，它反映油脂已发生水解的程度。在油脂中，往往都含有一定量的游离脂肪酸。在加脂材料中，油脂中脂肪酸含量即酸值要控制在一定的范围，否则酸值较大，油脂水解程度大，将对加脂产生一些负面影响，如油脂酸败使革有难闻气味。油脂中饱和脂肪酸含量过多，则易导致"油霜"的形成。

（3）皂化值

皂化值是皂化1g油脂所需用的KOH的毫克数。油脂的皂化，也就是油脂的水解。皂化是酯化的逆反应。根据皂化值可以判断油脂分子的组成。天然的动、植物油脂能被皂化，但矿物油、高级脂肪醇等不能被皂化。因此，通常可以通过是否能检测出油脂中不能被皂化的物来鉴定油脂中是否掺杂了矿物油等组分。

（4）羟值

羟值反映油脂中未被酯化的醇羟基的特征值。羟值对于某些脂肪酸的性质有参考意义。

油脂的各种物理、化学指标对了解油脂性质，选择合适的改性方法及适当的使用条件具有重要的意义。表 4-3 列出了制革中常用油脂的一些重要特性。

表 4-3 制革常用油脂的特性

名称	皂化值	碘值	羟值	酸值	熔点/℃	不皂化物/%
牛蹄油	195~200	70~75	—	1~5	-10~-5	0.5
鲸脑油	125~135	70~80	—	2~5	-5~+5	30~40
鱼油	180~200	130~140	—		液体	1~2
鳕鱼油	185~195	140~160	—		液体	1~2
海豹油	185~195	130~150	—		液体	1~2
沙丁鱼油	180~190	160~190	—		液体	1~2
牛油	195~210	35~40		4~10	35~42	0.1~0.5
羊毛脂	95~105	10~50			35~42	35~45
橄榄油	135~195	80~85		3~5	液体	1
蓖麻油	175~185	84~86	150~160	1~5	液体	0.3~1.7
棕榈油	195~205	50~60	—		30~35	1~2
椰子油	250~260	8~10	—	1~5	25~30	0.2
菜籽油	170~180	95~105	—	3~6	液体	0.5~2.0
棉籽油	190~195	100~115	—	2~10	液体	1~2
大豆油	190~200	125~140	—	2~7	液体	0.3~0.6
亚麻油	185~195	150~170	—	1~3	液体	1
玉米油	188~192	117~130	—	2~20	液体	1.5~2.5

4.2 皮革加脂剂

如前所述，目前皮革的加脂方法主要是乳液加脂，因此加脂材料是可乳化的乳液加脂剂，油脂的可乳化性一般通过两种途径获得。一种是对天然动、植物油及矿物油进行化学改性，引入乳化剂成分（内乳化法）；另一种是在油脂中添加乳化剂成分（外乳化法）。单纯的中性油脂一般只作为乳液加脂剂的添加组分，来调节加脂剂的加脂性能。

油脂的化学改性，除在油脂分子中引入亲水基团外，还有一些改性方法，是通过改变油脂的结构来改善其性能，如水解、酯交换、氢化等，在本章中不做讨论。因此，一种乳液加脂用加脂剂通常由以下几个组分构成：

① 乳化剂，用于乳化油脂，形成乳液。

② 中性油，用于主要的加脂柔软功能。

③ 水分，加脂剂生产过程加入或产生，用于迅速乳化的作用。

④ 其他，主要是无机盐，也含有加脂剂生产中的化学平衡物，油脂原料的杂质。

4.2.1 加脂剂分类

（1）按脂质物材料的来源分类

① 以天然油脂为主要成分的动植物加脂剂。如鱼油、牛蹄油、植物油等油脂的硫酸化、亚硫酸化的产品。

② 以石油产品为主要成分的合成加脂剂。如氯化、磺酸化、羧酸化、硫酸化的烃

类及其合成酯。

（2）按加脂剂中所含亲水基的电荷分类

① 阴离子型加脂剂。以负电荷形式分散在水中，如硫酸化加脂剂、亚硫酸化加脂剂、磺化加脂剂、羧酸型加脂剂、磷酸化加脂剂。

② 阳离子型加脂剂。以阳电荷形式分散在水中，如伯、仲、叔、季铵盐亲水基的加脂剂。

③ 非离子型加脂剂。以非离子形式分散在水中，如烷基/脂肪醇、胺聚氧乙烯醚等。

④ 两性离子型加脂剂。以两种不同电荷的亲水基团分散在水中，包括阴阳基团、阴非基团、阳非基团等集于疏水分子内的加脂剂，如甜菜碱型、卵磷脂加脂剂等。

⑤ 多电荷加脂剂（由非离子、阴离子和阳离子组成）。

由于加脂剂具有多样性的特点，实践中往往不按照来源于电荷类型进行区分，而是习惯将这些分类混合称呼。

4.2.2 加脂剂乳化组分类型

在皮革加脂剂产品中，阴离子型加脂剂无论在种类还是在数量方面都占主导地位。阴离子型加脂剂主要通过对天然动、植物油或石油产品进行化学改性，如硫酸化、磺化、亚硫酸化、皂化、磷酸化处理，使油脂分子中引入$-OSO_3^-$、$-SO_3^-$、$-COO^-$、$-PO_3^-$等阴离子亲水基团而具有乳化性能。但是实际使用过程中阴离子型加脂剂更多是以来源命名的。

（1）硫酸化加脂剂（硫酸化油脂）

以硫酸根为亲水基团的加脂剂。其中硫酸根氧原子与亲油基相接的硫酸盐，结构示意为RCH_2-OSO_3Na。

对于硫酸化加脂剂，其加脂性能不仅取决于油脂的种类，还取决于硫酸化的程度，即SO_3结合量。一般来说，硫酸化动物油的油润性、柔软性比植物油好。SO_3结合量越高，乳液稳定性越好，容易在革内渗透，但当SO_3结合量过高时，其润滑作用、柔软作用变差。因此，在选用硫酸化加脂剂时，要考虑以下主要指标：

① 油脂来源种类。

② SO_3结合量。

③ 乳液耐酸稳定性。

硫酸化加脂剂是硫酸化产物与生油的混合物。根据产物中SO_3的结合量可分为深度、中度和轻度硫酸化加脂剂，见表4-4。

表4-4	硫酸化油中的SO_3含量
硫酸化	SO_3含量/%（以油脂质量为基础）
轻度硫酸化加脂剂	1.0~2.8
中度硫酸化加脂剂	2.8~4.2
深度硫酸化加脂剂	>4.2

天然油脂的硫酸化反应可以由下列几种情况产生，见图 4-2 至图 4-4。

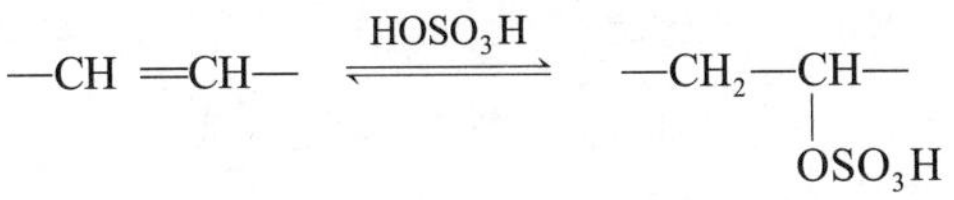

$$-CH =\!\!=\!\!CH- \underset{\longleftarrow}{\overset{HOSO_3H}{\rightleftharpoons}} -CH_2-CH- \atop \qquad\qquad OSO_3H$$

图 4-2　硫酸与双键结合

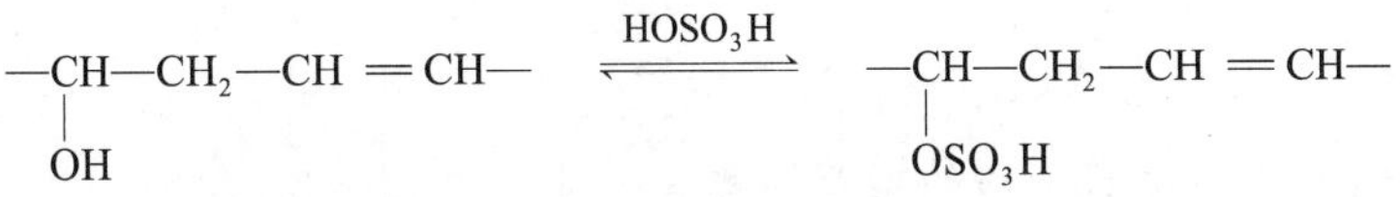

$$-CH-CH_2-CH =\!\!=\!\!CH- \underset{\longleftarrow}{\overset{HOSO_3H}{\rightleftharpoons}} -CH-CH_2-CH =\!\!=\!\!CH- \atop OH \qquad\qquad\qquad\qquad OSO_3H$$

图 4-3　硫酸与羟基反应

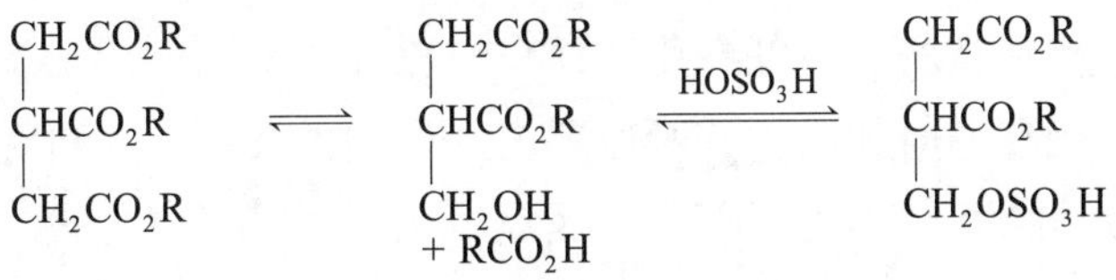

$$\begin{matrix} CH_2CO_2R \\ CHCO_2R \\ CH_2CO_2R \end{matrix} \rightleftharpoons \begin{matrix} CH_2CO_2R \\ CHCO_2R \\ CH_2OH \\ +RCO_2H \end{matrix} \overset{HOSO_3H}{\rightleftharpoons} \begin{matrix} CH_2CO_2R \\ CHCO_2R \\ CH_2OSO_3H \end{matrix}$$

图 4-4　硫酸与甘油衍生物的羟基反应

牛蹄油、鲸脑油的硫酸化产品是高档加脂剂，具有较好的柔软、丰满、填充性能。由于对捕鲸的限制，鲸脑油产品越来越少，逐渐用人工合成的鲸脑油代替。目前也有鱼油等海产动物油、羊毛脂、猪油等动物油的硫酸化加脂剂产品。常见的硫酸化植物油有硫酸化蓖麻油、硫酸化菜籽油等。硫酸化蓖麻油又叫土耳其红油，这种油乳化能力强、稳定、渗透性能好，常用于加脂剂的复配，且可用酪素涂饰中作为增塑剂。制革上常用的软皮白油就是硫酸化蓖麻油、硫酸化菜籽油及矿物油等的混合物。

除天然动、植物油的硫酸化产品外，还有硫酸化脂肪醇、硫酸化脂肪酸、硫酸化脂肪酰胺等产品。

（2）磺化加脂剂

以磺酸根为亲水基团的加脂剂。其中磺酸根中硫原子与亲油基相接的磺酸盐，结构示意为 RCH_2-SO_3Na。

天然油脂的磺化可以是不饱和或饱和的天然动、植物油或矿物油。一般可采用磺化剂如发烟硫酸、SO_3、磺酰氯等，与油脂反应得到磺化加脂剂。

由于硫原子与油脂分子链上的碳原子直接键合，因此磺化油不易水解，对酸、电解质具有较高的稳定性。

（3）亚硫酸化加脂剂

以亚硫酸根为亲水基团的加脂剂。其中亚硫酸根中的氧原子与亲油基相接的亚硫酸盐，结构示意为 RCH_2-OSO_2Na。

亚硫酸化加脂剂的亲水基团是亚硫酸酯，由烷基碳与氧原子相连形成 RCH_2-OSO_2H 基团产生的。亚硫酸酯键在酸性条件下也易水解。但是如果油脂是通过过氧化物或环氧化物与阳电荷硫氧化物反应，其产物中将有亚硫酸化物、硫酸化物基磺化物。因此，亚硫酸化鱼油加脂剂往往是一个复合物，有良好的乳化能力。

氧化亚硫酸化鱼油加脂剂是皮革加脂中最常用的加脂剂之一，它一般是由鱼油先经空气或氧化剂氧化后再用亚硫酸氢钠溶液处理而制得。根据油脂氧化中间产物不同，氧化亚硫酸化中有磺化产物生成。亚硫酸化鱼油加脂剂有良好的乳化能力及渗透性，并具有较好的柔软性和滋润性，是软革的常用加脂剂。

（4）羧酸型加脂剂

以羧酸根为亲水基团的加脂剂。其中羧酸根与亲油烷基部分相接的羧酸盐，结构示意为 RCH_2COONa。碱金属羧酸盐产物具有乳化性。羧酸型加脂剂对酸及硬水敏感，其乳液粒子较粗，渗透性差，一般应用于表面加脂。这类组分在常用的动、植物硫酸化加脂剂、亚硫酸化加脂剂中不可避免地存在。硫酸化加脂剂或亚硫酸化加脂剂在革内渗透，皂类加脂剂在表面加脂，从而得到内外油润的皮革。多价金属与羧酸型加脂剂结合，如铬、铝、锆等金属离子形成金属皂，亲水差，且具有较好的防水性，既可作为防水加脂材料，也会导致亲水化合物渗透。

（5）磷酸酯类加脂剂

以磷酸根为亲水基团的加脂剂。其中磷酸根中氧原子与亲油基相接的磷酸盐，结构示意为 $RCH_2O(OH)\ PO_2Na$ 或（$RCH_2O)_2PO_2Na$。天然磷脂加脂剂主要存在于大豆油、菜籽油和蛋黄中，是含磷的脂类物质，其主要成分是卵磷脂。卵磷脂本身是天然的两性表面活性剂，但一般是将其和阴离子表面活性剂和其他油脂复配使用。用卵磷脂加脂剂加脂，成革柔软、丰满，并具有良好的填充性能。合成磷酸酯加脂剂是以含羟基油脂（如蓖麻油等）或高级脂肪醇与磷酸（或 P_2O_5）反应，引入磷酸根基团。磷酸酯加脂剂与铬鞣革具有良好的结合性能，也是一类结合型加脂剂。高级脂肪醇的磷酸酯加脂剂具有较好的防水性能，可作为防水加脂材料。

（6）阳离子型加脂剂

阳离子型加脂剂主要是由铵基为亲水基团构成的可乳化组分。阳离子型表面活性剂与矿物油、植物油及改性产品的复配物。阳离子型加脂剂乳化在水中，得到阳离子加脂乳液。

阳离子型加脂剂对于酸和铬盐都相当稳定，可用于铬鞣工序中以增加革的柔软性。阳离子型加脂剂分弱阳离子与强阳离子。强阳离子由季铵盐构成，不能与阴离子型加脂剂、复鞣剂、染料等材料同浴混合使用。含氢铵离子亲水基团的加脂剂，在皮革加脂过程中可以非离子型出现，被阴离子型加脂剂乳化。阳离子型加脂剂在制革中常作为表面电荷调节剂使用，如固色、固定阴离子型加脂剂。

（7）非离子型加脂剂

非离子型加脂剂主要是由聚氧乙基为亲水基团构成的可乳化组分。将烷基羧酸或烷基醇与聚氧乙基交换或缩合制得非离子组分，得到脂肪醇聚氧乙烯醚（AEO）、烷基酚聚氧乙烯醚（APEO）、失水山梨糖醇脂肪酸酯（Span）及其山梨醇酐单油酸酯

（Tween）等作为非离子型加脂剂的乳化剂，乳化中性油脂。非离子型加脂剂具有很好的分散、渗透能力，对硬水、酸、碱、盐都较稳定。它能和阴离子型、阳离子型及两性离子型加脂剂同浴使用，增加加脂乳液的稳定性，也能在很多工序中单独使用。铬鞣前使用的乳化锭子油就是一种用非离子型表面活性剂乳化中性油构成。

非离子型加脂剂与铬鞣革作用可以获得良好的柔软性，但乳液在革内不易破乳。金属离子、盐类、硬水都不影响加脂效果，耐受 pH 范围也很广；与阴离子和阳离子试剂的相容性很好；对阴离子性和阳离子性革几乎没有吸附性；非离子型加脂剂会增强革的亲水性；经常为了提高稳定性会与阳离子或阴离子复配。

（8）两性离子型加脂剂

两性离子型加脂剂指含有两性亲水基团构成的乳化组分，乳液粒子为两性离子。加脂剂两性组分主要有 3 类：氨基酸型、甜菜碱型和咪唑啉型。

① 氨基酸型。根据介质 pH 的不同，以阴离子、两性离子和阳离子 3 种不同的形式存在。根据等电点（pI）确定溶液 pH 与乳液离子的电荷。

② 甜菜碱型。只存在两种形式，低 pH 下为阳离子，高 pH 下为两性离子。

③ 咪唑啉型。一类由不同的两性化合物（环状的或非环状的）构成的复杂混合物，因原料的来源和生产过程的不同而异。它们中的一些具有真正的两性表面活性剂的性质，其他的一些仅以阴离子和两性离子形式存在。

两性离子型加脂剂的电荷状态随介质 pH 的变化而变化，既可以是阴离子型，又可以是阳离子型，能在较宽 pH 范围内使用，可以通过调节 pH 来控制加脂剂的渗透和吸收。

两性加脂剂具有低毒性、良好的生物降解性、极好的耐硬水和耐高浓度电解质、优异的柔软平滑性和抗静电性、一定的杀菌性和抑酶性、良好的乳化分散性以及可以和所有其他类型的加脂剂配伍等性能，近年来受到人们的关注，数量和品种也逐步增加，除加脂作用外，还兼有柔软、填充、防雾化、抗静电等多种功能。两性加脂剂的 pH、等电点取决于加脂剂中酸性和碱性基团的含量，这一点与蛋白类似。

国内外两性离子型加脂剂的产品都较少，需要根据使用情况决定柔软作用。更多的是作为辅助作用。

（9）多电荷加脂剂

多电荷加脂剂是一种含有多种类型亲水基团组分复合而成的加脂剂。表现在同一组分或不同组分中含有两种以上离子乳化组分混合形成的加脂剂。多电荷加脂剂性能与组分比例相关。无论比例如何，要求满足储存稳定性及坯革加脂质量要求。

4.2.3　加脂剂的其他组分

（1）加脂剂合成组分

加脂剂合成组分是由天然基脂质物单元或石油基烷基物经过化学合成的各种衍生

组分。这些衍生物可以作为乳化组分，也可以作为中性油组分。由于天然动、植物油脂资源的不足，而且大多数动、植物油是食用油，特别是一些珍贵的加脂材料，如牛蹄油、鲸脑油的缺乏。研究、开发相应的代替物，甚至赋予新的功能加脂组分。加脂剂合成组分主要有两类：一类是以矿物油长链烷烃为原料，经氯化、磺化、氯磺化、氧化等合成方法引入一些极性的极性基团、亲水基团，增加其与革纤维的结合性或乳化性能，如氯化石蜡（合成牛蹄油）、烷基磺酰氯（胺）、烷基磺胺乙酸钠等都是该类产品；另一类是天然脂肪酸、脂肪醇、合成酯、蜡等来代替天然动、植物油脂中性组分或乳化组分。

由合成组分构成的加脂剂又称合成加脂剂。合成加脂剂一般是由多种合成组分复配的复合物。有些组分可以自乳化，有些组分则需外加乳化剂来乳化。以矿物油为基的合成加脂剂，分子中引入了一些极性基团，与革纤维有更好的结合性，而在革内更易被固定，不易迁移、挥发。大多数合成加脂剂有良好的分散和渗透性，耐光性好、不变黄，而且对于脂肪酸有良好的溶解性能，可预防"油霜"的生成。合成加脂剂可用于各种皮革的加脂。成革柔软、无油腻感，但其油润性不足，革有干枯感。

（2）中性油或脂质原料组分

生油或中性油是指未经化学改性的动植物脂质物、矿物油及其衍生物组分。这些组分本身没有乳化能力。这些组分以高质量分数存在于加脂剂内，起着坯革加脂剂的主要功能，是改善皮革柔软性能、滋润性、物理力学性的主要组分。

4.2.4　加脂剂的功能分类

（1）通用加脂剂

具有普适性能的加脂剂称为通用加脂剂。通用加脂剂以特定的电荷类型及组分组合而成的复合型加脂剂。通用加脂剂具备各种坯革加脂所需要的基本性能。可以通过用量解决各种成品皮革的性能。因此，通用加脂剂可以进行单一加脂，使得工艺操作简便，产品质量稳定，如传统的"软皮白油"就是典型代表，是由硫酸化蓖麻油、硫酸化菜籽油和机油等组分复配的。

（2）功能加脂剂

功能加脂剂是一类除加脂外能赋予成革特殊功能的加脂剂。这类加脂剂也可以分为普通功能加脂剂和专用加脂剂。

① 普通功能加脂剂。其以柔软功能为主，对皮革产品具有倾向性功能，如耐光加脂剂，用于白色、浅色革加脂；防水加脂剂，用于防水革制造；低雾化性加脂剂，用于汽车革制造等。

② 专用加脂剂。其以突出非柔软功能为主，对皮革产品显示专门性功能，如防水复鞣加脂剂，突出树脂填充性及防水性，但成革柔软性良好，典型的有原 Lubritan 系列

产品；油蜡加脂剂，突出油蜡感，制备油蜡革；表面处理加脂剂，如羊毛脂、防静电、阻燃加脂剂等都属于这类加脂剂。为了解决皮革柔软性，专业加脂剂难以单独使用，需要与通用加脂剂共同使用或不同专用加脂剂互补使用。

（3）加脂剂的填充性

制革过程中往往采用大量的加脂剂，坚挺的皮革加脂为 5%~10%，柔软的皮革加脂为 10%~20%。少量加脂剂可以解决一定柔软性及保证延弹，但皮革缺乏滋润及耐曲挠性；大量的加脂剂可以解决柔软，但难以保证延弹及部位差。因此，加脂剂除具有加脂作用外，还兼有泡软型填充性能，如使皮革边腹部位增厚，粒面紧实。氯磺化石蜡、聚乙烯蜡、丙烯酸酯共聚物、蛋黄卵磷脂和合成磷酸酯、脂肪酸高级脂肪醇酯、各种蜡（天然蜡和合成蜡）等都具有加脂填充性能。一般来说，不同油脂其填充性能不同，见表 4-5。

表 4-5　　　　　　　　　　　　加脂剂中原油的填充性

原油	填充能力级别	原油	填充能力级别
高分子烷烃(无氯)	1.0~1.5	鱼油	3.0~4.0
牛蹄油	1.5~2.0	植物油	4.0~5.0
羊毛脂	2.0~2.5	矿物油	5.5~6.0
高分子含氯烷烃	2.5~3.5		

加脂剂是制革生产中同类材料用量多的皮化材料，它对皮革的性能、质量有十分重要的影响。在皮革加脂时，必须了解各类加脂剂的性能、特点和使用条件，并根据皮革性能的要求，选择适当的加脂剂，采用合理的加脂条件，才能达到理想的加脂效果。

思考题：

（1）用于皮革加脂的材料主要有哪些?

（2）简要描述两种加脂剂的特征。

4.3　乳液加脂的基本原理

4.3.1　加脂乳液

加脂剂主要由中性油脂和乳化剂组成。中性油脂通过乳化剂的作用分散在水相中，形成水包油型乳液。在该体系中，油脂是内相，水是外相，乳化剂作为中间相（或第三相），乳化剂分子中的亲水基团与水亲和，亲油的疏水基团与油脂亲和，在机械作用（如搅拌）下，油脂被乳化剂分子包围形成球状液滴而分散于水中形成乳液粒子。乳液粒子内部为油脂分子，乳化剂分子定向排列在油滴周围，亲油基向内，亲水基朝外，因此，乳液粒子表面一般带有一定的电荷（由乳化剂亲水基所带的电荷决定）。乳液粒子表面带同种电荷而相互有一定的排斥作用进一步阻止了乳液粒子的聚集，形成比较稳定的乳液。加脂乳液的形成示意见图4-5。

○表示亲水基团；—表示亲油基团。

图4-5　加脂乳液形成示意

根据乳液粒子大小，通常乳液可分为3类：

① 粗乳液粒子大于10μm，外观不透明。

② 胶体乳液粒子大小在0.1~1.0μm，外观呈半透明状。

③ 分子分散乳液粒子大小在0.1μm以下，外观透明。

乳液粒子大小与油脂的性质，乳化剂的种类、用量以及乳化方法密切相关，其中，乳化剂的种类、用量对乳液粒子大小影响最大。

非离子乳化剂具有最大的乳化非极性分子的能力，其次为两性离子乳化剂和阴离子乳化剂，而阳离子乳化剂的乳化能力最差，制革常用的乳化剂为阴离子乳化剂。

加脂乳液粒子大小和稳定性直接影响加脂效果。加脂前坯革虽然有大的内表面积，但孔径远小于染整前坯革，因此，油脂的乳化分散尺寸是关键。粒子细、稳定的乳液能深入渗透到革内；粒子粗、稳定性差的乳液在革内渗透性差，表面加脂。研究表明，直径在5nm的粒子能渗透入原纤维中，而直径大于25nm的乳液粒子则不能。加脂乳液的粒子通常较粗，一般在1~4μm，在加脂过程中，乳液粒子仅仅在纤维素之间停留后经过破乳再次渗透分布。

图4-6表示乳液粒子大小与革柔软性的关系。相同铬鞣坯革分别用10%相同的硫酸化和亚硫酸化合成加脂剂加脂，结果是，乳液粒子越细，革越柔软。

加脂乳液粒子大小主要取决于加脂剂组分，或加脂剂种类，但也受乳液的配制方法和环境因素，如放置时间、温度、电解质等的影响。合成加脂剂比以天然油脂为基础的加脂剂的乳液粒子要细。加脂剂中乳化剂的种类影响乳液粒子大小，如皂类加脂剂乳液粒子较粗。

乳化剂用量越大，乳液粒子越细，乳液也越稳定；相反，加脂乳液中生油比例大则形成的乳液粒子较粗。

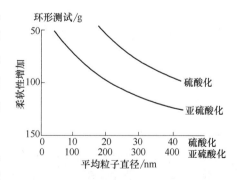

图4-6　加脂剂乳液粒径与成革柔软度关系

　　理想的加脂乳液应具有适当的稳定性。在加脂过程中，乳液粒子越细其稳定性越好。油脂向革内的渗透和结合取决于乳液的稳定性和乳液粒子的大小，即破乳情况。不稳定的乳液破乳过早，油脂会停留在革的表层；相反，太稳定的乳液在革内不易破乳而较难与革结合，吸收率低。目前，大多数商品化加脂剂产品都有足够的乳液稳定性。

　　加脂剂的柔软作用主要是中性油的作用为主，乳化剂的主要作用是乳化中性油，使之进入革内。由于乳化剂部分对革的柔软作用很小，因此，在选用加脂剂时要控制加脂剂中乳化剂组分与中性油的比例，使加脂乳液具有一定的稳定性同时也具有良好的加脂性能。一般深度硫酸化加脂剂或亚硫酸化加脂剂在使用时会加入一些中性油。

　　在皮革加脂时，根据革性能的需要选择适合的加脂剂，并采用正确的乳化方法，控制乳液粒子的大小和乳液稳定性，达到所需要的效果。如对于要求深加脂、柔软性好的革，选用乳液粒子细、稳定性好的加脂剂；对需要表面加脂的革，选用皂类加脂剂或生油含量相对较高的加脂剂；在阴或阳离子加脂剂系统中加入非离子型乳化剂可增加乳液的稳定性，使其在革内渗透性增加，但吸收率下降。因此，在实际加脂过程中，一般都是多种加脂剂配合使用，加脂乳液中乳液粒子有粗有细，而且具有不同的稳定性，这样可使皮革的内外层均得到较好的加脂，从而提高革的综合加脂效果。

4.3.2　乳液加脂历程

　　皮革的乳液加脂历程为：加脂剂乳液渗透到真皮层内部，胶束破乳，油水分离，油脂被吸附在纤维表面形成一层油膜，使革纤维相互分离，并且产生润滑作用。

　　（1）加脂乳液在革内的渗透

　　当加脂乳液与革接触时，革吸收乳液和乳液向革内渗透的作用将立即发生，这种作用既有物理的因素，又有化学的原因。可以从以下三个方面考虑：

　　① 对加脂剂而言，加脂剂乳液粒子与革接触后，通过乳液粒子与坯革的静电作用、毛细管作用、机械挤压作用下不断向革内扩散、渗透，无论破乳与否，油脂最终因静电力、疏水力及空间限制而固定。

　　② 对坯革而言，纤维的表面电荷、内部固有的空间，或能够被机械作用造成的空隙伸缩、动电效应确定加脂剂的渗透。

　　③ 对操作而言，良好的乳化、坯革的 pH、加脂的温度、机械转动力度与时间都是影响渗透的因素。

　　（2）加脂乳液在革内的破乳

　　加脂乳液被坯革吸收，并不断向革内渗透，为了能够使渗入的加脂乳液粒子能够与坯革结合达到加脂目的，破乳是必要的步骤。对于破乳将受以下因素影响：

　　加脂过程中：乳液粒子渗入革内后水合层水分减少、电解质浓度增加、坯革内电荷密度增加、机械挤压等，使乳液破乳机会迅速增加。

加脂后期：当外部 pH 变化，补充阳电荷，一方面，直接导致乳液粒子表面电荷降低、稳定性下降破乳；另一方面，pH 使坯革表面阳电增加或负电降低，促使乳液粒子破乳。

（3）加脂剂与革纤维的结合

阴离子加脂乳液在加脂过程中或后期的固定过程中，被破乳后将出现两类有效组分。两类组分以不同的方式与革纤维作用停留在坯革内。

① 乳化剂或表面活性剂组分。通过亲水基与坯革内极性结合，疏水部分与坯革疏水区形成疏水结合。

② 中性油与弱极性的疏水组分。通过疏水部分与坯革疏水区形成疏水结合，或弱极性吸附。

综合上述情况，加脂剂与革纤维的结合方式主要有以下几种：

① 离子型结合。革纤维是由蛋白质长链组成，其侧链上带有正、负电荷基团，加脂剂一般也都带有具有一定电荷的离子基团，因此，加脂剂分子能与革纤维以离子键形式结合，也是主要的结合方式，见图 4-7。

② 永久偶极、瞬时偶极的结合。蛋白质主链的酰胺键、羧基都能够通过电子运动产生极性基，与反电荷进行结合，见图 4-8。

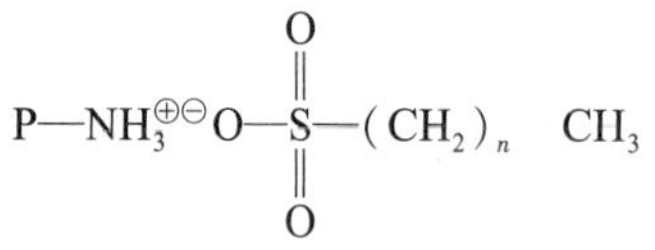

$$P-NH_3^{\oplus}\,{}^{\ominus}O-\overset{\overset{\displaystyle O}{\|}}{\underset{\underset{\displaystyle O}{\|}}{S}}-(CH_2)_n\quad CH_3$$

图 4-7　离子键结合方式示意

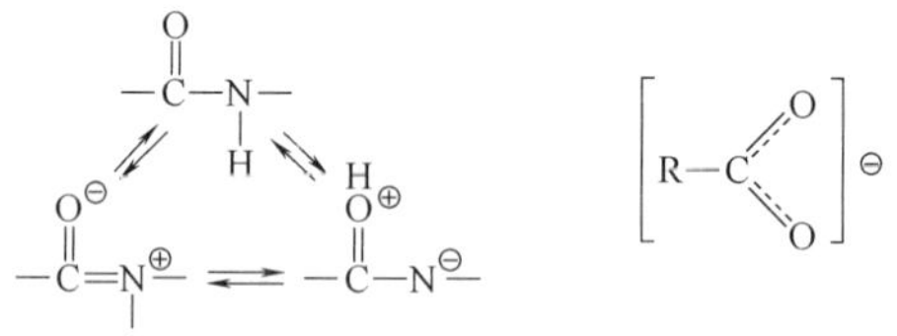

图 4-8　偶极结合示意

③ 配位结合和共价结合。这两种结合方式最牢固，不易被破坏。改性油脂中的磺酸根、硫酸酯基、羧酸基以及磷酸酯基等都能与铬鞣革中的 $Cr(III)$ 配位；有些特殊的加脂剂，如烷基磺酰氯、带氮羟甲基官能团的活性加脂剂等，能与胶原蛋白链上的氨基产生共价结合。

④ 疏水结合。胶原纤维非极性区可以与脂质物的中性或弱极性端产生疏水结合。但是在以水为介质中，只有当乳液破乳时才能发生结合。

坯革纤维与加脂剂可以发生不同化学物理作用，至于生成什么键并非理论确定。库仑力作用的距离可从 $1\mu m$ 开始，比氢键、吸附键、配位键的作用距离要小数十倍。因此，电价的吸引力可能成为最先且主要作用方式。当脂质物靠近纤维后，其他作用产生，使脂质物稳定地存在于革纤维的孔隙中起柔软作用。

4.3.3　加脂剂在革内的分布

坯革经过加脂后，吸收了一定量的加脂剂（油脂），然而，革中加脂剂的含量不是决定加脂效果的决定性因素，需要根据其在革内的分布。这种分布包括油脂在革内截面上各层中的分布，以及在不同部位的含量。

（1）加脂剂的分层分布

除了数量外，加脂剂在革内各层中的分布对成革的感官、物理力学性能都有很大的影响。对加脂工序目的而言，当加脂剂在革内理想的分布时，成革的综合性能都将得到明显的改善。但理论与实践都表明，革内层的加脂剂含量总是低于粒面层和肉面层的含量。革内油脂的分布见图 4-9。事实上，分层分布是一种理想的结果，但加脂技术总是需要解决尽量缩小革内层的油脂含量与表层的差别，防止过度差别，以获得最好的加脂效果。

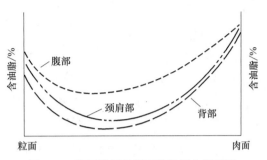

图 4-9　革不同部位逐层的油脂含量示意

不当的分层分布，表现在加脂剂主要分布在革的表面，如粒面层油脂含量高，则革的粒面松弛，易松面；肉面层油脂量高，则革易油腻，易粘污物。因此，相同的坯革，应根据成革感官要求对加脂剂及操作进行考虑。

（2）加脂剂的部位分布

由图 4-10 可以看出，革不同部位的油脂含量也不同，紧实部位油脂含量低，松软部位吸收油脂的量多。因此，对于组织结构紧密的革要用扩散性好、分子质量低、乳液粒子小的加脂剂进行乳液加脂；对于部位差大的革要用选择性好的加脂剂，使革紧密部位结合更多的加脂剂，而疏松部位结合较少的加脂剂，减轻部位差。另外，对部位差大的革还可采用局部直接加脂处理方式，用涂油或其他方法使革紧实部位油脂含量增加。

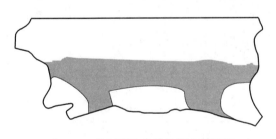

图 4-10　革不同部位的油脂含量示意

（3）影响加脂剂在革内分布的因素

加脂剂在革内的分布情况取决于加脂剂在革内的渗透情况。加脂乳液在革内渗透越深，革中层油脂含量越高，加脂剂在革内的分布也就越均匀。影响加脂乳液向革内渗透的因素也是影响加脂剂在革内分布的因素。

加脂剂在革中的分布不仅受坯革的状况，电荷性能，加脂乳液的电荷性、稳定性和粒子大小等因素的影响，还要受加脂时的操作条件、加脂后工序的影响，这些影响因素将在下一节中详细论述。

4.3.4 加脂对皮革性能的影响

加脂可以赋予成革柔软性、滋润感、丰满性、弹性，并给革的力学强度和卫生性能等都可能带来不同程度的影响，同时，还可通过加脂赋予皮革防水性、防火性和耐洗性等特殊功能。

（1）柔软性

加脂剂对皮革最大的贡献就是使皮革柔软。当两个纤维表面互相接触时，就存在摩擦阻力，必须施加一定外力才能相互移动，这个外力的大小与表面粗糙度有关。如在这些表面之间涂布一层油脂或润滑剂，则这个外力将大大减小，表面间互相移动容易。

油脂层薄，润滑有限，就必须有较大的外力才能使它们相互移动。油膜较厚时，相互移动的阻力实际上是润滑材料分子间的摩擦力，它与表面间油膜移动的速度成正比，与构成油膜的油的黏度和每个组分的熔点有关。油膜厚度越小，两个表面就越接近，油膜间移动变得越来越困难，最后完全不存在油膜间的移动。

油润性决定于油脂层的分子结构和纤维表面性质。最主要的影响因素是油脂分子在纤维表面上的排列方式。羧基是脂肪酸的活性端，酯基是甘油酯的活性端。它们以其活性端被吸附在革纤维表面，形成单分子膜，见图4-11。革纤维的电荷密度不同，其场能也不同，进而影响油脂分子层的排列密度不同。

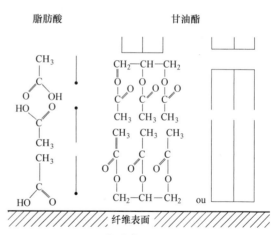

图4-11 纤维表面吸附的分子膜

（2）滋润性

滋润是一种手感指标，主要来自加脂剂在坯革表面的作用。当脂质物存留在皮革的表面，都能够产生滋润的手感，滋润感不足称为干枯。滋润感有时也称油润感、油感，但滋润感与油感略有区别，后者也有过渡不良的情况。滋润的感觉与油脂含量、油脂品种及操作方法相关。

① 与加脂剂用量的关联。滋润与柔软有密切的相关性，少量的加脂剂渗入坯革内部主要起柔软作用，少有滋润感。通常情况下，随着加脂剂用量的增加，表面结合的油脂增加，滋润感增加。但是，正常的加脂量加脂表面油感过剩，甚至出现油腻，则原因来自加脂剂选择、加脂条件及操作问题。

②　与加脂剂品种的关联。为了提高表面滋润感，使用表面停留或表面结合强的加脂剂，这些加脂剂通常渗透性差，这类加脂剂也称为表面加脂剂，通常不是用于柔软作用。表面加脂剂或中性油组分结构采用高碳链的脂、醇及蜡组成，也可以通过乳化组分的电荷特征、对环境的敏感性解决。

③　与加脂操作的关联。利用反离子使加脂乳液提前破乳停留在坯革表面，这种方法也称表面加脂或顶层加脂。这种加脂操作也可以提高皮革表面滋润感。也有改变坯革电荷或溶液 pH 控制乳液作为表面加脂提高油感。

表面过多的油脂沉积产生的油感称为油腻感，是一种加脂缺陷。正常加脂的坯革表面出现油腻往往是渗透不良而产生过早破乳造成，是加脂过程严重的缺陷。综合分析油腻的缘由在于坯革表面电荷不良或过于紧实、加脂剂稳定性不够或用量过多、加脂时间不够或过早固定使加脂剂过破乳。

（3）丰满性

加脂剂进入坯革疏水区间，中性油之间具有良好的滑动性而防止疏水粘结；进入亲水区间，阻止亲水基在脱水后的极性基之间的黏合；进入的加脂剂占有空间。加脂剂的这 3 种结果使坯革纤维分离，形成加脂对皮革的丰满作用。

（4）粒面紧实和疏松度

在坯革染整中，加脂的丰满柔软功能与复鞣填充的饱满紧实功能具有较大的相悖性。由于加脂剂的乳化剂部分与复鞣填充材料具有相似的亲水基团，甚至更强地与坯革结合，竞争结合的结果导致退鞣；同样，加脂剂的疏水基进入坯革疏水区间也阻止了纤维的疏水结合。最终结果是加脂使坯革从紧实向疏松转化，这种变化也随加脂剂用量的增加而增强。通常，丰满柔软而不松面的加脂工艺是衡量高质量产品及制革工程师水平的指标。为了满足这一目标，工序设计为先复鞣填充后加脂，从而达到先入为主的目的。

（5）物理力学性能

加脂对皮革抗张强度和伸长率有很大影响。油脂附着在原纤维表面和沉积在纤维间隙中，分离削弱了它们之间的引力和摩擦力，提高了革的结构单元的定向应变能力，从而提高了革的物理力学性能，特别是粒面崩裂强度和撕裂强度。不同种类的油脂对铬鞣坯革纤维分离的能力不同，根据经验有矿物油>海产动物油>植物油，似乎与熔点相关。对于坯革抗张强度影响则相反。

合成加脂剂及改性天然油脂对加脂后坯革的物理力学性能改变难以确定，如用 $C_{10} \sim C_{23}$ 的合成脂肪酸与不同缩合程度的聚乙二醇酯化得到的合成油加脂后的革，其抗张强度超过用天然中性油脂和硫酸化加脂剂混合物加脂后的革的抗张强度。用脂肪酸甲酯加脂后，革的抗张强度、粒面崩裂强度和断裂伸长率都大大提高。

革的强度的提高不仅与加脂材料的特性有关，也与用量有关。仅在一定范围内增加用量可提高革的柔软度，也能提高革的抗张强度。当使用大量油脂后抗张强度变化不明显，见图4-12。因为柔软与单位面积的纤维数量相关，而强度是靠纤维承受的。

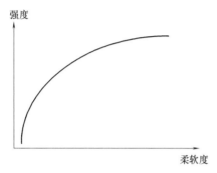

图4-12　坯革柔软度与强度关系示意

（6）卫生性

革中油脂含量和油脂的性质对革的卫生性能，如透气性、透水汽性、水汽容量有很大影响。其中，透水汽性很重要，这也是天然皮革不同于其他鞋面材料的地方。有计算表明，革中油脂含量少于13%时，加脂影响革的透水汽性不明显，超过此量后才会产生较大影响。这是因为部分油脂沉积在毛细管中，缩小了毛细管横截面，也降低了纤维表面极性，阻碍了水汽通过。鞋面坯革加脂前后比较，透水汽性差25%~30%。其中，不同加脂剂等量加入也是有别的，如与硫酸化加脂剂比较，合成加脂剂使革的透气性要低一些。

（7）雾化值

雾化是指革内物质在受热后挥发，然后受冷凝聚集的物质，根据重量或折光进行表达。如果这些雾挥发弥留在轿车前玻璃窗上，将严重影响视线，从而造成危害。通常，加脂剂中未与皮革结合的小分子组分，如脂肪酸、石油馏分和低分子醇、醛等，在受热时易产生挥发现象。

（8）油斑、油霜

加脂剂中的油脂在菌、酶作用下，会产生游离脂肪酸。其中饱和游离脂肪酸容易迁移到革面并凝结，出现油斑，严重时结晶为油霜。油斑不仅发生在粒面，也可能发生在肉面上。在加脂剂中添加矿物油有利于避免这种现象，这是因为矿物油非极性，易迁移，能随饱和游离脂肪酸一起迁移到革表面，并将饱和游离脂肪酸溶解形成混合相，从而避免凝结现象。此外，出现了聚合物加脂剂与铬革发生结合沉积在表面对消除油霜有积极意义。

（9）革的亲水性

皮革加脂时，加脂剂分子的憎水部分自然倾向于皮革纤维表面上亲水多肽链中的憎水分子上。如果纤维表面是正电荷，而加脂剂是负电荷的，则排列的方向见图4-13。

如果皮革表面的自由基数量与加脂剂分子数相等，这时加脂剂分子完全结合在皮革上，不会给皮革带来亲水性。加脂剂的憎水部分是油脂的根，可降低纤维间的摩擦，提高疏水性。

如果表面加脂剂分子数量超过固定在纤维上的形成盐分子数量时，它们可通过憎水链上的氢原子与纤维间以氢键结合而固定下

图4-13　皮革疏水加脂

来，或憎水部分之间互相结合起来，这样可使亲水基团自由。亲水基团吸引水分子，使皮纤维有一定的亲水性。如果阴离子化合物太多，油脂分子间互相联结的可能性不变，这样就扩大了水合的区域，使皮革有很大的亲水性，见图 4-14。

非离子化合物在酸性条件下，有较好的亲质子能力，故在许多情况下，它与皮纤维的反应如弱阳离子化合物一样。例如，在铬-植结合鞣革加脂后期，加入一些

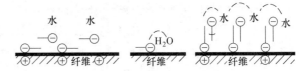

图 4-14　皮革亲水加脂

非离子油乳液以获得表面加脂的效果就属于这种情况。在带正电荷的皮革上，用阴离子化合物及一定数量的乳化剂时，由于油脂的作用，皮革有一定的憎水性，而且随着油脂用量的增加，皮革的憎水性也增加。但如果油脂用量超过一定量时，则憎水性又将逐渐下降。不同乳化剂电荷类型加脂后革的亲水性变化，见表 4-6。

表 4-6　　　　　　　　　　　乳化剂电荷类型与铬鞣革的亲水性

乳化剂电荷类型	亲水性	乳化剂电荷类型	亲水性
阴离子乳化剂	由小变大	非离子乳化剂	亲水性上升
阳离子乳化剂	亲水性下降		

（10）皮革的防水性、防油性

皮革的防水可以分为表面防水或革身防水。通常仅需要静态防水时只做到表面防水；动态防水则需要革身防水。表面防水可以在湿态下进行顶层加脂防水，或者干态表面施油（喷、滚涂）。革身防水需要在复鞣加脂时加入，然后固定完成防水。一种全氟树脂、硅酮树脂都是以极低的表面张力获得防水，甚至防油与防污。由于有机氟材料价格高，通常仅用于表面防水。

思考题：

（1）乳液加脂的基本历程是怎样的？

（2）影响乳液加脂和油脂在革内分布的因素有哪些？

（3）加脂对皮革的哪些主要性能产生影响？是如何影响的？

4.4　影响乳液加脂的因素

皮革乳液加脂的常规历程包括加脂剂乳化、乳液粒子渗入革内、乳液粒子破乳、加脂剂各组分被革吸附固定。在正常历程中，完成对铬鞣革良好的加脂，还与诸多因素相关。

4.4.1 加脂坯革的性质

加脂前坯革的电荷状态与革纤维的紧实程度是影响乳液加脂过程的基本因素，决定着加脂乳液在革内的渗透和结合。

皮胶原是由两性电解质构成，坯革纤维也同样具有两性表面电荷，电荷性质主要是由其本身的表面等电点和 pH 决定。当 pH 低于表面等电点时表面显正电荷，对阴离子亲和强，否则对阳离子亲核强。pH 离表面等电点越远，革带的电荷越多，固定反电荷化合物的作用越强。坯革的表面电荷取决于加脂前的复鞣填充及处理后的 pH，最终控制乳液的渗透与结合数量及速度。表 4-7 列出了不同铬盐鞣法革的等电点。

表 4-7　　　　　　　　　　不同铬盐鞣法对革表面等电点的影响

皮和铬鞣革	生皮	铬盐鞣革后	复鞣染色后
pI	7.5~7.8	6.7~7.0	4.0~5.0

对于不同复鞣染色后的坯革，它们所带的电荷也不相同。对于仅仅完成铬鞣及铬复鞣的坯革，在较低 pH 下带较多的正电荷，用阴离子型加脂剂则很快被固定在革表面，从而难以渗透。经过树脂鞣剂、植物鞣剂等阴离子型鞣剂复鞣后，革的表面显负电性，此时用阴离子型加脂剂加脂，即使渗透困难，结合量也较低。

革带电荷的多少可以通过改变浴液 pH 来调节。铬复鞣坯革直接用阴离子型加脂剂进行乳液加脂前要进行中和，减少革的阳电性，有利于加脂乳液在革内渗透，避免因反电荷乳液在革表面破乳。在加脂末期，降低革的 pH，使乳液在革内破乳，促进革对油脂的吸收、固定。对于要求革身紧实、坚挺、成型性好的革，则无需加脂剂全透，可以中和不要求完全透。

4.4.2 加脂剂的种类选择

加脂剂种类繁多，具有柔软的共性下不同组分个性有别。通常加脂剂以多种组分构成以满足不同前处理坯革获得理想加脂效果。

（1）加脂剂的个性选择

阴离子型加脂材料是以阴离子作为乳化组分的加脂剂，为了良好渗透与结合，通常用于铬鞣坯革的加脂获得柔软丰满的性能。

阳离子型乳化组分的加脂剂常以弱阳离子形式形成乳液，由于仅仅在阳离子与非离子之间转换，可作为顶层加脂来增加革表面油感。

非离子加脂剂乳液可以与阳离子或阴离子加脂剂混合使用，增加加脂乳液的耐电解质稳定性，促进加脂剂的渗透和均匀分布。

两性离子型加脂剂也可以与阳离子或阴离子加脂剂混合使用，根据体系的 pH 决定混合加脂乳液的渗透与结合调节坯革柔软度。

中性油脂组分对成革感官指标及物理力学性能有重要作用。动物油丰满滋润好；植物油柔软油感强；矿物油丰满弹性好，耐黄变好，但易迁移；在各种油脂中，碘值高的或不饱和程度高的油脂结合性好，但易氧化使成革黄变；脂肪酸含量高渗透困难，易产生油斑或油霜。

对铬鞣坯革而言，阴离子型加脂剂已经使用 200 余年，是最成熟稳定的一类用于乳液加脂的加脂剂。其中，硫酸化与亚硫酸化作为乳化剂组分是最常见的。这些材料自身的乳化能力、抗电解质能力、渗透能力、感官性能都与 SO_3 含量相关。以硫酸化为例，其应用性能见表 4-8。

表 4-8　　　　　　　　　在铬鞣革上应用的几种硫酸化加脂剂的性能

	油的品种	油结合 SO_3/%	可氧化性	效果
动物油	牛蹄油	2.8~4.2	弱	中等渗透程度，丰满，手感光滑
	鲸鱼油	2.8~4.2	中等	中等渗透程度，丰满
	鲸脑油	>4	弱	易透至皮心，手感枯燥，柔软，舒适
	海豹油	>4	中等	中等渗透程度，丰满，有身骨
	牛油	<3	弱	表面加脂，丰满，有身骨
	鳕鱼油	2.0~4.0	强	中等渗透程度，丰满
	鱼油	2.0~4.0	强	中等渗透程度，丰满
植物油	油精	>4.0	弱	渗透深，软，手感枯燥
	蓖麻油	>4.0	弱	渗透深，软，手感枯燥
	椰子油、棕榈油	<3.0	很弱	表面加脂，手感光滑
	棉籽油	>4.0	弱	渗透深、丰满、柔软
	菜籽油	>4.0	弱	渗透深、丰满、柔软

（2）加脂剂的专用选择

为了显示加脂剂的功效，一些具有特色功能的加脂剂受到制革厂的青睐。例如：要求柔软的革常选用渗透性好的油脂；要求表面滋润、油感好的革可以采用羊毛脂、卵磷脂加脂剂；对于绒面革选择丝光好的磷酸化、羧酸基化加脂剂；白色或浅色革选用耐光色浅的加脂剂；防水革需要采用可以被固定的羧酸化、磷酸化加脂剂；对耐干、水洗革选用耐溶剂、结合性能好加脂剂。需要多种性能时，可根据各种加脂剂不同的性能，取长补短地进行组分的复合使用，以满足成革的需要。

（3）加脂剂用量的选择

无论何种加脂剂都有用量的限制。加脂剂的用量因革的品种和加脂剂的种类不同而变化。一般软革的加脂剂用量大；坚实、弹性好的革加脂剂用量少；绒面革加脂由于表面积大，为了使绒毛不油腻发黏，表面结合的加脂剂用量不宜太多，常见品种革的参考加脂剂用量［以铬鞣削匀革重（质）量为基准，加脂剂有效物以100%计］见表 4-9。

表 4-9 　　　　　　　　　　　常见品种革的参考加脂剂用量

革种	用量/%	革种	用量/%
牛沙发革	6~10	绵羊软面革	3~5
牛箱包革	4~5	山羊打光革	2~4
牛软面革	6~10	山羊正绒革	3~7
猪反绒革	10~15	猪鞋里革	3~8

　　加脂剂确切的用量一般根据加脂剂种类、中性油及乳化剂两种组分比确定。加脂剂用量不足，成革僵硬、扁薄、部位差大，达不到要求；随着加脂剂用量的增加，成革变得柔软、丰满。加脂剂适量的皮革柔软、丰满、粒面细致、紧实；加脂量过大，革身骨差，无弹性，甚至引起松面、油腻，影响革的外观和手感。目前对革的柔软性、丰满性的要求越来越高，加脂剂的用量也趋于增加。

4.4.3　加脂条件

　　成功的加脂，不仅取决于坯革的特征、加脂剂的选择，还需要良好的加脂操作条件。这些条件包括加脂剂良好的乳化分散、加脂液比、温度、pH、机械作用、操作时间等。

　　（1）加脂乳化分散

　　加脂剂的乳化分散是良好加脂的基础。加脂剂为了可以长期储存，通常以 W/O 的形式存在，极少以 O/W 的形式；通常，外观液态的加脂剂中有效部分占比高于 65%，而乳液加脂浴中加脂剂含量在 1%~3%。因此，乳化转变为 O/W 形式，最大化减小乳液粒子尺寸，均匀稀释为较为稳定的乳液是十分重要的，也是加脂前乳化分散的必要过程。因此，除了加脂剂组分外，在加脂乳液制备过程中，应注意以下方面：

　　① 避免或谨慎采用不同电荷的加脂剂直接混合。

　　② 当选用多种加脂剂时，乳化之前要将它们混合均匀。

　　③ 将加脂剂重量 3~4 倍、60℃左右的水加入混合加脂剂中形成 O/W 乳液。

　　④ 从加入热水起，乳化期间尽可能高速搅拌，通过剪切缩小乳液粒子。

　　⑤ 乳化用水要求低硬度值（≤8），pH≥6.5，以保证乳液的粒子小、稳定。

　　⑥ 加脂剂乳液要立即使用，不可长时间存放，避免聚集而降低乳液的稳定性。

　　（2）加脂液体系数

　　加脂乳液的液体系数影响乳液中各组分的渗透深度及均匀。小液比加脂具有强化渗透作用，使加脂剂的渗透和截面分布较好，成革柔软。但浴液中油脂浓度高时，会使皮革松软部位（如边腹部）吸收油脂较多，从而增加了革的部位差。快速、强化吸收将影响表面及各部位均匀吸收，因此，不适合部位差大，以及要求表面均匀染色加脂的绒面、牛巴革的制造。

　　液体系数与加脂剂用量相关。相同液体下，少量的加脂剂可以获得表面加脂，如预加脂、顶层加脂。

表 4-10 为液比的大小对油脂在革内分布及革柔软性的影响。

一般认为，液体系数低于 100%（以削匀革重计）为少液比加脂，液体系数高于 200% 为大液比加脂。在大多数情况下，主加脂时液体系数控制在 100%～200% 比较合适。

液体系数并非绝对精确，还与加脂革的转鼓装载量有关。一般装载量小，液体系数可以升高，而对大装载量，液比应小一些。

表 4-10　　　　　　　　　　　加脂液比对加脂的影响（常温加脂）

液体/% （基于削匀革重）	革中不同层中的油脂含量/%			革柔软度
	粒面	皮心	肉面	
≤10	5.80	2.71	9.83	
近 20	4.98	1.73	6.22	
近 25	4.76	1.42	6.64	
近 50	4.13	1.27	5.78	逐
近 75	4.11	1.02	5.44	渐
近 100	4.10	1.00	5.31	变
近 200	4.10	0.92	3.64	硬
近 300	4.28	0.52	3.30	
近 400	3.73	0.57	2.58	
近 500	3.23	0.52	1.80	

（3）加脂温度

在不影响乳化情况下，低温加脂时油脂乳液粒子硬度大，在革内的渗透不良，吸收率低；高温加脂可以提高油脂的吸收率，渗透好，但不易破乳。然而加脂温度还需要根据坯革鞣制及复鞣状态确定。过高温度加脂往往还会使复鞣坯革粒面变粗，降低得革率。因此，常规加脂温度一般控制在 45～55℃。

（4）加脂过程 pH

加脂过程中 pH 影响乳液稳定性，如粒子尺寸变化及破乳速度。加脂过程中涉及了 4 个 pH。

① 浴液的 pH。过低的 pH 影响阴离子乳液稳定。浴液 pH 源于加脂用水（正常要求 pH 在 6.5 左右）以及坯革中释出的游离酸。

② 加脂剂的 pH。高 pH 的加脂剂（正常的加脂剂为中性偏碱性）乳化分散后 pH 迅速降低影响乳液稳定性。

③ 坯革的 pH。根据复鞣剂不同，坯革内游离酸含量及结合 pH（正常情况 ≤4.5）直接影响乳液破乳的速度。

④ 固定 pH。阴离子加脂乳液需要降低 pH 固定使乳液破乳结合。固定 pH 主要涉及固定前加脂时间以及固定速度，恰当时间的固定及缓慢固定是理想加脂的重要条件。

（5）机械作用与时间

轻革的乳液加脂一般是在转鼓中进行，转鼓在转动时的机械撕、拉、剪切与曲挠作用可以促进乳液向革内的渗透，加速革对油脂的吸收，也促进乳液的破乳。但是过强的机械作用会造成革松软，在液比小的情况下甚至会造成松面。

机械作用的时间随革的种类、厚度和加脂剂用量的不同而变化，一般控制在 30~90min 完成固定前作用。时间太短油脂的渗透、吸收不充分，时间太长会使腹肷部受机械作用过大而产生空松。

（6）加脂后工序的影响

对于终端主加脂后工序对加脂的影响主要是油脂在革内的再分布与停留，如挤水、干燥等。

挤水会影响到油脂在革内的含量及分布，这是因为，加脂后的革内油脂并没有完全被革固定，游离的油脂会随着皮革内水分被挤出。因此，要控制加脂后皮革陈化时间，加脂后的革要陈化 10h 以上，尽量让革中游离油脂被固定后再进行挤水操作。

加脂革进行贴板或真空干燥，尤其是湿态绷板干燥工序，油脂会随着水的快速干燥而迁移到革面，造成革面油脂含量偏高，进而造成磨革困难，涂饰层黏着力低等问题。因此，可以根据后加工情况选用与皮革结合牢度好、不易迁移的加脂剂。

当革制品在使用过程中经常遇水，甚至要水洗时，为了防止因油脂的流失而使革变硬、变形，对加脂剂与皮革结合牢固性更需要被考虑。

4.5 皮革加脂方法

4.5.1 铬鞣革的乳液加脂

铬鞣革主要采用乳液加脂的方法。传统的加脂是在复鞣、中和工序之后，与复鞣填充、染色同浴或换浴进行，也就是通常所说的"主加脂"。根据操作时液比大小和温度的高低，分为小液比加脂和大液比加脂、常温加脂和高温加脂。

随着对皮革柔软度要求的提高，需要革内含有较多的油脂且在革内均匀分布，采用一次性加脂很难达到理想的效果，因此，多阶段分步加脂，可以使坯革吸收更多的油脂，使油脂在革内分布更均匀，成革具有更好的柔软性。实践证明，分步加脂在总油脂用量相同的情况下，成革柔软度明显优于一次性加脂，符合先入为主的原则。分步加脂指在浸酸、铬鞣、铬复鞣、中和、复鞣填充等工序前或同时进行。但是要求加脂剂在相应各工序中能与相遇的材料具有相容性，对加脂剂要求更高，确保加脂剂乳液在操作条件下的稳定性。

（1）浸酸和铬鞣过程中加脂

在浸酸时或在铬鞣前加入 0.5%~2.0% 的加脂剂转动 20~30min 后再进行鞣制，通常也被称为油预处理。此时，浴液中电解质（盐）含量高、pH 低，裸皮纤维表面带正电荷。所以选择的加脂剂要对电解质稳定，耐酸、耐中性盐、耐铬盐。一般选用阳离子油、非离子型加脂剂或耐电解质型加脂剂。无论是电荷还是用量都保证能均匀地分布在裸皮表面。纤维表面的低张力油膜可以减缓铬盐的结合，降低鞣制过程中的剪切与摩擦，使铬的分布更均匀，革身骨柔软、粒面平细。油脂的润滑性减少了水浴操作时皮粒面间的擦痕，减少皮打折起皱的现象。加脂也避免蓝湿革在堆放时边缘干燥后影响回湿及中性盐结晶。

（2）复鞣、中和过程中的加脂

铬或其他金属盐复鞣时加入少量耐电解质加脂剂达到与铬鞣时相应的效果。合成鞣剂、聚合物鞣剂或植物鞣剂复鞣时，也可先加入或同时加入适量阴离子型加脂剂，主要防止复鞣剂粒面堆积、硬化，降低崩裂强度。

分步加脂虽然具有很好的调节作用，但是在两个方面需要谨慎采用。一是加脂剂不仅有一定的耐电解质能力，还需要能与鞣剂、合成鞣剂、聚合物鞣剂和栲胶等良好相溶。二是分步加脂的目的在于表面加脂，加脂剂的用量不宜过大，否则会影响复鞣剂的结合，导致革松软。

（3）主加脂

主加脂是指用加脂总量的大部分进行一次性加脂，通常置于复鞣、填充、染色后进行。主加脂剂的用量根据革的品种要求、前工序中加脂情况来确定。为了不影响染色的浓艳程度，一般是先染色后加脂。在染色要求不高，加脂剂用量大时，也可先加脂后染色，这时染料在革面着色较少。

（4）顶层加脂（表面加脂）

顶层加脂是有意识地使革的表面固定较多的油脂，但革表面又不显油腻及浮油。顶层加脂最初是为了改善革的一些表面性能以及在各种干燥时出现表面过多收缩而紧实。

顶层加脂用于绒面革，可使绒毛油润，丝光感强。用少量、渗透性好的加脂剂（如合成加脂剂、亚硫酸化加脂剂）或者经合成鞣剂、植物鞣剂复鞣革的加脂，可使油脂渗入浅表面，专门改进粒面的柔软度，一定程度上减少裂面的发生。此外，适当的顶层加脂可以阻止涂饰剂在革内渗透过深而降低皮革手感，顶层加脂还有利于提高打光革的打光效果。

顶层加脂通常置于甲酸固定后。主加脂末期加酸固定后，革表面负电荷大大降低，表面中性及阳性增加，无论用阳离子还是阴离子型加脂剂均会很快在革表面结合，显示顶层加脂剂的功能。由于仅需要表面效果，顶层加脂的时间较短，转动 20~30min 即可。若浴液 pH 较低（<4），其中的阴离子材料（未吸收的染料、油脂）又较多，则需换浴后再加加脂剂，否则在浴液中无论哪种电荷材料均会使乳液稳定下降，造成破乳，

在革外发生反应导致油腻现象。

顶层加脂必然会使革面油脂增加，影响磨革、涂层的黏着，同时肉面易沾污，绒面革绒毛分离性下降，对表面要求高的坯革需要认真控制。

（5）局部涂油（局部加脂）

在转鼓中加脂，对于部位差较大的革，松软部分吸收油脂量较多，紧实部位吸收油脂量相对较少，因此成革的臀背部比腹肷部位硬。为了使整张革柔软度趋于一致，一般在染色、加脂工序后搭马一段时间，再对革进行臀背部涂（揩、喷）油。

用于涂油的加脂剂以渗透好的合成加脂剂为主，防止表面积累油脂。涂油前用 3～5 倍的热水将其乳化。涂油时革的水分含量控制较为重要，过干易透油，过湿造成表面积油，通常为坯革含水 50%～60%。涂油后的革要静置过夜，使油脂渗入革内，充分破乳，均匀分布。为了保证质量，涂油在肉面进行。

4.5.2 乳液加脂实例

以成革要求为目标，根据坯革特征选用加脂剂，结合坯革、加脂剂制定操作方法。下面列举一些不同品种革的加脂操作实例给以说明。

4.5.2.1 铬鞣鞋面革的乳液加脂

全粒面软鞋面革是制革厂生产的主要产品之一。鞋面革后加工中一般采用真空干燥，部分产品采用了湿绷板干燥；皮鞋穿着过程中受汗水、雨水及长期的曲挠作用。为了不影响加脂效果，以及鞋穿着过程形状、感官的稳定性，要求加脂剂与皮革有良好的结合性，同时加脂剂用量不能太多。为防止引起松面或油腻，又可选择填充性较好的加脂剂。

（1）黄牛全粒面软鞋面革的加脂

普通鞋面革的加脂剂用量为削匀革重的 3%～5%（以加脂剂有效物 100% 计）。软鞋面革还要求成革柔软、粒面细致、曲挠性好，油脂能深入革的内层。加脂剂用量较大，一般为削匀革重的 6%～10%（以加脂剂有效物 100% 计）。

软鞋面革的加脂工艺举例如下：

① 坯革　黄牛铬鞣蓝湿革，削匀（厚度 1.2～1.4mm），铬复鞣→水洗→中和至　pH 5.0

② 复鞣　水（40℃）　　　　　　100%

　　　　丙烯酸树脂复鞣剂　　　3.0%～4.0%

　　　　合成加脂剂　　　　　　1.0%～2.0%　　　　40min

　　　　分散性合成鞣剂　　　　2.0%～3.0%

　　　　替代型合成鞣剂　　　　4.0%～6.0%

　　　　栲胶　　　　　　　　　4.0%～6.0%

	填充性材料	6.0% ~ 8.0%	60min
	甲酸（85%）	0.5%15min+20min	pH 4.2，控水
③ 染色	水（50℃）	100%	
	染料	x %	30min
④ 加脂	+复合型加脂剂	3.0%	
	亚硫酸化鱼油	3.0%	
	硫酸化牛蹄油	3.0%	
	结合型加脂剂	3.0%	
	填充型加脂剂	3.0%	60min
	甲酸（85%）	1.0%	15min+20min　pH 3.8
	阳离子型加脂剂	1.0%	30min

⑤ 水洗，出鼓，搭马静置，真空干燥。

该工艺中，采用分步加脂，复鞣时先加入 1% ~ 2% 的加脂剂，主加脂用 15% 加脂剂，最后用 1% 阳离子型加脂剂顶层加脂。主加脂的加脂配方中有渗透性好的合成加脂剂和亚硫酸化加脂剂，有结合型的加脂剂（菜籽油加脂剂）、硫酸化牛蹄油和填充性较好的加脂剂。配方中包括了动、植物油和合成加脂剂。总加脂剂用量较大，加脂革柔软、丰满、不松面、不油腻，对涂层无负影响。

（2）黄牛摔纹软鞋面革加脂

摔软革要求革经摔纹后具有清晰可见的花纹，并且要求花纹均匀一致。摔纹坯革粒面松弛，因此在生产过程中先将未中和的蓝革用天然油脂加脂剂加脂。这一阶段只是在表面加脂，在随后的中和和复鞣过程中，需要保持这一作用。中和时用碳酸氢铵，要求中和透，然后用合成鞣剂复鞣。合成鞣剂沿革的横切面逐步渗透而不会使革粒面紧实，在复鞣过程中能使整张革的粒面松弛恰当。

摔纹软鞋面革复鞣加脂工艺举例：

① 坯革　黄牛铬鞣蓝湿革，削匀（厚度 2.0mm），铬复鞣，1.5% 亚硫酸化鱼油→水洗→中和至 pH 6.0

② 复鞣	水（40℃）	100%	
	丙烯酸树脂复鞣剂	3.0% ~ 4.0%	
	合成加脂剂	1.0% ~ 2.0%	40min
	分散性合成鞣剂	2.0% ~ 3.0%	
	替代型合成鞣剂	4.0% ~ 6.0%	40min
	栲胶	4.0% ~ 6.0%	
	填充性材料	4.0% ~ 6.0%	60min
	甲酸（85%）	0.5%15min+20min	pH 4.2，控水

③ 染色　　水（50℃）　　　　100%

染料　　　　　　x %　　　　　30min

④ 加脂　　+亚硫酸化鱼油　　2.0%

植物油加脂剂　　2.0%

合成加脂剂　　　2.0%

表面加脂剂　　　2.0%　　　　60min

甲酸（85%）　　0.3%　　　　20min×2　　pH 3.5

⑤ 湿绷板干燥，摔纹。

（3）牛正绒鞋面革的加脂

绒面革不仅要求有良好的手感和柔软度，而且对颜色、色泽、鲜艳度、坚牢度、磨革性能等都有较高的要求。绒面革加脂剂要求具有良好的柔软作用，稳定性好，能赋予革绒头良好的丝光感，由于加脂对染色无不利。加脂时要特别注意，避免表面油腻，否则绒毛会黏在一起，影响绒头的光泽，而且容易沾污物。绒面革无须涂饰，因此在其加脂过程中经常使用一些防水性加脂剂，以提高其使用性能。

牛正绒面革加脂工艺举例：

① 坯革　　黄牛铬鞣蓝湿革，削匀（厚度2.0mm），铬复鞣，1.5%亚硫酸化鱼油→水洗→中和至pH 6.0

② 复鞣　　水（40℃）　　　　150%

树脂复鞣剂　　　4%　　　　　60min

合成鞣剂　　　　3%

植物鞣剂　　　　4%

合成加脂剂　　　2.0%

亚硫酸化加脂剂　2.0%　　　　40min

甲酸（85%）　　1.0%　　　　30min

③ 水洗，出鼓→搭马静置→伸展→真空干燥→挂晾干燥→回湿→震荡拉软→绷板→磨革→称重，回软→中和［以磨坯革重（质）量为下工序用料的基准］

④ 染色　　水（50℃）　　　　600%

染料　　　　　　x %　　　　　30min

亚硫酸化羊毛脂　3.0%

合成加脂剂　　　3.0%

羊毛脂加脂剂　　3.0%　　　　60min

甲酸（85%）　　1.0%　　　　30min　　pH 3.8

阳离子油　　　　1.0%　　　　30min

⑤ 水洗，出鼓。

⑥ 整理　真空干燥→挂晾干燥→回湿→震荡拉软→摔绒→绷板。

绒面革的第一次加脂，油脂用量不宜太多，否则革太软，不适于磨革，磨革前的加脂剂渗透性要好，不要在表面沉积，否则影响磨革。第二次加脂选用的羊毛脂加脂剂保湿性好，丝光感强，选用合成加脂剂使油脂良好结合，避免表面油脂过多，产生黏结、色花。

（4）白色鞋面革的加脂

白色革（或浅色革）的加脂，要求加脂剂色泽浅淡，不增深革的颜色，而且要求加脂剂耐光，在放置过程中不变黄。碘值高的动、植物油脂改性的加脂不适合用于白色革的加脂，不饱和度高的油脂经过氯化、氢化处理后，使碘值在 40 左右，再进行硫酸化等方法改性，就可以得到耐光性很好的加脂剂。矿物油、合成加脂剂耐光性好，适合白色革的加脂，耐光性加脂剂是加脂剂发展的方向之一。目前国内外具有优越的抗氧化性和耐光性加脂剂不多。

黄牛白色鞋面革加脂工艺举例：

① 坯革　黄牛铬鞣蓝湿革，削匀（厚度 1.2mm），铬复鞣→水洗→中和至 pH 5.0

② 复鞣　水（35℃）　　　　150%

　　　　丙烯酸树脂鞣剂　　6%　　　　60min

　　　　辅助性合成鞣剂　　3%

　　　　白色合成鞣剂　　　8%　　　　40min

　　　　填充材料　　　　　4%　　　　40min

③ 加脂　水（50℃）　　　　100%

　　　　白色革加脂剂　　　12.0%

　　　　白色助剂（50℃）　x %　　　　60min

　　　　甲酸（85%）　　　 1.0%　　　 20min　 pH 3.6

　　　　阳离子油　　　　　2.0%　　　 30min

④ 水洗，出鼓。

白色鞋面革不能用常见植物栲胶复鞣，耐光性的合成鞣剂和丙烯酸复鞣剂用量较大。该工艺中选择的两种加脂剂，白色革加脂剂适合用于浅色革，阳离子是以合成油为基础的加脂剂，两者的耐光性都较好。

（5）绵羊服装革的加脂

服装革趋向于轻、薄、软，因此加脂工序非常重要。服装革加脂要求加脂剂柔软性好，加脂革丰满而轻，加脂乳液稳定，油脂能在革内良好渗透。加脂剂用量大，一般采用分步加脂，有时采用二次加脂法使革吸收更多油脂，在革内分布更均匀，获得最佳的柔软效果。

铬鞣绵羊服装革加脂举例：

① 坯革　　铬鞣蓝革，削匀（厚度 0.75mm），铬复鞣，2% 耐电解质加脂剂→水洗→中和至 pH 6.0

② 复鞣　　水（40℃）　　　　　100%

　　　　　丙烯酸树脂复鞣剂　　4.0%

　　　　　合成加脂剂　　　　　2.0%　　　40min

　　　　　分散性合成鞣剂　　　2.0%

　　　　　替代型合成鞣剂　　　4.0%　　　40min

　　　　　栲胶　　　　　　　　4.0%

　　　　　填充性材料　　　　　4.0%　　　60min

③ 染色　　水（50℃）　　　　　100%

　　　　　染料　　　　　　　　x %　　　30min

④ 加脂　　+亚硫酸化鱼油　　　2.0%

　　　　　植物油加脂剂　　　　2.0%

　　　　　合成加脂剂　　　　　4.0%

　　　　　表面加脂剂　　　　　2.0%　　　60min

　　　　　甲酸（85%）　　　　0.3%　　　20min×2　　pH 3.5

⑤ 加油　　水（40℃）　　　　　100%

　　　　　阳离子油　　　　　　1.5%　　　20min

⑥ 水洗，出鼓→搭马静置→挂晾干燥→摔软→绷板。

该工艺中采用分步加脂，铬复鞣和树脂复鞣中加入耐电解质加脂剂或亚硫酸化鱼油，能深入革内层，使革柔软，主加脂中选用了较多渗透性好的合成加脂剂，进一步增加革的柔软性和丰满性，再结合高档的表面加脂剂，不仅使革柔软，而且增加革的滋润性和填充性。最后用具有蜡感的阳离子油层加脂。总的加脂剂用量 14.5%，成革柔软、丰满，并具有良好的表面手感。

4.5.2.2　手工涂油

将含水 50%~60% 的坯革肉面向上平铺于案板上，接着用软刷或抹布将油脂涂在肉面上。涂油时应注意紧实部位多涂，松软部位少涂，然后将革平置 10h 以上，再悬挂在烘干室中干燥（温度为 40~50℃）。根据需要可以先湿态摔软，再干燥。

4.6　加脂中常见的问题

加脂是制革生产过程中的一道重要工序。加脂材料品种多、性能各异，加脂过程受很多因素的影响，操作不当会出现一些问题，给成革带来缺陷。

4.6.1 加脂过程中容易出现的问题

好的加脂效果，在加脂末期加酸固定后，油脂基本吸尽，革表面不油腻，油脂在革内得到较好的固定。若加脂不当，加脂过程中将出现以下问题：

（1）加脂液中油脂吸收差

废液中存在较多的油脂，呈乳状浑浊，造成该现象的原因主要有以下几方面：

① 加脂剂用量过多，坯革干燥后松软、弹性差，要适当降低加脂剂用量。

② 革对加脂乳液的亲和力降低，坯革干燥后软度不足。要适当降低中和程度，降低坯革阴电性、紧实程度。

③ 加脂剂乳液太稳定，在革内不易破乳。应当选择稳定性合适的加脂剂配方，在加脂末期尽量降低 pH 或加入阳离子型材料，促进乳液破乳。

（2）加脂坯革油腻

加脂时间不足导致革表面油腻、发黏，肉面绒毛粘接在一起，造成油腻的主要原因有：

① 加脂乳液稳定性差，不耐酸或电解质，在革表面即发生破乳。

② 中和程度不够，pH 低，坯革表面阳电荷强，阴离子型加脂剂与革主要在表面结合。

③ 水的硬度大或加脂浴液中中性盐含量高，导致乳液提前破乳。加强加脂前的水洗，选用含中性盐少的同浴材料。

④ 加酸固定过早、太快，乳液提前破乳沉积在坯革表面。

⑤ 乳液乳化不良，如搅拌不足、温度太低，乳液粒子太大无法渗透，产生表面破乳。

4.6.2 加脂不良引起坯革的缺陷

（1）涂层黏着不牢

主要是革表面结合油脂过多，或是由于加脂剂中矿物油含量多，革干燥后油迁移到革表面而降低涂层与皮革的黏着牢度。

（2）加脂革干燥后干枯、僵硬

由于加脂剂用量不足或者加脂剂未完全渗入内部，表面缺油；坯革表面树脂过多，加脂剂难以结合，干燥后粒面僵硬。

（3）革粒面松弛

革粒面结合油脂量过多，表现出粒面松软。加脂剂亲和力过强，出现退鞣，导致革面疏松。

（4）革面白霜

皮革在贮存一段时间后，加入革中的一些物质在革表面结晶形成白色斑。白色斑起因分为多种：

① 盐霜。革内的矿物质如氯化钠、硫酸盐，植鞣革中的硫酸镁等中性盐随革内水分的挥发而迁移到革表面，形成盐霜。需要通过加强各工序后的水洗，尽量洗出革内的中性盐，可解决盐霜问题。

② 油霜。使用饱和脂肪酸含量高的动物油加脂剂加脂，革在放置过程中，随气候变化与菌类作用使得饱和脂肪酸迁移到革面形成油霜。在加脂剂配方中加入一些矿物油或合成加脂剂可避免油霜的结晶生成。

③ 硫霜。坯革受湿度温度影响，长期不干导致细菌将硫酸盐还原，随着油脂迁移到革的表面。需要将加脂坯革快速干燥，固定油脂。

坯革表面白霜往往是混合，并以某种情况为主，可以根据主要内容进行处理。

（5）色花斑

加脂过程中产生的色花斑主要是由于加脂方法不当，使乳液粒子聚集破乳，油脂不均匀地沉积在革的表面，影响染料结合出现色斑。

（6）黄变

对于白色革或浅色革，放置一段时间后有时会变黄，特别是在阳光暴晒下，其主要原因之一是所加油脂的碘值高，发生了氧化。如果坯革内存在催化因素，也会加速黄变速度。

（7）变硬

这主要是革在贮存过程中油脂散失的原因。因此，在加脂时要选择与革结合性良好的加脂材料。

（8）异味

皮革定的异味是质量指标之一。油脂氧化或酸败过程中，使革带有异味。选用质量好的加脂剂，革存放时要保持干燥。为了加脂剂的稳定或功能，一些加脂剂中掺入了一些溶剂。干燥后，这些溶剂开始挥发，产生异味。

4.7 皮革的功能性加脂

4.7.1 皮革的防水

防水革是皮革制品中重要的功能之一。皮革本身含有许多羧基、氨基、羟基等亲水性基团。在制革过程中所用的栲胶、合成鞣剂、染料、表面活性剂、乳液加脂剂等材料，都含有较强亲水性的基团。因此，皮革制品不经防水处理，吸水性强。

传统的防水革生产是在加脂工序中用油脂或蜡类等物质填充于革纤维的间隙，这种方法可赋予成革一定的静态防水性，但加入的油脂或蜡都使革身紧实，其透水汽性和动态防水性都较差。随着新型疏水加脂剂以及皮革生产技术的发展，已经可以生产出优质的防水革。

4.7.1.1　防水机理及防水材料

从表面张力角度，皮革的防水即降低皮革的表面张力。润湿是液体和固体表面间的一种相互作用，润湿过程是一个很复杂的过程。一般来说，如果一种液体的表面张力低于一种固体的表面张力，则该液体可以润湿该固体，相反，则该液体不能润湿该固体，在固体上呈液滴状。因此，要使皮革具有拒水性，革的表面张力必须低于水的表面张力；同样，要使革具有防油性，革的表面张力必须低于油的表面张力。

皮革本身具有一定的厚度，因此皮革的防水不仅是表面的问题。一般来说，皮革的拒水性是指表面效应，皮革的防水是指革的表面和内层的整体效应。要制造防水革，革的表面和整个横切面都必须有低于水的表面张力。

有效的皮革防水剂不仅要能降低皮革的透水性和吸水性，而且不能损害皮革的其他性能，如透水汽性、曲挠性和抗张强度等。从化学上讲，防水剂应含有低表面张力的基团和活性基团，它渗入皮革内，通过活性基团与革纤维产生化学结合，低表面张力基团附在革纤维周围。皮革的防水材料众多，根据防水剂的组成和防水机理的不同，主要分为以下几类。

（1）水不溶的油脂、蜡、聚合物和树脂

如羊毛脂、石蜡、蜂蜡、矿物油等材料，它们含有许多低表面张力的基团，但不含有与皮革纤维结合的活性基团，在皮革上的应用是通过浸渍或表面涂层使这些材料填充在革纤维的空隙中，能赋予成革一定的静态防水性和特殊的手感，但通常会降低皮革的透水汽性。

（2）油包水型亲水乳化剂

这类材料如羟基羧酸衍生物、脂肪酸的多元醇酯、羟乙基化脂肪酸或醇、烯基琥珀酸衍生物等。一般是通过浸渍或滚涂法对坯革进行处理，使这些材料沉积在皮革纤维之间，当皮革与水接触，在革表面形成油包水型乳液，由于分子尺寸变大发生膨胀，将封闭革纤维间的空隙，进一步阻止水的渗透。这类材料能赋予皮革较好的动态防水性，特殊的表面手感，主要应用于制造蜡感和油性的防水革。通常它们会降低皮革的透水汽性，增加革的吸水性。

（3）与革纤维结合，降低革纤维表面张力的材料

这类防水材料很多，包括高级脂肪酸的金属盐配合物（如硬脂酸氯化铬配合物）、含羧基的化合物和活性乳化剂（如多羧酸酯化合物或多元醇酯、烯基琥珀酸衍生物、长链聚丙烯酸酯、烷基磷酸酯等）。脂肪酸金属配合物中的金属离子能与革纤维中胶原的活性基团如羧基配位结合，脂肪酸的长链烃基附在革纤维周围，降低革的表面张力；含羧基的化合物及活性乳化剂中的活性基团（如羧基）在 pH 低于革 pI 时能与胶原氨基结合，在铬鞣革中也能与铬配位。长的烃链向外定向地分布在革纤维表面而提供防

水性。通常这类材料也叫疏水加脂剂，是制革主要使用的防水材料，但这类疏水性加脂剂使用时要在加脂末期用铬、锆等金属盐进行固定，以进一步增加革的防水性。

（4）有机硅和有机氟化合物

皮革上一般使用的硅化合物都是线型聚硅氧烷，即硅酮。硅酮化合物能大大降低皮革的表面张力，能提供优越的拒水性，并能赋予成革突出的耐磨性和良好的手感，而且不损害皮革的透气性和透水汽性。在皮革上硅酮通常以阴离子水乳液的形式使用，不仅应用于湿操作末期，也应用于涂饰中。在湿操作末期，硅酮乳液通常与其他疏水性加脂剂一起使用，作为顶层油来提高皮革的防水性和手感。在涂饰工序中，硅酮作为添加剂用于顶层涂饰中，以降低革的摩擦系数，提高革的柔软性、耐磨性和防水性。

有机氟化合物具有非常低的表面张力，经氟化物处理的皮革在胶原纤维周围包裹形成薄膜或在皮革表面形成氟树脂薄膜，从而使皮革具有防水、防油、抗污等性能。这类化合物不会对皮革的保温、透气等卫生性能产生影响。皮革常见的氟化物既有溶剂型的也有水乳液型的产品；既有阴离子型，又有非离子型和阳离子型的。氟化合物在制革上的应用类似硅酮，它们在湿操作末期作为添加剂使用，以提高革的抗水性和拒油污性能，也可用于涂饰中得到相同的效果。通常，氟化物处理皮革需要相对较高的温度，以达到较充分的拒油、拒水性能。

4.7.1.2 黄牛软鞋面革的防水加脂

① 坯革	黄牛铬鞣蓝革，削匀厚度 1.2~1.4mm，称重			
② 回水	水（40℃）	200%	30min	控水/水洗
③ 复铬	水（30℃）	150%		
	铬粉（B=30%）	5.0%	60min	
	甲酸钠	1.0%	20min	
	小苏打	0.5%	30min	
	丙烯酸树脂	3.0%	60min	pH 4.0
	静置 1h，转动 2h，静置 12h，转动 30min，控水，水洗			
④ 中和	水（35℃）	150%		
	乙酸钠	1.2%		
	小苏打	0.9%	120min	pH 6.0~6.2 控水，水洗
⑤ 复鞣	水（35℃）	150%		
	复鞣填充剂	25%	2~3h	控水
⑥ 染色	水（50℃）	150%		
	染料	3.0%	20min	
⑦ 加脂	+羧酸型防水加脂剂	12%	120min	
	甲酸	1.5%	20min	pH 3.6 控水

⑧ 水洗　　水（35℃）　　　150%　　20min　控水

⑨ 固定　　水（30℃）　　　150%

　　　　　铬粉（B=30%）　　2.0%　　30min

⑩ 水洗　　水（45℃）　　　200%　　10min　控水

⑪ 水洗　　水（45℃）　　　200%　　10min　控水

⑫ 出鼓，搭马静置→挤水伸展→真空干燥（2min，75℃）→挂晾→回湿→振荡拉软。

该工艺中，主要以丙烯酸树脂复鞣剂结合铬进行固定，防水加脂剂采用羧酸型，再用铬进行作用封闭羧基。其中，加强了中和、水洗工序作用。在低温下进行固定，且分次加入使固定作用的铬缓慢均匀，成革防水性能较好。

4.7.2　皮革的防霉

皮革的半成品和成品在适当的温度、湿度条件下，霉菌会迅速在皮革上繁殖，使皮革产生霉变，轻者在革的表面出现色斑，主要是黑、红、黄、白几种斑痕，重者引起皮革质量下降，甚至失去使用价值。另外，皮革加工过程中所使用的植物栲胶、加脂剂、蛋白类填充材料等容易被腐霉微生物侵染，都会引起皮革霉变。只是依皮革种类和不同的环境条件霉菌的种类也不同。因此，皮革加工过程中必须做防霉处理。

皮革的防霉处理主要是通过在适当工序，如浸酸、铬鞣、植鞣、加脂、涂饰等工序中加入防霉剂，防止霉腐微生物的破坏，保证皮革及制品的质量。

皮革用防霉剂一般水溶性差，通常溶于油脂中。因此，在加脂时加入革中最为常见。由于可能引起皮革霉变的霉菌种类较多，变异及耐药也会变化。要根据环境的情况、防霉的时间选择合适的防霉剂种类及用量。目前防霉剂有多种分类方法，常用的一般按用途和按化学结构分类。按化学结构分类的防霉剂可分为以下几类：

① 有机酚及卤代酚类。

② 醇类化合物。

③ 醛类化合物。

④ 有机酸类化合物。

⑤ 酯类化合物。

⑥ 酰胺类化合物。

⑦ 季胺盐化合物。

⑧ 杂环化合物。

⑨ 有机金属化合物。

⑩ 有机硫化合物。

⑪ 其他。

随着皮革的生态及市场准入要求的提高，防霉剂对人与生物的毒性被不断地关注，禁用与限量控制需要使用新型无毒或低毒的广谱性防霉产品。而霉菌的变异及耐毒性的提高，也需要防霉剂的不断改进。自20世纪30年代使用对硝基酚开始，已经对皮革防霉剂进行了多种产品的替代。

4.7.3 皮革的阻燃

皮革是一种具有独特结构的天然高分子材料，其内部存在大量的空隙，为空气的进入以及流通提供了便利条件；同时，原料皮在生产过程中所经历的各种工序操作，均会对皮革制品的燃烧性能产生不同程度的影响。皮革的阻燃就是降低皮革的被点燃能力，在火灾发生时，减缓或抑制火焰蔓延，移去火焰后能很快熄灭，不再阴燃。皮革阻燃的机理主要是气相阻燃、凝聚相阻燃及吸热作用。

皮革阻燃相关的因素主要分为两大类。一类是生产过程中的相关工艺，如复鞣、加脂、涂饰等；另一类是生产过程中添加助燃剂对皮革阻燃产生影响。在上述加工工序中，复鞣剂、加脂剂以及涂饰剂的加入，均可能降低皮革的阻燃性，只是不同类型的材料降低的程度不同而已。而加脂是影响皮革阻燃性的一个重要因素。加脂的目的是使成革柔软、丰满、富有弹性，提高成革的力学性能，有时还附带填充作用。加脂剂的主要成分是天然加脂剂、合成加脂剂和改性加脂剂等。由于油脂本身具有燃烧性、挥发性、燃点低等特性，所以无论加入何种加脂剂，都会不同程度降低皮革的阻燃性能。因此，会对加脂剂进行改性，引入能提高限氧指数的材料，从而达到阻燃的目的。目前主要有复配物（主要是卤系、磷系、硅系等阻燃剂进行复配）、纳米（纳米氧化物、无机或有机纳米粒子）及微胶囊（天然或合成高分子材料，将固体、液体或气体包埋、封存在微型胶囊内）固体微粒产品。

通过已有的研究发现，矿物油由于缺乏极性易挥发而易于燃烧，矿物油比动物油易燃，合成油最不易燃烧。几种常用的加脂剂抗阻燃性能依次为烷基磺酰氯、鱼油、蓖麻油、磷脂和合成油。如果成革要求较好的抗阻燃性能，必须优化制革工艺，保证成革既具有良好的理化指标，又可提高阻燃性，而且阻燃剂的使用也要考虑对人体和环境的影响。分解温度略低于成革的分解温度450℃，以保证成革的阻燃性能。制革用阻燃剂应该满足以下要求：

① 不影响成革理化指标，保持成革基本性能，阻燃剂有效成分尽量高，以最少的量发挥最大程度的阻燃效果。

② 阻燃剂的吸附、结合性能好，而且具有一定的耐干洗、水洗性能。

③ 阻燃剂要有无毒、低烟特性，确保在工业生产、应用及成革制品的使用中是相对安全、无毒无害的。

④ 阻燃剂的成本不能太高，需要综合考察阻燃剂的阻燃效能问题和其在制革总成

本中的比例问题。

思考题：

（1）皮革的防水机理是什么？主要的防水材料有哪些？

（2）加脂过程中常会出现哪些问题？如何克服？

（3）皮革为什么要进行防霉处理？

（4）防霉处理要注意什么？

第5章 坯革的干燥与整理

制革的整饰过程包括湿态染整和干态整饰，而干态整饰工程包括制革过程中的干燥、做软和涂饰3个阶段。其中，干燥与整理是贯穿整个湿革干燥直到成革完成的全部加工过程，是制革生产的重要组成部分。坯革经过湿态染整之后，已经基本上具备了最终成革应有的物理、化学性能的特质基础。干态整理工程的主要任务就是如何将这些潜在的特质最佳地表现出来，并通过适当的表面修饰即涂饰进一步完善并赋予成革以应有的感官特征。

从理论上来说，在整个干整饰中，皮革的干燥与整理是矛盾统一、互相兼容的功能组合，难以绝对分离表达。在整饰工艺流程中，水基涂饰剂处理后需要对涂层进行干燥、平整及做软，以便消除因涂饰树脂膜影响坯革的物理性能，同时也需要使涂层与坯革结合形成一体。根据不同产品可以采用不同的涂饰剂用量、不同层次的涂饰、不同涂饰操作方法。实践中，涂饰的干态整理可以出现同工序的不同顺序、同工序重复使用。在干整理的加工过程中，存在着不同质量要求之间的矛盾；一些工序本身也存在着有利无利作用的相互制约。可以说，皮革的干整理各工序存在一个系统平衡工程，需要统筹兼顾，协调安排。然而，在企业的工艺设计、生产安排、质量控制中，少有定量的分析检测，主要依赖现场的装备条件、凭借工程师的经验与技巧。本章将坯革的干燥及干态整理两部分进行分别讨论。

5.1 坯革的干燥

皮革干燥的目的：除去坯革中的多余水分，以满足后续工序对坯革乃至成革的水分含量要求。经过染色、加脂、挤水后的坯革水分含量≥70%。即使经过挤水、平展等工序的加工处理后，其水分含量仍高达近50%，达不到成革对水分含量的要求，使得经过化学材料处理的皮胶原纤维未能完全固定。经过各种物理机械加工，坯革中多余的水分和少量溶剂被挥发脱除，是皮革纤维最后化学物理定型的过程，转变成水分含量为14%~16%的干态坯革。

5.1.1 皮革干燥的作用

坯革经过干燥，其内部鞣质、染料以及油脂等进一步与革纤维结合，化学物理活性降低。坯革在湿加工中，大量的鞣制、染料及油脂进入到坯革纤维中，其中部分或大部分尚未完成与革纤维的结合反应，处于游离或以水合的形式存在于革纤维间的溶液中。在干燥过程中，随着坯革内水分的失去，皮胶原纤维间距离缩小，这些材料将进一步结合、聚集、固定，化学物理活性降低。

由此可见，干燥可使鞣剂的鞣制作用增强，使革的化学稳定性进一步提高。染料的结合使色牢度提高，填充材料使组织构型更稳定，乳液破乳更彻底，油脂更均化分散。

坯革受机械力影响，纤维组织构造获得适当重组，其物理化学性向着成革要求发展。随着水分减少，纤维间距减少，一些机械加工的有效性增强，受力的物理及化学作用后的纤维组织结构的定型效果提高。这些效果包括延弹性、丰满性、紧实性、厚度、革身均匀性等趋向成革要求并稳定。而物理加工包括手工或机械操作处理，如做软操作、平展操作、表面修正操作等。

5.1.2　坯革的含水

5.1.2.1　湿革中水分的结合形式

从组织学看，革的组织构造是由皮胶原纤维束构成的立体网状结构，纤维束之间存在着大小不一的空隙，形成了一个十分复杂的多孔结构。在制革过程中，各种物质都是通过空隙渗透到皮革的内部并与皮胶原发生作用的。通常，通过湿态染整，从转鼓中取出的坯革含水≥70%。这些水分与革的结合形式非常多，结合力也由弱至强，难以明确界定。为了便于理解，可简单分为自由吸附水分、毛细管结合水分和化学结合水分3类进行表述。

（1）自由吸附水分

自由吸附水分是附着在革的表面、材料表面及孔隙中的聚集水。这些水是吸附在坯革粗大的孔隙内的水，在常温的饱和蒸汽压下等于或近于纯水。

自由吸附水分可以溶解其他物质，可以采用普通的方法将其从革中除去。例如，可采用施加压力（挤水机挤）基本除去。除去革中的自由吸附水分，革的面积不会变小，即不会引起坯革的收缩。自由吸附水具有润滑皮纤维的能力，该水分的去除引起皮纤维硬度增加。

（2）毛细管水分

毛细管水分结合在细窄纤维间隙内，依靠表面能被吸附并稳定。这种水分凝结在坯革纤维毛细管内，与皮革结合较牢固，这种结合由表面张力维持着。毛细管含水分的量取决于空气的湿度和温度，湿度越高，温度越低，其含量越高。在毛细管中，水的饱和蒸汽压小于相同温度下纯水的饱和蒸汽压，而且随着干燥过程的进行不断下降。毛细管直径越小，这种结合就越牢固。当毛细管的直径较大时，所含水分接近自由水的结合力。除去毛细管水分会使毛细管收缩，导致毛细管周围的革纤维黏结，从而使皮革的面积、厚度、物理力学性能等发生变化，干燥后不完全除尽。

（3）化学结合水分

化学结合水分，也称水合水分，是与革纤维及化学品材料结合的水分。这种水分是以键合的形式与革纤维的极性基团牢固结合，保持着胶原纤维的构象，结合能>1kJ/mol。这种水分没有液体及水的性质，不溶解杂质。与自由水分和毛细管水分不同的是，化学结合水分若被强迫从革中除去，将使革产生强烈收缩，改变革的物理化学性能。结合水的失去使胶原的构象发生改变，胶原纤维之间的氢键数量增加，三股螺旋之间由于形成交联而变得更牢固，从而使胶原的活动能力降低。因此，坯革中化学结合水分的除去已不属于皮革干燥所讨论的范围。

除了结合水，湿革中毛细管水分较自由水分难以除去。在干燥过程中，湿革中的毛细管水分的水蒸气分压低于与空气主体水蒸气分压，不宜采用自然蒸发除去。因此，工艺中除去毛细管水分需要提供水分的汽化潜热，以及提供水分脱吸所需的吸附热。即在干燥过程中，需要施加能量进行去除。只要空气未达到饱和，皮革就可被干燥。

5.1.2.2 平衡水分

坯革中的含水量可以用两种方法表示，即：

① 以湿革为基准计算坯革中的含水量（湿基含水量）：

$$w_{湿}=\frac{湿坯革中的水分质量}{湿坯革总质量}\times100\% \tag{5-1}$$

② 以干革为基准计算坯革中的含水量（干基含水量）：

$$w_{干}=\frac{干坯革中的水分质量}{干坯革总质量}\times100\% \tag{5-2}$$

湿基含水量也称相对湿含量，干基含水量也称绝对含水量。通常所说的水分含量都是指湿基而言的，一般以质量分数表示。

坯革中的平衡水分。在环境条件下，若皮革表面的水蒸气分压（P_m）大于空气中的水蒸气分压（P_w）时，即：

$P_m>P_w$ 时，干燥过程可以进行

$P_m<P_w$ 时，干燥过程不能进行

$P_m=P_w$ 时，坯革与空气中的水分处于平衡状态

将湿坯革挂晾在空气中，经过一段时间后就可晾干，是因为湿革表面上的蒸汽压大于周围空气中的蒸汽分压，水分便从革中逸入周围的空气中。

在干燥过程中，湿革中的水分不断地减少，而空气中的水分则不断增多，直到皮革表面上的蒸汽压和周围空气中的蒸汽压相等，干燥过程停止，即处于平衡状态。此时，尽管皮革仍与空气接触，但皮革中的水分不再有所增减。通常把此时皮革中的水

分含量称为在该空气状态下的皮革的平衡水分（或称为皮革平衡含水量、皮革平衡湿含量）。

　　平衡水分随物料种类的不同而存在差别；对于同一物料而言，含水又能因所接触的空气状态不同而变化。任何物料的平衡水分取决于周围空气的蒸汽压，也可用温度和相对湿度表示，见图 5-1。不同物料的平衡水分曲线形状大致相同，平衡水分曲线在空气相对湿度 20% 以下和相对湿度 60% 以上时上升得相当快，而在空气湿度为 20%～60% 则上升得缓慢。

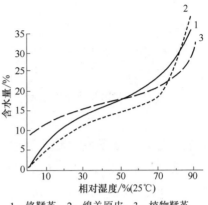

1—铬鞣革；2—绵羊原皮；3—植物鞣革。

图 5-1　坯革含水与相对湿度

5.1.2.3　影响坯革平衡水分的因素

（1）坯革组织结构与皮革水分的关系

　　坯革吸附与结合水分差异与坯革的多孔组织结构相关。毛细管水的冷凝与毛细管直径直接相关。实验发现，室温下皮革组织中毛细管水分的冷凝过程，只有空气的相对湿度超过 40% 时才得以进行。随着空气相对湿度从 40% 到 99%，毛细管直径从 0.58～58.00μm 都能凝结水，水结合量与表面张力相关。当空气的相对湿度大于 95% 时，半径不超过 0.1μm 的毛细管充满水分，而直径较大的毛细管（显微毛细管）只有在直接与液态水接触时才充满水分，从而湿革的最大吸湿度总是小于其总浸湿度。因此，皮革吸收液态水的多少主要取决于其自由空间的大小与数量。简单地说，革纤维组织的紧密或疏松程度，决定了皮革的浸湿度的降低或提高。由生皮组织学可知，同一张皮革的不同部位，胶原纤维的编织方式和紧密程度是不一样的。皮革腹肷部位的纤维组织构造较为疏松，它所含的吸附水分就要比臀背部位多。

　　（2）坯革内化工材料的影响

　　坯革吸附与结合水分的差异与革内化学品品种的结构相关。制革生产过程中加入的鞣剂、加脂剂、染料以及其他助剂，对于皮革在干燥和润湿过程中的平衡水分均有较大影响。多数与化学品结合并被带入的水分子，也能与皮胶原极性基相互作用滞留在坯革中。尽管化学品与胶原结合会替代胶原原有的结合水，甚至导致皮胶原的局部脱水。但是坯革从空气中吸收水分的能力（吸湿性）并不因为鞣制、复鞣染整作用而明显降低，因为一些水溶性多亲水基的物质也具有良好的水合能力，只是结合力不同而已。研究表明，在条件相同的情况下，铬鞣革从空气中吸收的水分要比植物鞣革吸收的多。

　　如上所述，坯革吸收水分的多少是坯革内化学品结合水和毛细管冷凝水的总效应。坯革吸收水分的差异是由不同性质的化学品及皮胶原的毛细管多孔组织的不同作用所致。当空气的相对湿度较大时，这种现象表现得尤为突出。事实上，除了对湿态坯革的亲疏水处理控制坯革的吸收水分特质外，坯革的干燥方式与程度不仅影响材料的脱水方式与程度，同样也影响干燥后坯革的吸水与结合水性能。

思考题：
（1）简述坯革中水分特征与坯革关系。
（2）坯革为何要除去水分？
（3）成革含水属于哪类水分？

5.1.3 坯革干燥过程

皮革的干燥过程是一个复杂的物理化学过程。一方面，皮革的干燥通常是借助于热能的传递使湿革中所含的水分发生相变（即由液态转变为气态），以补除去的过程。这个过程可以认为是扩散、渗透和蒸发过程的总效应；另一方面，在皮革干燥的过程中，已进入革内的鞣剂、染料、加脂剂及其他助剂进一步与革纤维上的活性基团发生结合作用，以提高革的稳定性、改善革的性能。

5.1.3.1 坯革干燥过程描述

皮革干燥过程包括传热和传质两种方式。所谓传热，就是提供热能，使革内的水分吸收热能之后汽化，成为水蒸气。传热方式有对流传热、传导传热和辐射传热3种方式。汽化后的水蒸气要求被排除，又称为传质。排除水蒸气的方法可分为两大类：

① 以空气为载体带走水蒸气，这类方法一般在常压下进行，机器不需密封。
② 利用抽真空的方法直接抽走水蒸气，这类方法在负压下进行，机器需要密封。

对流传热传质方式的干燥方法在皮革干燥中应用最为普遍。企业大多数皮革干燥方法都是以空气作为干燥介质，即皮革干燥的主要方法是使皮革和未饱和的空气接触，利用流动的空气把皮革中的水分带走。本节仅以空气对流干燥为例，介绍皮革的干燥过程。

为了叙述方便，假定在干燥过程中，干燥介质空气的流速、温度、湿度等干燥条件固定不变，这种干燥条件称为恒定干燥条件。下面着重分析恒定条件下的对流干燥过程。

当热空气从湿革表面稳定地流过时，假定热空气的温度为 T，湿革的温度为 T_w，则热空气与湿革之间存在着温度差 $(T-T_w)$，该温度差即传热推动力。

热空气以对流方式把热量传递给湿革，并以热量来汽化湿革中的水分。在湿革表面存在一层薄薄的湿空气，在这里，如果用 H_w 表示湿革的水分含量，H 表示空气的水分含量，由于湿革中水分的汽化，湿革表面的薄层湿空气与空气主体之间便形成了推动力 (H_w-H)。

已汽化的水蒸气就由湿革表面传递到空气主体之中，并随主体气体带走，从而使得湿革的水分含量不下降，当其下降到平衡水分时，干燥过程便结束了。

如果在恒定条件下，把干燥过程中湿革的温度、湿度按时间记录下来，并作图，即可得到干燥特征曲线，见图 5-2。分析该图就可以得出干燥速率及表面温度的变化规律。从坯革干基含水及表面温度变化曲线看，整个过程分 4 个阶段。就表面温度而言，A—B 段，表面温度快速上升；B—C 段，缓冲段；C—D 段，出现拐点，表面温度开始上升；D—E 段，再次出现拐点，表面温度快速上升。而从坯革干基含水变化看，仅出现一个拐点及两段明显变化，A—B—C 段，水分迅速下降；C—D—E 段，干燥速率开始缓慢。

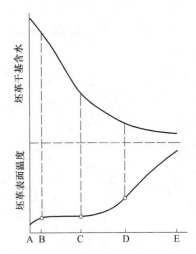

图 5-2　恒定条件下坯革干燥特征

如果定义干燥速率 V 为单位时间在湿革的单位面积上所汽化的水分 m_1，用下式表示：

$$V = \frac{\mathrm{d}m_1}{A\mathrm{d}t} = -\frac{m_2\mathrm{d}X}{A\mathrm{d}t}$$

(5-3)

式中　V——干燥速率，$kg/(m^2 \cdot s)$；

　　　m_1——汽化水分的质量，kg；

　　　A——湿革的干燥面积，m^2；

　　　t——干燥的需时间，s；

　　　m_2——湿革中绝干革的质量，kg；

　　　X——每千克湿革的干基含水量，kg。

式中的负号表示皮革含水量随着干燥时间的增加而减少。

由图 5-3 可看出，湿革的干燥过程明显地分成 3 个阶段，即：预热阶段，恒速干燥阶段和减速干燥阶段。

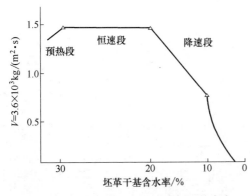

图 5-3　恒定条件下干燥速度与坯革含水

由图可知，从湿革的预热阶段含水 ≥ 30%，干燥速率上升；恒速干燥阶段含水 30%～20%，干燥速率保持一定值，不随湿革含水量的变化而变化；从含水 20%～10%，干燥速率随着湿革含水量的减少而降低，干燥速率迅速降为零，干燥停止。此段均为减速干燥阶段。其中，恒速干燥阶段与减速干燥阶段交界点称为临界点。

临界点水分与革有关，不同皮革的临界点水分的值不同，但通常为20%左右。

5.1.3.2　干燥过程的空气特征

（1）空气的相对湿度

空气的相对湿度对干燥的皮革质量有很大的影响。如果干燥温度、空气流速适当，空气的相对湿度适中，则干燥出来的皮革身骨较好。如果空气的相对湿度太低，虽然皮革干燥很快，但容易造成坯革表面收缩率大，在干燥重植复鞣革或厚革时，容易造成革内材料外迁现象。因此，在干燥开始时可要求空气的相对湿度高一些，以后逐渐降低。如果相对湿度过高，干燥速度太慢，湿革容易发霉。通常对于铬鞣革的干燥，要求空气的相对湿度为35%左右。

（2）空气的温度

在皮革的对流干燥过程中，水分的蒸发随温度的升高而加快。值得注意的是，对各种革的干燥温度都应有一定的限制，如铬鞣革的干燥温度一般规定为45~50℃，重植复鞣革的干燥初期温度控制在25~30℃，干燥后期提高至45~50℃。铬鞣革的干燥温度过高，容易导致坯革粒面粗糙，身骨僵硬，增大收缩率；重植复鞣革的干燥温度过高，易出现鞣质氧化，造成成革色泽深暗的缺陷。

（3）空气的流速

在制革生产中，为了加速湿革的干燥，通常采取鼓入干燥空气的措施，以排出被水蒸气饱和的湿空气。由于鼓入干燥的热空气，使空气流通，有利于湿革干燥。提高空气的流速，可以提高空气的传热系数和传质系数，提高其传热、传质速率，从而提高干燥速率。因此，空气流速越大，干燥速率也越大。调节空气的流速，可控制干燥速度。

5.1.3.3　干燥中空气与坯革的接触特征

一般来说，空气与坯革的接触方式可以分为2类，即平流式和穿流式对流干燥。平流式对流干燥是指热空气沿着坯革表面通过的一种对流干燥方式，而穿流式对流干燥则是指热空气垂直穿过坯革的一种对流干燥方式。

在连续式对流干燥装置中，空气要流动，坯革要运动。因此，按照空气流动与坯革的相对运动方向，其干燥操作方式可以分为并流干燥、逆流干燥和错流干燥。

（1）并流干燥操作方式

并流干燥指在坯革干燥过程中空气流动的方向与坯革运动的方向一致的干燥操作，见图5-4。并流干燥操作方式的特点是空气的温度由高温到低温，空气的湿度由低湿到

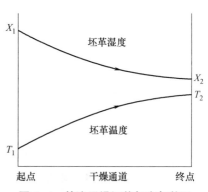

图5-4　并流干燥坯革与空气状况

高湿。由此可见，在并流干燥过程中，进口处干燥推动力大，出口处干燥推动力小。但出口处空气的温度低，热损失小。

（2）逆流干燥操作方式

逆流干燥指在皮革干燥过程中空气的流动方向与坯革运动的方向相反的干燥操作，见图 5-5。逆流干燥操作方式的特点是在湿革的进口处（即空气的出口处）湿革是低温高湿，空气也是低温高湿，而在湿革的出口处（即空气的进口处）坯革是高温低湿，空气也是高温低湿，在整个干燥过程中，推动力均匀，干燥后的皮革水分含量较低。

（3）错流干燥操作方式

错流干燥指在皮革干燥过程中空气的流动方向与皮革运动的方向相互垂直的干燥操作。错流干燥操作方式的特点是推动力大；皮革与空气的接触时间不长，故耗用的热量多；干燥器中空气流动阻力大。

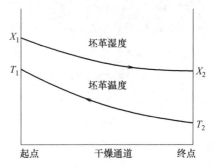

图 5-5　逆流干燥坯革与空气状况

5.1.4　皮革的干燥方法

皮革的干燥方法很多。一些方法难以明确分类。通常可以有几种分类方法：

① 按照热能传递给湿革的方式，可以分为对流干燥、传导干燥、辐射干燥、介电加热干燥、冷冻干燥以及由上述两种或两种以上方式的联合干燥。

② 按照坯革所受压强的高低，可以分为常压干燥和真空干燥。

③ 按照坯革所受力状态的不同，可以分为约束干燥和非约束干燥。

④ 按照习惯的干燥方式分类，也是常用的分类，是将①~③混合，并加入操作、设备名称。本节按④分类的方法进行叙述。

5.1.4.1　挂晾干燥

挂晾干燥，又称为非约束干燥，属于对流干燥。在挂晾干燥的过程中，湿革本身可以自由收缩，挂晾干燥传热和传质都靠周围的空气。根据挂晾干燥时传热和传质控制方式的不同，又可分为自然挂晾、烘道/烘房挂晾干燥以及热泵干燥 3 种方法。

挂晾干燥就是将湿革挂于竹竿、木杆或夹着在固定于金属框架上的铁丝的干燥方法。其优点是：坯革手感较好，柔软丰满度好。缺点是：粒面较粗，坯革收缩较大，皮革伸长率较大。它特别适合于手套革、服装革、软面革等软革的干燥。

（1）自然挂晾

将湿革挂于四面通风的晾棚或室内，不采取强制加热或对流措施，单纯依靠空气的对流使湿革缓慢干燥。该方法的干燥速度随天气的变化而变化，最终革中的平衡水分完全取决于当时空气的相对湿度。此法的优点是：节约能源；可避免皮革的严重收缩和变硬；成革后柔软丰满度好。缺点是：劳动强度大；生产周期受天气变化的影响大；皮革批与批之间的干燥程度难以达到一致。为了节省空间，企业利用干燥类悬挂传送机在较低的位置将湿革挂好后传送到车间上空干燥，悬挂机在车间内循环一圈，缓慢传回起始位置处收取已干燥好的坯革，换下一批湿革，据此循环干燥。在传送的过程中可以添加烘箱，以加快干燥，见图5-6。

(a) 普通型　　　　　　　(b) 带烘箱型

图5-6　车间挂晾干燥方法

（2）烘道/烘房挂晾干燥

将湿革挂于烘道或烘房内，向其中通入热量（蒸汽或热空气）来加热湿革，湿革中水分吸热后汽化从革面逸出进入空气，达到干燥皮革的目的。在烘道或干燥室内，用轴流风扇促进空气对流，改善干燥室内温度和湿度的均匀性，用排风扇将从湿革上吸潮后的湿空气排走，以降低空气的相对湿度。此方法通过调节干燥介质（空气）的温度、流量和流速来控制坯革的干燥速率，达到均匀干燥的目的。经干燥的革粒纹紧实，具有较好的弹性和较为舒适的手感，但要求提供热能。

（3）热泵挂晾干燥

热泵干燥法也称低温除湿干燥法，它实际上是以空气为干燥介质的对流干燥。特点是湿革在密闭的干燥室内完成干燥，吸湿后的空气循环使用，不向外排放。通过风机将吸湿的空气从密闭室内抽出，利用热泵将来自干燥室内的空气除湿、加热后，再经风机送入干燥室。干燥室内的坯革吸热后水分蒸发，而干燥室内的空气温度下降、湿度增加，随后被吸入热泵装置将水分从空气中分离出来以降低空气的相对湿度，再经加热以增加温度后，重新送入干燥室供给热量、吸收湿革中蒸发出来的水分。如此循环使用空气，既减少环境污染，又降低能源消耗。

热泵干燥法是一个双循环体系，即热泵的工作（制冷剂）循环和用于干燥的介质（空气）的加热除湿循环，见图5-7。调节热泵对空气的加热和除湿程度，可控制干燥室内空气的温度和湿度，从而有效地控制皮革的干燥速度和干燥后坯革的水分含量。

热泵干燥的特点：

① 节能。与一般对流干燥装置相比，热泵干燥法每汽化1kg革中的水分的能耗仅为一般对流干燥方法的1/5～1/3。

② 干燥速度快。干燥底革可由一般对流干燥的3～7d缩短到1～2d；干燥面革可由一般对流干燥方法的1～2d缩短到3～4h。

③ 干燥条件稳定。皮革热泵干燥装置系封闭系统，干燥介质的温度、湿度及空气流速等条件完全自动控制，不受外界影响。

④ 坯革干燥均匀。干燥过程中，皮革的水分含量可以控制，革的各个部位都能实现均匀干燥，干燥终了时，坯革的水分均匀。

以上 3 种挂晾干燥方法，都属于对流干燥。对流干燥的原理是携带热量的

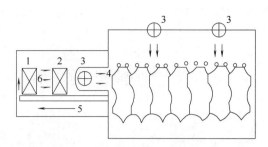

1—蒸发器；2—冷凝器；3—风机；4—热干空气；
5—冷湿空气；6—冷干空气。

图 5-7　热泵干燥及原理

干燥介质将热能以对流的方式传递给湿革的表面，湿革获得热量且革内的水分汽化，水蒸气自皮革表面扩散到热空气主体中，又将汽化后逸出的水蒸气带走，使湿革得以干燥。

热泵挂晾干燥的工作特征：

① 干燥介质（空气）的状态与特性，如空气的湿度、温度以及流动速度等。

② 皮革的状态与特性，例如皮革的初始水分含量、温度、厚度以及革内所含吸湿性物质的量等。

③ 干燥介质（空气）与皮革接触方式。

热泵挂晾干燥控制参数：干燥介质（空气）的相对湿度、温度、流速，以及坯革与空气的接触方式是坯革干燥需要控制的关键。

5.1.4.2　钉板干燥

钉板干燥是传统的干燥方法之一。由于干燥过程中坯革无法收缩面积，干燥后延伸性小，且纵横向延伸均匀。

钉板干燥的工作特征：

① 将湿坯革平铺于大木板上，然后沿坯革的边缘，用铁钉将革拉伸、绷紧后钉于木板上以固定。

② 钉板的顺序一般是先定位四肢部，再钉腹肷部。

③ 钉板完毕，可以晾晒或进烘房干燥。

④ 完成干燥后，拔去钉子，修去钉孔。

此法的优点是革身平整、延伸性小。缺点是手工操作，劳动强度大，工作效率低，因修边失去一些革边面积。

钉板干燥控制参数：绷紧力、坯革硬度、钉子间距。

5.1.4.3　绷板干燥

绷板干燥实际上是在钉板干燥的基础上发展起来的，二者原理基本相同。绷板干

燥是将坯革的四周用专用夹子手工夹住后绷开固定于金属框架上，然后通过之间横向撑开一定的距离（或纵横同时伸开），再送入专门的烘道或烘室内进行干燥的方法。根据绷板干燥所采用设备的不同，可将其分为箱式（或柜式）绷板干燥、旋转式绷板干燥和链式（通过式）绷板干燥，见图5-8。

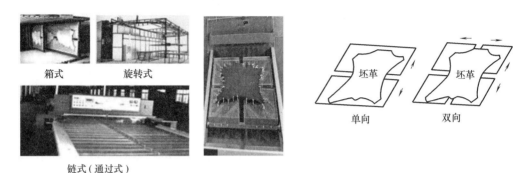

箱式　　　　旋转式

链式（通过式）

单向　　　　双向

图5-8　绷板机及操作原理

绷板干燥的工作特征：

① 箱式（或框式）绷板干燥是将坯革绷开在金属绷板上后，推入箱式烘室中干燥，再拉出第二块金属绷皮板，将坯革绷开在金属绷皮板上后，推入箱式烘室中干燥……如此循环往复，达到坯革生产任务。

② 旋转式绷板干燥与箱式（或框式）绷板干燥的原理相同，坯革是手工绷板，金属绷板可以机械化出入烘室。

③ 链式（通过式）绷板干燥是将单个的绷板连起来组成一条环形传送带。先将坯革借助人力绷开，并夹挂在绷皮板上，在传送链运行的过程中，每块绷皮板可以按要求向轨道两边伸张，皮革进一步受到绷伸以增大得革率。绷皮板的移动范围可根据要求在设定范围内调节，绷皮板带着坯革绕绷板机循环的轨道上向前移动，待链板运动到接近操作台的位置，两块绷皮板之间的间隙恢复到伸张前的距离，为取下已干燥的坯革和下一次绷皮做好准备。

由于坯革是非均质的延弹物兼塑性的材料，无论哪种方式绷板，用夹子手工绷张在坯革外边，无法使整张面积上均匀受力，导致中心部位、紧实部位受力较小；拉力方向受力大，未在拉力线部位受力小甚至不受力。由此可见，绷板操作是一种非均匀施力操作。

皮革的得革率和柔软度受干燥方法的影响很大。采用绷板干燥可提高得革率，特别是链式（通过式）绷板干燥能够在干燥的过程中进一步绷伸坯革，但绷板干燥易导致皮革变硬。绷板时的拉伸导致皮革厚度减小，硬度增大。高拉伸的皮革比未拉伸的皮革的纤维具有更高的取向性，这种高度取向使纤维主要是在一个方向排列，从而皮革具有更大的刚性。

绷板干燥的控制参数：绷紧力、干燥温度、时间、夹子间距。

5.1.4.4　贴板干燥

贴板干燥又称铝板干燥或热板干燥，属于传导干燥方式。贴板干燥是由铝板（或钢板）、水浴槽和供热管线三部分组成。水浴槽为长方形或半圆形，工作时，将槽内盛一定量的水，通入蒸汽加热水浴以不断提供干燥的热量，见图 5-9。

贴板干燥法也属接触法干燥，将革直接贴在加热的金属板上，热金属板通过热传导的方法给革及其中水分足够的热量使水分汽化，产生的蒸汽由周围介质（空气）吸收和排走。

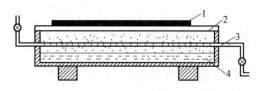

1—坯革；2—铝板；3—多孔蒸汽管；4—热水。

图 5-9　贴板干燥（传导干燥）器

贴板干燥给皮革传递热量的方式不仅有自传导，还有对流。坯革表面的温度低于壁面温度，介于空气的干湿球温度之间，如果壁面温度进一步提高，那么由导热传递的热量越来越多，相应地对流传递的热量越来越少，坯革表面温度也就不断升高，当导热量多到足以使皮革表面温度等于干球温度时，空气的对流供热量为零，这时干燥的供热才是纯粹的接触供热。

贴板干燥是将湿革铺放在加热平板上，革呈自由状态，用刮板将湿革推平，这样可以减少由于失去水分而使革面收缩，同时革纤维也不会因张力而致折断，当革中水分干燥到 40%~45% 时收缩开始加剧。

贴板干燥的工作特征：将湿坯革平铺在铝板上，以钝口刮刀将湿坯革推开，推平展，除去部分自由水分，并尽量将坯革平展。铝板的温度一般控制在 70~90℃，过高将会导致表面变性、硬化。干燥时间的长短可根据铝板的表面温度、坯革的状态及终点水分含量的要求来确定。

贴板干燥时应注意的事项：

① 坯革不可过干，否则坯革在铝板上贴不紧，影响坯革的平整度和干燥的均匀程度。若遇到湿坯革过干时，应用热水浸湿后再贴板。

② 坯革必须紧贴铝板，革身应尽量推平，尤其是腹肷部位。

③ 严格控制干燥终点坯革的水分含量。干燥过急或过干，都会导致坯革身骨板硬。贴板干燥终点的水分含量一般为 30%~40%。

贴板干燥控制参数：干燥时间、加热表面的温度、坯革贴面力。

5.1.4.5　真空干燥

随着降低生产成本、缩短生产周期要求的提出，要求在保证成革质量的前提下，干燥过程更快，能耗更低，这也正是真空干燥在制革工业上得到了广泛应用的原因。

真空干燥属于传导供热法干燥的一种，是在负压下的接触法干燥。只需要较小的干燥空间。湿革中水分的汽化以蒸发和沸腾两种形式进行，而沸腾汽化的速度比蒸发汽化的速度快得多。水分以蒸发的形式汽化可以在任何温度下进行，而水分以沸腾式汽化却只能在沸点的温度下进行。液体的沸点与压力有关，压力不同，液体的沸点也不同。压力越大则沸点越高，压力越小则沸点越低。水在常压下的沸点是100℃，在常压下对湿革中的水供给出足够的热量使其温度达到沸点100℃，水分沸腾变成蒸汽。用这种方法来干燥皮革，显然是行不通的。因为水的沸点100℃接近甚至超过了革的收缩温度，在这样高的温度下干燥皮革，不仅会导致革的收缩、变硬，还会损伤革纤维，破坏革的组织结构。

在实施真空干燥操作时，操作者将湿革平铺在加热面板上，通过以蒸汽对加热面板加热。将移动罩盖盖在加热面板上，形成一个密闭的干燥室，对这密闭干燥室内抽真空，造成干燥室内的负压状态，使湿革周围的气压降低。这样，湿革中的水分就可以在较低的温度下沸腾汽化。表5-1列出了真空度与水的相应沸点的关系。

同时，抽真空这一操作还可以把已经汽化的蒸汽快速而大量地排除，使革的内层和外层之间、革的表面及其周围的介质（极少量的空气和蒸汽）之间始终保持较大的湿度梯度，这就更加快了湿革中水分移动的速度，从而达到快速干燥的目的。

表 5-1			真空度相应水的沸点				
真空度×10^5/Pa	0	0.34	0.48	0.57	0.68	0.74	0.78
水的沸点/℃	100	89	82	78	71	67	62
真空度×10^5/Pa	0.84	0.87	0.91	0.93	0.97	0.98	0.99
水的沸点/℃	56	51	44	38	21	11	0

真空干燥机一般由机架、真空干燥箱、加热供水系统、气动驱动系统、真空抽气和冷凝系统、电器控制和供电系统等组成，其核心部分为真空干燥箱，它包括罩盖、加热面板及其加热箱。21世纪起，相对于"高温"真空后，低温真空被开发。利用温度与压力的关系，在较低的温度下用于制革干燥。根据真空度越高，沸点越低，湿革中的水分就越容易汽化，干燥速率就越高。

从水的沸点而言，表5-1表达了可以采用不同的真空度来达到不同的沸点，这无疑可满足坯革干燥要求。低温干燥可以节省能量，只是对设备精度要求较高，价格昂贵。早期的真空干燥机大多采用水环真空泵抽取真空，台板加热腔温度一般在60℃以上。配置罗茨泵的油环真空系统台板加热腔温度可降至45℃左右进行干燥。随着制革行业的发展，低温真空干燥的应用量大增。在较高温度下干燥的革与较低温度下干燥的革相比，更多的纤维束压缩在一起，不能自由移动，使皮革变硬。此外，低温真空干燥过程中，只有水分蒸发，而加脂剂及染料不易流失，皮革不会收缩，并保持厚度不变，得革率高。

迄今为止，国内常用单板和多板真空干燥机，见图5-10。其中，与单板真空干燥机相比，多板真空干燥机具有节能、高效的优点。

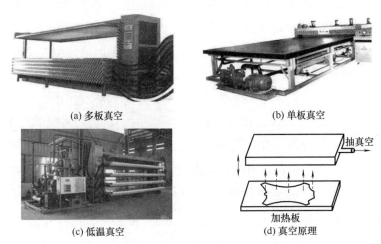

(a) 多板真空　　　　　　　　　　　(b) 单板真空

(c) 低温真空　　　　　　　　　　　(d) 真空原理

抽真空

加热板

图 5-10　真空干燥机及工作原理

（1）真空干燥的工作特征

干燥操作前，根据工艺要求，调定温度、上下真空度的参数以及干燥时间。操作时，将坯革粒面朝向钢板，然后用刮刀使革身平展，并修剪四肢及腹肷易压成死折的部位。移动罩盖盖在加热面板上，抽真空。根据真空干燥工作原理，需要注意坯革状态、成革要求，确定操作方法。

坯革的状态与负压下水分失去过程相关。坯革的水分含量：

① 根据前述坯革干燥过程的变化规律，坯革的初始水分含量对干燥速率的影响不大，革身面积变化小。

② 鉴于真空干燥受到纵向压力，横向收缩会在一定程度上受到阻止。与挂晾干燥对比，真空干燥中坯革的收缩慢并减少，可以认为真空干燥是半约束干燥。

③ 真空干燥至水分含量在 25%～30% 时开始急剧收缩，水分含量约为 12% 时，坯革有管皱现象，出现血管痕。

④ 相同含水时，温度越高，真空度越高，血管痕就越多。

⑤ 高温真空干燥到水分含量为 35%～40% 时，对最终所得的皮革手感柔软无明显影响。

⑥ 当坯革干燥到水分含量低于 25% 时，坯革会出现热损伤，得革率也大大降低。

坯革的形态特质：坯革的厚度与革种与真空干燥的速度有很大关联。相同革种厚度影响较大，薄革干燥快；疏松结构的坯革干燥快；保水材料使用多，坯革干燥慢。因此，成革的质量要求决定是否进行真空干燥或真空干燥的程度。真空干燥主要通过干燥定型为平整细致革身为目的。按照成革要求，鞋面革、箱包革以及加强革身平挺的绵羊服装革等可以采用真空干燥的方法。

（2）真空干燥的参数控制

真空干燥的工艺参数主要包括加热接触表面的温度、真空时间和真空度。

① 加热面板的温度直接影响成革的质量、干燥速率（干燥时间）。加热面板温度越高，则干燥速率越高，坯革所需干燥时间就越短。加热面板的湿度由60℃升到90℃时，真空干燥的时间约缩短一半。但是由于温度的升高，往往造成革的面积收缩率增大、伸长率减小。当加热面板的温度小于90℃时，革的收缩变化不大。

② 真空的时间与水分去除。在温度、压力确定后，真空的时间成为重要的控制因素。企业在固定生产某种革（牛皮、羊皮等）时，往往坯革厚度、调整柔软度及干燥程度需要随生产批变化。由此，时间则成为调整的参数。

③ 真空度是水分去除的必要条件。提高或稳定真空度关键在于设备状况，防止空气泄漏是操作前必须检查的。干燥过程中的真空度越高，沸点越低，湿革中的水分就越容易汽化，干燥速率就越高。

5.1.4.6 红外线干燥

红外线一般是指波长为 0.75~1000.00μm 的电磁波。红外线又可分为近红外、中红外和远红外 3 种。划分这 3 种红外线的标准并不统一，一般将波长为 0.75~1.50μm 的称为近红外，1.5~5.6μm 称为中红外，5.6~1000.0μm 称为远红外。远红外线干燥是一种利用红外线照射皮革，当红外线的发射频率和皮革中水分子运动的固有频率一致时，就会使皮革内水分子的运动加剧，温度升高、汽化，从而实现了皮革的干燥。红外线干燥属于辐射干燥方式。在电磁波光谱中，有实际意义的热辐射波长位于 0.36~100.00μm，见图 5-11。

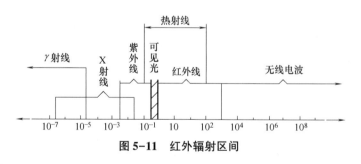

图 5-11　红外辐射区间

坯革表面的水分不断蒸发而吸收热，使坯革表面的温度降低，造成坯革内部温度比表面温度高形成温度梯度。坯革的热扩散方向是由坯革内部指向皮革表面的。

红外干燥的工作特征：

① 干燥速度快。利用远红外线干燥器干燥皮革的速度比较快，采用红外线干燥时，其辐射能的传递是直接的，不需通过任何中间介质，避免了热损失。

② 干燥质量好。由于皮革表层及其表层以下的内层同时吸收远红外线，所以干燥较均匀，干燥后革的物理性能较好。

③ 传热效率高。远红外线干燥与其他辐射干燥、介电干燥相比，耗能较少。仅为近红外线干燥的 50%，比高频干燥节电 30%~50%。若选用辐射能量大的辐射器能量消耗比对流法干燥还要少。

红外干燥的参数控制：干燥器发射的频率及功率。

5.1.4.7 高频干燥

高频干燥时，采用的频率为 2~20MHz 的电磁波。将坯革置于两块电容极板之间，电容极板同交变电源连通，电容极板间产生电压交替变化的高频电场（即电容极板的极性和极板间电场方向都交替变化）。这时，在成为介电质的坯革的水分子中，正电荷与负电荷中心的位置随电场方向而改变，分子发生骚动、分子间产生摩擦而发热，从而使坯革中的水分得到足够的热量而汽化，再由空气将蒸汽带走，达到坯革干燥的目的。由于电源是高频变化，简称高频干燥法，见图 5-12。

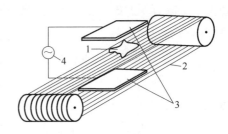

1—坯革；2—传送带；3—电容
极板；4—交流电源。

图 5-12　高频电流干燥机工作示意

高频干燥的工作特征：

① 干燥速度快。由于高频干燥是由电能转换为热能，高频电场与坯革之间不需要任何中间媒介，因而在被干燥的坯革通电的瞬间便产生热量，达到快速干燥的目的。

② 干燥均匀，革质量好。高频干燥对坯革有穿透作用，能够使处在高频电场作用下的坯革各部分同时被加热，坯革内外同时升温而得到均匀干燥。干燥后的坯革革身柔软、丰满，不会出现传导干燥中表面过热而内部欠热的现象。

③ 操作简便、控温容易，易实现自动化。

④ 高频干燥耗电量大，汽化 1kg 水约需 8kW·h 电能。所以一般推荐将高频干燥与其他干燥方法联合使用。

高频干燥的参数控制：干燥器发射的频率及功率。

5.1.4.8 微波干燥

微波是一种更高频率的电磁波，频率为 300MHz~300GHz。该频率与水分子共振频率相同。微波加热干燥原理与高频干燥基本上相同。当微波辐射到物质上时，一部分反射，一部分被物质吸收，还有一部分则穿透物质继续传播，因而微波加热干燥具有选择性，只有吸收微波能的物质才能采用微波加热干燥。液体、含水和脂肪性的一些物质都在不同程度上吸收微波能；当微波遇到金属时被反射，因此不能加热金属；某些物质（如玻璃、云母、陶瓷等）微波能透过去，因此也不能加热这些物质。坯革是含有水分和脂肪的物质，故能采用微波加热干燥。

将坯革铺放于传送带上，送到由高频电源连接的微波发生器下，由于微波场存在高频交替变化的电磁波振动，坯革中的水分子发生分子极化，被激励起来跟随微波场的交替变化而振动，从而相互间"激烈"地摩擦而生热，水分子获得足够的能量后汽化，由周围的空气带走蒸汽而达到坯革干燥的目的，见图 5-13。

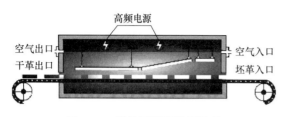

图 5-13 微波干燥器运行原理

微波干燥的工作特征：

① 干燥时间短，速度快。由于微波具有高频辐射能，能够深入坯革的内部，而不是只靠坯革自身的热传导，所以干燥时间短，速度快。

② 干燥质量好。从本质上讲，微波加热是分子加热，被加热物质本身就是一个热发生器，它的表面和内部同时产生热量，因而使得皮革干燥的强度均匀，而且在加热过程中还具有自动平衡的性能，因此不会造成皮革表面硬化的缺陷。

③ 微波加热器对干燥物料有选择性，给推广应用和成批生产带来了一定困难。同时由于微波装置价格较高，元件易损，使用时需预防微波渗漏等问题，故目前微波干燥在皮革生产中还很少应用。

思考题：

（1）使水蒸发的方式有哪些？

（2）列举两种干燥方法的优缺点。

5.1.5 坯革在干燥中的变化

经过挤水后，成革的水分在 40%～50%。从表面上看，坯革的干燥过程就是一个除去多余水分的过程。事实上，坯革的干燥过程，不仅是由坯革失去多余水分转变成为干革的过程，也是坯革物理化学性质及组织结构确定的过程。

5.1.5.1 干燥坯革的收缩

皮革的尺寸是随其水分含量的变化而变化的，即皮革的长度、宽度、厚度对干燥和润湿特别敏感。皮革是一种具有三维立体网状结构的多孔物料，其多孔结构可以想象是由许许多多的腔体（毛细管或纤维间隙）构成的。每一个腔体就是皮革的一个组织单元。对于湿革来说，每个腔体里都存在一定量的内溶物，内溶物的组分一般是水、鞣剂、油脂、染料以及其他化学物质等。未经干燥的湿革，由于其每一腔体都被内溶物所充满，从而表现出类似于充气气球一样的结构刚性。在干燥过程中，充满内溶物的腔体失去水分，使腔体因收缩而变小，从而使整个坯革的面积收缩。水分除去的多，面积收缩就越大。另外，当革纤维之间的距离达到足够近时，就会产生内聚力。随着干燥过程的进行，腔体内的水分不断被除去，使革纤维之间的距离不断靠近，皮革纤维之间随着水分的减少而使相互之间的接触面积增加，从而使内聚力增加。内聚力越大，则皮革的收缩也越大。影响皮革收缩的因素主要有 3 个方面。

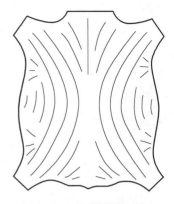

（1）坯革的线收缩

坯革的纤维束纹路的特征导致 3 个方向干燥收缩不同。从纵横向看，坯革各部位的纤维束的纹路有一定规律，相应的毛细管方向也是如此，见图 5-14。当横着或顺（纵向或横向）着毛细纹路时，将有不同的线收缩。因此，自由情况下，坯革在厚度方向上的收缩大大地超过纵向（顺脊背线）和横向的收缩。平均计，坯革的线性收缩在其厚度方向上往往是长度方向

图 5-14　坯革纤维纹路

的若干倍。正如铬盐坯革鞣制纤维束干燥后纵向约收缩 10%，则直径约 50%。由于编织角差别，也有坯革厚度的收缩不明显。

（2）坯革的水分含量

坯革的面积随着水分的除去而不均衡地减小。在干燥过程中，革的收缩程度取决于革中的水分含量，但这种收缩与水分关系是非线性的，见图 5-15。干燥初期（如线段 AB 所示）的较短时间内，坯革的面积收缩最为强烈。实验研究表明，AB 段的收缩主要是由于干燥前对坯革进行平展工艺操作。如果平展后堆置了很长一段时间才进行干燥，则曲线上就不存在 AB 这一线段。线段 BC 反映出从革中除去的水分量与坯革的收缩之间呈线性关系。这一段内革中失去的是吸附水分与毛细管水分。可以证明，坯革中吸附水分含量的变化，对革的收缩影响小。随着干燥过程的进行，坯革中毛细管水分逐渐被除去，革纤维必生黏结，造成坯革的体积缩小，从而使坯革的

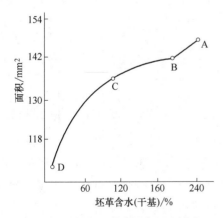

图 5-15　铬鞣面革含水与面积变化

面积和厚度减小。毛细管水分除去的速度越快，则黏结程度越严重，坯革的收缩也就越大。曲线上的线段 CD 具有抛物线特性，表示在除去与皮革结合比较牢固的水分时，革的面积急剧减小。

（3）收缩应力

毛细管收缩力随表面张力的增加而增加。坯革经干燥除去水分后而发生收缩时的作用力，称为收缩应力。其大小与毛细管压力和分子间作用力的大小有关。

在干燥过程中，水分气化区总是由坯革表面向皮革的中心移动。在此情况下，水分首先在大细孔中气化，然后在毛细管从细孔凹形面气化（在毛细管壁全部润湿时）。由于这样的表面折曲，毛细管中的水处在小于大气压力之下，而毛细管壁经受相应的外部压力，见图5-16。由拉普拉斯定律可知，毛细压力值 P 与液体表面张力 σ 成正比，而与毛细管半径 r 成反比，即：

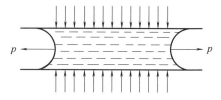

图 5-16　坯革的毛细管收缩受力示意

$$P=\frac{2\sigma}{r} \tag{5-4}$$

毛细压力随表面张力的增加和毛细管半径的减小而增加。最细的毛细管壁受压特别大，承受的压力可以达到30MPa。除去水分时，由于毛细压力的作用，使得革组织中产生毛细收缩现象，并导致坯革收缩。收缩一直继续到毛细管壁具有足够的硬度并能对抗毛细压力的作用时为止。当坯革的组织结构单元在毛细压力的作用下逐渐接近，彼此之间建立接触点并黏合在一起时，皮革的尺寸就急剧缩小。根据上述理论，干燥过程中，不约束的皮革内产生的收缩应力 σ_t 为：

$$\sigma_t=\sigma_1+\sigma_2+\sigma_3+\sigma_4 \tag{5-5}$$

式中　σ_t——收缩应力；

　　　σ_1——全部充水的皮革中的应力，即液体表面张力；

　　　σ_2——毛细管收缩应力；

　　　σ_3——自黏力的应力；

　　　σ_4——皮革组织的弹性反抗应力。

显然，收缩应力包括液体表面张力、毛细管收缩应力、以自黏力的应力及坯革组织的弹性反抗应力等。这些应力对坯革收缩的影响是各不相同的，而且每一个应力所起的作用表现在不同的干燥期。实验证明，对于完全充水的坯革来说，由毛细管中的液体表面张力所引起的应力一般是不大的，而且它所起的作用会很快结束。当毛细管水分除去时，坯革组织阻止收缩的弹性反抗应力的影响也逐渐表现出来。及至某一瞬间，各种作用达到平衡状态。到了干燥后期，随着水分的除去，坯革组织单元之间发生黏合，这种黏合在很大程度上能固定坯革组织的应变，增加其中产生的收缩应力。

（4）干燥条件

干燥条件对革的收缩有很大影响。干燥速度越快，即温度越高，空气的相对湿度越低，则去除的毛细管水分多，革的收缩就越大。

（5）鞣剂的种类

使用不同鞣剂鞣成的革，其收缩率不同。例如在自由状态下进行第一次干燥时，铬鞣革的面积收缩往往达到原始值的30%以上，铬-植结合鞣革（在软革生产中）的面积收缩为 10% ~ 11% ；而植鞣革的面积收缩一般不超过 6% 。这种鞣剂鞣制后坯革的干燥收缩程度是鞣剂用量及其固定纤维能力的综合表达。

（6）干燥前处理

在皮革干燥前，用加脂剂和表面活性剂处理坯革，减小或增大坯革在干燥中的收缩应力与材料的亲水性与吸收量相关。坯革经过加脂剂或表面活性剂处理后，加入坯革的脂类物质凝聚在皮革的组织单元上，使皮革的组织单元彼此分离，可以防止其干燥时彼此黏合；同铬配合物相遇不易生成牢固的交联键，降低收缩应力。

5.1.5.2　坯革表面的硬化

所谓坯革表面的硬化，是指坯革在干燥过程中出现的表面收缩变硬的现象，用手触摸皮革时感觉革身发硬、干枯，手感缺乏丰满性、柔软性和弹性。造成皮革表面硬化的主要原因是坯革表面疏松，当干燥过于强烈，水分气化很快，坯革内部的水分来不及迁移到表面时，致使皮革表面收缩黏结，形成一层干硬的膜，导致表面通透性变差，干燥速度急剧下降，进一步干燥发生困难。

正常的表面收缩可以通过做软恢复，成为"暂时硬化"。严重的表面硬化使纤维疏松不再复原，造成成革粒面紧实，成了"永久硬化"。随着后期做软，产生不连续折痕，形成松面或崩裂强度下降。

各部位表面收缩存在差别，干燥过快或表面填充不足，结果发生整张革的翘曲或粒面朝内的卷边。

表面的硬化对革身柔软及弹性影响较大。坯革表面硬化后对革身柔软性及弹性影响较大，见图 5-17。但两种感官又是矛盾的，需要在干燥中获得平衡。

5.1.5.3　坯革纤维的构型稳定增强

亲水结合的增加使坯革结构更稳定。在湿革的自由水分中含有一定浓度的以溶液状态存在的各种材料，如鞣质、油脂、盐、染料以及其他化学助剂等。在皮革干燥过程中，这些物质一部分随着水分的蒸发向外扩散而迁出表面，一部分会随着水分的蒸发在革内逐步被析出、

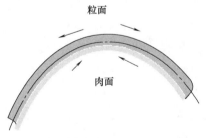

图 5-17　弹性与柔软平衡

固定。然而随着干燥进行，坯革内水分减少，坯革的亲水性降低、亲油性上升。化学助剂出现重新分布，尤其在加热状态下，这种分布的时间随干燥速度的加快而减少。这种亲疏性的转变，最终形成了革的柔软与丰满的感官。

在干燥过程中，坯革纤维间各种材料结合增加，包括疏水键也因革内亲水性下降而增加。如胶原侧链上的极性基与鞣质会继续发生作用，使鞣质产生补充结合；植物多酚因坯革脱水，亲油性增加，与胶原形成疏水键产生补充结合等。实验测定表明，

干燥后的植鞣革的鞣制系数提高 10%~20%。干燥过程中加入革中的油脂乳液进一步破乳，中性组分油脂在革内的分布更加均匀，对革纤维的润滑进一步增强。因此，干燥过程是完成坯革的组织单元的最后稳固过程，是铬鞣革的组织完成构型确定的过程。亲疏水的结合给坯革热稳定性大大提高，干态下铬鞣坯革的收缩稳定可以超过 200℃。

5.1.6 组合干燥处理

组合干燥是解决皮革感官质量的重要方式。由含水≥70% 的坯革一次性干燥至含水 14%~18% 确定坯革组织构型，如果再经过压力、熨烫等操作，无论加脂多少，干燥快慢都会出现或多或少不可控制或无法恢复的不良结果。生产上为了解决这一不可预测的现象，往往采取"组合干燥"处理。"组合干燥"目的是通过不同的干燥方式除去坯革的水分。生产实践中，根据成革需要及含水坯革特征又分为"阶段性组合干燥"与"重复性组合干燥"两种方式。"阶段性组合干燥"是指在坯革没有"终端"干燥下或没有完全硬化前进行适当做软或平整操作，或者说在皮革内完成化学结合或物理黏结前进行预处理，使坯革按照要求完成纤维定型。"阶段性组合干燥"工艺流程为：部分干燥—做软与平整—完全干燥。实际操作如：挤水—挂晾干燥—拉软/伸展—绷板干燥……这种工艺往往用于平整要求好的皮革制品。"重复性组合干燥"是指湿坯革进行一次性干燥，完成化学必要的组织定型，然后再次润湿，通过做软或平整操作解除不必要的结合，重新完成定型，最终进行"终端"干燥。"重复性组合干燥"工艺流程为：完全干燥—回湿—做软与平整—完全干燥。实际操作如：挂晾干燥/湿绷板干燥—回潮—拉软/捶软—绷板干燥……这种工艺更适合于柔软度要求高的皮革制品。

思考题：

(1) 干燥的缺陷分析。

(2) 干燥方案确定后，是否通过湿态整理进行调节？

(3) 一次干燥水分过低会出现什么症状？

(4) 干燥后表面色调变浅，可能由哪些因素引起？

(5) 如何减小干燥过程中毛细收缩？

(6) 生产上采用组合干燥的目的是什么？

5.2 坯革的干态整理

湿革经过干燥，虽然水分含量可以达到成革的要求，但是仅采用干燥成革的理化性能和感官特征仍然不符合成革的要求；或者单独进行一次性干燥难以获得满意的感官效果。如前所述，在干燥期间或干燥终端进行整理加工是必要的。

坯革干态整理操作是整个坯革整理中的一部分，多为机器操作，也有少量的手工操作。通过干态整理不仅可以改变皮革的外观，更重要的是通过加工处理，获得理想的坯革组织构象，表达出坯革前加工中应有的内在和外观特征，为坯革最终成品（非涂饰）或良好涂饰作准备。

制革从手工业到机械化大生产，与制革发展史比较，皮革机械化操作的历史较短。机械设备的专业化生产也只有近 100 年。之前，制革从史前至 17 世纪初，工匠们使用一定形态的工具将动物皮转变为衣服和鞋革。这种工业化以前的制革文化是：工匠们运用一些低技术含量的工艺完成工艺过程，师傅用实际操作获得的经验传授给徒弟技艺，如用刀在板上去肉、削匀，在桌板上进行手工涂饰操作。随着制革厂皮源较多，生产增加，专业化程度和进步的企业精神与产能落后的现象产生了矛盾，由手工工具转变为机械化操作，并减少劳动力的趋势成为必然。

工业机械化发展促进了工业的变革，领先制革机械 100 多年，也是如今皮革工业技术水平滞后于其他行业技术水平的时间与原因。最早发明的是刀轴类机械，1860 年发明的带刀剖层机开始使用，至今持续了 160 多年。直到 20 世纪，英国、德国和法国一直占有着转鼓、刀轴类机器、干燥和涂饰设备的主导地位。20 世纪中叶起，通过电力驱动、液压驱动、带链变速、齿轮变速，计时卡控制、程序化控制等发展，发明了通过式挤水机、真空干燥机、振荡拉软机、电子测量仪、颜料节省器等。计算机数字化控制将传统手工与现代化操作相结合。节省劳力、减少工时、降低成本、稳定质量，直接影响了制革的生产规模及现代化理念。

根据时间顺序，制革机械的规模化进展经历了 1850 年前的转鼓、1860 年后的带刀剖层机；1900 年后的铲软机、旋转测量仪、液压熨平机、往复式滚压机、辊式去肉机、臂式拉软机、削匀机、联合测量仪、辊式伸展机等；1950 年后的液压机、真空干燥机、电子测量设备、通过式滚压机等；2000 年后的自动控制转鼓、振荡拉软、辊涂机等；2000 年后的流水线生产机械产生。迄今为止，机械操作已经成为制革过程中必不可少，且起着举足轻重的作用。尤其在坯革的干整理过程中，机械操作最为密集。

皮革干态整理是制革过程中对坯革进行一系列手工操作和机械操作的总称，是制革过程中决定成革的外观质量及其综合性能的重要加工过程。皮革整理的工艺操作包括：挤水、平展、拉软、铲软、刮软、震荡拉软、转鼓摔软、磨革、打光、熨平、压花、抛光、净面、修边、起绒、搓纹等。

整理操作或是为下道工序做准备，或是直接为成革最终品质的定型。这种最终品质包括成革的感官特征及物理力学性能。例如挤水、净面等工序是为下一道工序做准备；磨革是为平展操作做准备；拉软、摔软以及转鼓摔软等操作可提高成革的柔软度，通常将这些操作统称为做软操作；真空、熨平操作可使皮革平整、粒面细致、革身紧实。

皮革整理是技术和艺术的结合，不同的整理操作具有不同的功能。其结果直接关系到成革的内在及外观质量。

皮革整理工艺设计和工序的设置，一般应根据工厂设备状况、坯革的种类、成革的要求来确定。

有些品种的整理工序多、要求高、操作烦琐，而有些品种的整理操作却很简单。即使是同一品种，不同厂家的整理工艺也不尽相同。

实践证明，在皮革整理过程中，既要根据生产实际制定科学、经济、合理的工艺规程，又要按照坯革状态进行精心操作，只有"看坯做坯"，才能达到预期效果。

5.2.1 皮革干态整理的需求

正常的成革要求含水分 14%~16%，而湿操作完成后坯革含水 80%多。从湿态至干革随着水分失去，坯革发生了内部结构及外部形态的变化。未经整理的失水坯革，革身翘曲不平，面积收缩，粒面较为粗糙，手感僵硬，不能满足用户的需要，通过合理的一系列整理操作，可以打开黏结的革纤维，使之易于相对滑动，获得符合成品的质量要求。虽然每个加工工序的作用可以不同，但干态整理的最终目标是向着成革的要求的目的进行。因此，综合坯革的干态整理工序，可以对各种成革的物理共性目的进行表达：

（1）改善成革的手感与外观

达到柔软、丰满、有弹性；革身平整、粒面细致或粒纹均匀、革里洁净，无操作伤。不同品种的皮革各有所侧重，例如服装革要求以柔软为主，丰满和弹性应兼而有之；鞋面革则以丰满为主，柔软和弹性应兼而有之。

（2）均化成革的物理力学性能

达到均匀的延伸、抗张、崩裂等物理力学性能。由于原料组织无法均匀，物理化学处理及材料吸收难以均匀。可以通过机械拉伸、热压的力量进行处理，获得完整张幅上的物性均匀、增加得革率。

5.2.2 做软整理的方法

做软操作的目的：利用机器或工具对坯革反复施以弯曲和拉伸作用，打开革纤维之间的黏结，松散革纤维，消除革纤维之间的内应力，使革柔软，从而消除因干燥而造成的板硬和翘曲。

5.2.2.1 刮软拉软

刮软拉软是轻革整理中使坯革纤维松散的工艺操作之一。制革厂通常使用平台臂式刮软机（又称虎口式拉软机）或立式拉软机来进行拉软操作，见图 5-18。

拉软时革的弯曲角 β 越大，则革内纤维的变形也越大，做软后的革就越柔和、松

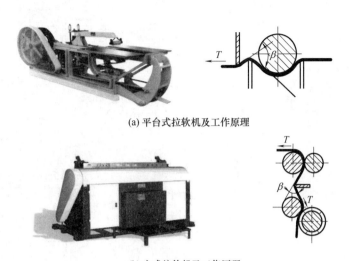

(a) 平台式拉软机及工作原理

(b) 立式拉软机及工作原理

图 5-18　两种刮软机

软；拉力 T 越大，对革的拉伸作用就越强烈，同时也会促进革内纤维的弯曲变形。因而做软后革纤维越松散，延伸性越小，面积增加。

刮软机工作特征：采用刮拉做软前，应根据革的纤维组织的紧密程度和坯革需要做软的程度来控制刮辊和刮刀的咬合深度。相对于立式拉软机而言，臂式刮软机的突出优点是可以根据坯革不同部位的具体情况进行不同程度的拉伸，例如对于较硬的部位多拉、重拉，较软的部位少拉、轻拉，从而使整张整批革的柔软程度接近一致。但臂式挂软机的最大缺点是工作口宽度很窄，一般只有 150mm，因而每次只能加工150mm 宽的坯革，每张坯革需要多次操作才能完成整张皮的做软，工作效率很低，目前已不多见，只作为整张做软加工的辅助拉软。

刮软控制参数：咬合深度、拉刮速度、拉刮次数。

5.2.2.2　振荡拉软

薄、软、大张幅和多风格是对一些成革的要求，与此相配套的加工设备得到发展，振荡拉软机是目前工厂采用最多的做软机械，加工宽度可以根据坯革进行选择，是一种宽工作面通过式松散革纤维组织的机器，生产率高，效果好，不易伤革。根据固定齿（孔）板的数量，可分为单排（头）或多排（头）振荡拉软机，振荡拉软机及上下都为齿桩板的单头振荡拉软机的工作原理见图 5-19。

振荡拉软机的上齿桩板固定在油缸活塞下端，借液压系统调节齿桩板的上下位置以改变咬合深度。每块上压力齿桩板与一套油缸连接，多排（头）振荡拉软机有两组或两组以上的齿桩与齿桩或齿桩与齿孔的配合，各组齿桩板的咬合深度可独立调节，能够实现不同程度的做软。如：实现拉伸程度由弱到强渐进式排列，三头或三头以上的振荡拉软机还可实现由弱到强，再由强到弱的渐进排列，使革得到充分的拉软且不

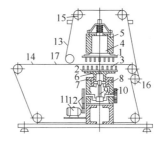

1—压力齿桩板；2—振动齿桩板；3—顶伸齿桩；4—上活塞；5—油缸；6—下活塞；
7—套筒；8—曲轴箱；9—连杆；10—曲轴；11—电机；12—皮带轮；13—上传送带；
14—下传送带；15—传动轴；16—张力轴；17—坯革。

图 5-19　振荡拉软机及工作原理

留痕迹，因此多排（头）振荡拉软机是主流产品。双头振荡拉软机及齿桩与齿孔配合的工作原理见图 5-20。

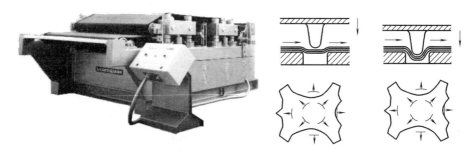

图 5-20　双头振荡拉软机工作上压力板位置示意

由于齿状板的振荡频率高，振幅可调，且机器的传送速度无级可调。振荡拉软机的做软操作是通过式，具有作用效果好、工作效率高，且革不直接受顶伸齿作用，从而不易受到损伤等优点，可制造要求轻、薄、软、宽幅的皮革。振荡拉软工序最适合于经真空干燥或绷板干燥后的铬鞣革或油性革的拉软，坯革经振荡拉软机处理后一般可达到预期的做软要求，且面积可增加 2%～6%。

（1）振荡拉软机工作特征

操作前，首先应检查坯革的水分含量，一般要求坯革的水分含量控制在 25%～30%；调节上、下压力齿桩板的啮合深度，通过压力来表示；咬合深度适宜逐渐加大以使革纤维受力由小到大成为渐进的加工方式，而不易留下加工痕迹或拉伤坯革；根据坯革的状态和半成品革的要求需调节好供料速度，供料速度越快，生产效率越高，但革承受处理的时间就越短，做软效果越差，反之，供料速度越慢，生产效率越低，但革承受处理的时间就越长，做软效果便越好。

（2）振荡拉软控制参数

振荡拉软控制参数：咬合深度、传送速度、坯革软度。

5.2.2.3　搓软

搓软是一种对革进行特殊的做软操作，也是美化皮革的一种方法；是进一步提高轻革的柔软性，特别是加强对局部的处理，以进一步缩小部位差的一种工艺操作。

搓软分为手工搓软和机器搓软。手工搓软可以对坯革的某些手感偏硬的部位进行局部处理，作用较为明显，可有效地缩小部位差，但劳动强度大，生产效率低。机器搓软利用搓刀将革送入上下两胶辊之间，使革受到弯曲，由于两胶辊转速不同而使革受到轻度拉伸，达到搓软的目的。机器搓软则既适用于整张坯革的搓软，又适用于坯革的局部搓软，做软效果好，生产效率高。手工搓软和机器搓软原理见图5-21。

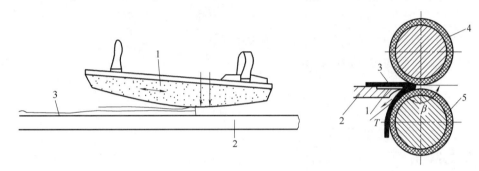

1—搓软刀；2—工作台；3—革；4—上胶辊；5—下胶辊。

图5-21　手工搓软与机器搓软原理

（1）搓软的操作特征

搓揉坯革的肉面，使粒面向内弯折。搓软的另一个特征是搓纹。纹的形状视搓揉方式的变化，粒面上会出现不同的花纹。如采取纵向和横向交替搓揉，革面呈现方形花纹；如再从两个斜角各搓一遍，则花纹近乎圆形。搓纹操作要求仔细，使花纹均匀一致，见图5-22。

由于搓软操作效率低，不适合大批量生产，仅用于少量高档次特殊表观皮革的制造，如用于制造包袋具有很好的自然立体花纹。随着压花摔纹技术的发展，目前已经少见在企业使用搓软。

（2）搓软控制参数

搓软控制参数：施加压力、搓软次数、搓软方向。

图5-22　手工搓纹革

5.2.2.4　铲软

铲软是一种借助于钝刀在坯革肉面上铲刮的机械作用，是使坯革柔软的工艺操作。铲软类机器的弯曲角都较小，不易对革造成损伤。

铲软机因利用旋转的刀轮对革进行铲软，被称为旋转式铲软机，俗称飞轮铲软机（简称飞软机），铲软机特别适合于铲小而软的革，如手套革和服装革，毛皮厂也常使用。铲软机主要由装有铁质钝刀片的刀辊和工作台两部分组成，见图5-23。

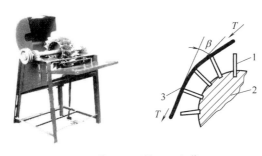

1—刀片；2—刀辊；3—坯革。

图5-23 旋转式铲软机及原理

（1）铲软的操作特征

铲软操作是将坯革粒面向下置于工作台上，双手紧握住坯革，脚踩踏板，使工作台带着坯革靠近转动的刀辊，以便刀辊上的钝刀不断地刮打坯革，使坯革柔软。铲软力由踩动脚踏板的力量所定。特别是要铲展革在干燥后的皱缩僵硬的周边，使整张顺利展平，适应后续工序的进行。刀轮式的铲刀装在飞轮上，用于铲软小、薄、软的坯革或毛革，如猪皮和羊皮。只是难以对具有裂口与破洞的坯革进行良好操作。

（2）铲软控制参数

铲软控制参数：施加压力、飞轮速度、铲刮方向。

5.2.2.5 转鼓摔软

转鼓摔软的目的是提高坯革柔软度，减少内应力。根据坯革摔软前后的含水量及摔软的时间与力度，可以产生坯革面积的伸缩变化。是目前制革厂普遍采用的一种做软方式，常用于绒面革、服装革、手套革等革的做软。通过转鼓摔软，可以松散坯革纤维，赋予坯革柔软、舒适的手感。

转鼓摔软一般在悬挂式硬质木转鼓或不锈钢转鼓中进行，这类操作需要的鼓滚作用很强烈，因此，转鼓用于摔软时转速比用于铬鞣时高20%~30%。直径为2.5m的转鼓用于摔软时，转速可达26r/min。操作时，将回潮后的革置于转鼓中，通过鼓体对革抛摔和摩擦，使革内各部分的纤维组织受到物理作用包括弯曲、拉伸、搓揉等；受到化学作用包括产生自由基后出现新的键生成及原有的键破坏，甚至纤维断裂导致组织结构松散。然而，摔软的主要目的是柔软，因此，为了增强机械作用，应在鼓内加入一些球状介质作为助软物，如橡胶球、尼龙球、皂角籽等。

悬挂式硬质木转鼓在助软物的长期反复撞击下，鼓体内壁易损伤，形成木屑渣，黏附在坯革上，影响革的外观。为了解决这个问题，有的厂家就在悬挂式硬质木转鼓内安装内衬，以保护鼓体。内衬的材料一般选用镀锌板或不锈钢板。

现在已有不少厂家采用不锈钢转鼓进行摔软，除了传统的圆筒形外还有八角形的。图5-24所示分别为圆柱形不锈钢摔软转鼓和八角形不锈钢摔软转鼓。

（1）摔软操作的工作特征

不锈钢摔软转鼓的自动化程度一般都较高，常配有变频调速系统、控温和控湿系统、吸尘系统。变频调速系统能让用户根据所需摔软强度调节转鼓旋转速度；控温系统能消除季节和环境温差给皮革造成的影响；控湿系统有助于消除纤维黏结、缩曲和

图 5-24　圆柱形不锈钢摔软转鼓、八角形不锈钢摔软转鼓及摔软原理

硬性，提高丰满度和柔软度。吸尘系统使摔软所产生的粉尘不断吸入除尘箱内，对消除静电所黏结的微细粉尘有独特的效果。

热量是影响气化干燥速度的关键因素。风量的作用是传递热量，带走已经气化的蒸汽。空气搅动越快，干燥速度越快，即风量越大干燥越快。由于热量和风量都是和革的干燥速度成正比，因此，必须严格控制热量和风量才能保证坯革含湿及排湿速度，保证坯革纤维均匀收缩与分散平衡。

摔软时，除加入助摔材料外，还可以加入液态的表面处理助剂，如油脂、蜡剂类化料，边摔软边吸收，以满足对皮革手感、滑爽、光泽等需求。

（2）转鼓摔软控制参数

转鼓摔软控制参数：温度、时间（相同转速）、装载量、助摔材料。

5.2.3　平展整理的方法

平展又叫伸展，现在行业内仍然沿用伸展这一术语。平展操作的目的：主要在于消除坯革粒面上的折痕和皱纹，从而改善革的外观，使粒面平细、革身平整；同时，能够提高面积得革率，减少革的延伸率，并使整个方向的延伸性接近；平展还能改变革身的紧实程度。坯革的平展主要在平展机上进行。

5.2.3.1　挤水平展操作

挤水平展机一般适用于染色后坯革的挤水，其主要作用在于挤去坯革中的一部分水分，使其水分即时降至 60% 以下，以便缩短干燥时间，适合于后续工序的加工；同时，伸展坯革以消除其上的折痕、皱纹，达到改善坯革的外观、增大面积、减小革的延伸性并使各方向上的延伸性缩小的效果。为便于施加较大的挤水压力，方便压力的调节，很多挤水平展机都采用液压系统提供挤水压力，其挤水辊的直径较大，以保证刚度和均匀的压力。挤水平展机见图 5-25。

（1）挤水平展操作的工作特征

挤水平展机的主要作用是挤水，平展是附加效应。对进行挤水的坯革需要有良好的脱水性，良好的粒面强度以及革内材料已基本完成固定，不会因挤压而随水分被挤出。操作者将坯革平铺于供料辊上，然后踏动踏板，使托住坯革的供料辊向刀辊方向靠拢，利用带钝刀的螺旋刀片的摩擦和挤压作用，达到使坯革挤水平展的目的。然而最终坯革会因水分挤出而被挤压硬化，给平展作用带来困难。调节水分挤出与平展的平衡十分重要。

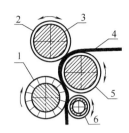

1—平展刀辊；2—毛毡套；3—上挤水辊；
4—坯革；5—下挤水辊；6—供料滚。

图 5-25 挤水平展机

（2）挤水平展控制参数

挤水平展控制参数：挤水压力与伸展力的平衡、坯革脱水能力。

5.2.3.2 干态平展操作

轻革平展机适用于干坯革的平展，平展机依靠带钝的螺旋刀辊来处理皮革，机器外观与挤水平展机相似，见图 5-26。操作者将坯革平铺于供料辊上，然后踏动踏板，使托住坯革的供料辊向刀辊方向靠拢，利用螺旋刀片的摩擦和挤压作用，达到平展坯革的目的。平展时坯革的水分含量较低，需要的平展力大，因此平展机的刀辊较挤水平展机的平展辊大，在结构上显示出平展为主要功能。

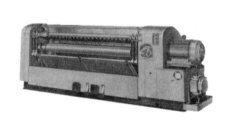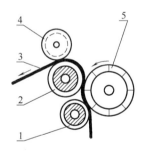

1—供料滚；2—下传送辊；3—革；4—上传送辊；5—平展刀轮。

图 5-26 轻革平展机

对于轻革的平展，还可选择热辊平展机。热辊平展机对皮革进行平展作用的同时起到熨平作用，经其加工后的革粒面平细、光滑，但热辊平展机的平展作用力一般不大，不宜用作轻革的第一次平展。热辊平展的传送辊（也叫热熨辊）是表面镀铬的钢辊，其内部可通过循环的热油加热。

（1）干态平展操作的工作特征

①坯革的水分含量。干坯革的平展一般是在加油之后、没有干燥的状态下进行。实施平展操作时，对坯革水分含量有一定要求，含水 35%～40%。皮革是弹塑性物料，含水量大，平展效果不良，继续干燥导致收缩，粒面还会变粗，平展效应得不到保持；

含水量太少，弹性好，塑性差，需较大的力才能打开革上的折痕和皱纹，很难达到所需的平展效果，容易造成革的损伤，平展效果也差。为了保持平展效果，平展后堆置12~24h。

② 多次平展应用。平展往往与干燥交替进行，每一次平展的效果不同。如加工黄牛正面革时，将加油后的湿革晾干至含水 50%~55% 时，进行第一次平展，其目的是使革内部水分分布均匀；接着继续干燥至含水 35%~40% 时，进行第二次平展，其目的是使革身平整、粒面细致；当干燥至含水 30% 左右时，进行第三次平展，其目的是使坯革保持平整、细致的粒面。值得提出的是，这种方法较适合塑性较好的坯革。

（2）干态平展控制特征参数

干态平展控制特征参数：坯革水分、伸展压力。

5.2.4　磨革的方法

磨革操作的目的：

① 获得坯革起绒以制造绒面革，绒面革分正绒和反绒两种。

② 修饰坯革粒面制造修面革，修面革分重修面与轻修面两种。

③ 进行微调均匀成革的厚度，保证后续对厚度精确要求的加工。

④ 改善肉面绒毛外观，均匀肉面绒毛或去除绒毛附着物。

磨革是生产绒面革和修面革所不可或缺的关键性的机械加工工序，也是对坯革厚度进行微调。磨革加工包括磨里、磨面和磨绒。

磨革操作在磨革机上进行，磨革机分为通过式和非通过式两种，都是利用表面缠砂纸或纱布的磨革辊对坯革进行磨削处理，见图 5-27。通过式磨革机的工作宽度一般较宽，可按处理皮张的宽度选择，需保证整张皮能够一次通过处理完毕。非通过式磨革机的工作宽度一般较窄，机器工作口宽度可以小于皮张宽度，采用开式方法加工。因此，坯革需要两次或两次以上加工才能保证每个部位都磨到。

天然坯革粒面难以保证均匀一致性，常常会因动物生长期及加工过程产生伤残，最终影响到成革的外观。当涂饰难以遮盖缺陷时，除去表面瑕疵再进行涂饰是制革低档坯革提高品质档次的重要手段。

在生产实践中，可以对磨面分轻度磨面和重度磨面。轻度磨面时，将粒面磨去粒纹薄层，保留自然毛孔，涂饰后可以保留真皮的特质又起到掩盖粒面伤残的效果。重度磨面主要是为了生产修面革，主要目的仍然是消除粒面的伤残与瑕疵，便于后面的涂饰。

（1）磨革加工的工作特点

① 磨革过程的除尘。磨革机利用高速运动的磨粒在皮革的表面进行切削，在加工过程中伴随着磨尘的产生。因为磨革的切削余量很小，切削下来的磨尘颗粒很小，自

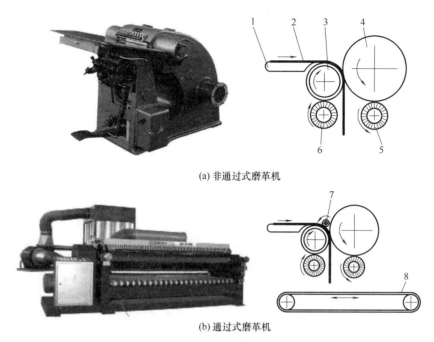

(a) 非通过式磨革机

(b) 通过式磨革机

1—工作台板；2—革；3—供料胶辊；4—磨革辊；5，6—刷辊；7—压皮辊；8—传送带。

图5-27　磨革机及工作原理

然沉降速度很慢，易造成粉尘四处飞扬，残留于革面和周围环境，影响后续的涂饰等加工，造成环境污染。因此，除尘机和扫灰机是磨革机的常用配套设备。从图5-27的非通过式磨革机中可以看到有一个外接孔，可直接在出口连接气流除尘机，形成磨革气流除尘机组，即连接抽风管道，以便将磨革中产生的细小粉尘随空气吸入抽风管道后，经过滤器将空气和粉尘分离以免污染环境。

从图5-27的通过式磨革机中可以看到机器后面的成套除尘装置。通过式磨革机除尘原理见图5-28。

② 合理选择不同粒度的砂纸（布）。不同粒度留下的磨痕的宽窄、深浅和间距不一致，获得的绒毛长短、直径不同。磨粒越大时，绒毛越长、磨粒越小，绒毛越短。应按坯革特性和成革要求选取磨粒的粒度。粒度选择的原则是：硬革或粗革可选粒度号较低的砂纸（布），反之则应选粒度

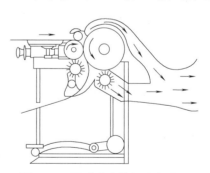

图5-28　通过式磨革机除尘原理

号较高的砂纸（布），合理的做法是按不同的品种要求来选择。粒度号有：80#、120#、200#、240#、300#、400#、600#等，随号数增大，磨绒细短、厚度减小。但砂纸（布）的代号略有区别，见表5-2。此外，国内外也存在区别，使用前需要根据说明进行选择。

③ 磨革辊还需轴向往复运动。由于革纤维的走向不一致和磨粒的不连续分布，很难产生均匀一致的磨面，为了减小磨面的不均匀性，磨革辊还需轴向往复运动以变换加工方向。由于轴向往复运动并非匀速，频率和行程太大反而造成磨削速度更不均匀，因此，磨革辊轴向往复运动频率和行程的选择直接影响磨面质量。

表 5-2   砂纸、砂布代号与粒度号数对照表

砂纸代号[1)	$2\frac{1}{2}$	2	$1\frac{1}{2}$	1	0	00	000	0000	00000
砂布代号(#)				180	220	24	280	320	400 500 600
粒度号(上海)	46	60	80	100	120	150	180	220	240 280 320
粒度号(天津)	46	60	80	100	140	160	180	220	260

注：1) 习惯上将 00000 写成 5/0，0000 写成 4/0，000 写成 3/0，00 写成 2/0，0 写成 1/0。

④ 干磨和湿磨。磨革加工分干磨和湿磨两种，干磨是磨干坯革或半干坯革，湿磨是磨湿革或半湿革。湿磨操作常常在蓝革削匀和平展后进行。坯革的水分含量较高，磨尘颗粒的重量较干磨时增加，自然沉降速度加快，能大大降低粉尘污染，但湿态磨革因升温会出现表面纤维变性。因此，湿磨机需要增加冷却装置。干磨可进一步均匀革的厚度和改善坯革粒面效果，但除灰是一个关键问题，直接影响环境及后续成革质量。

⑤ 坯革供送的方向。送皮的方向有纵向、斜向和横向 3 种。纵向是让皮张沿着与其背脊线平行的方向送入机器，横向是将皮张沿着与其背脊线垂直的方向送入机器。生产上常采用斜向和纵向送皮，分别称为斜磨和直磨，一般顺序是第一次磨削采用斜向送皮，第二次为纵向送皮。只有在磨削带有较重的横形粗纹的面革或局部处理臀、肩部时，才采用横向送皮。

⑥ 磨削的深度。一次磨革深度是一个需要根据磨革效果和生产效率两个方面的要求来加以控制的因素。增大磨革深度可以提高效率，但所获得的革面比较粗糙，采用小的磨革深度时，通常可以得到平滑和光洁的磨面。具体操作时应根据革面伤残的深浅程度灵活掌握。对伤残深的坯革，磨革深度可大些，或通过两次或两次以上的磨削。第一次磨削时取大的磨革深度以保证加工效率，最后一次取小的磨革深度以保证加工质量。对伤残浅的坯革，磨革深度就可小一点。但是，磨革的深度受砂粒度限制。

⑦ 坯革的水含量。水分含量是一个很重要的因素。如果水分含量太高，磨得的绒毛长，磨不深；若革太干则易造成磨削过度，甚至烧焦。干磨时的水分含量接近成革的水分含量，为 18%～22%，磨绒时的水分含量可高些，一般在 30% 左右。湿磨常常在蓝湿革削匀后进行，坯革的水分含量一般控制的 40%～45%。

⑧ 坯革厚度均匀性要求。虽然磨革可以调节坯革厚度，但只是微小的。磨辊与供料辊之间的刚性间隙要求坯革厚度均匀才能磨削出整张革上的深浅均匀。应该说，磨革工序前要求削匀精度较高。

⑨ 磨革造成的缺陷是指在磨革过程中因操作不当而引起的一些缺陷：a. 磨面伤：即磨削深浅不一致及磨洞。主要因砂纸砂粒不均，坯革厚度、软硬不均，磨辊的轴向摆动装置损坏等。b. 磨痕：即磨削面出现线状痕迹。主要因砂纸松弛，磨革机的磨革辊与供料辊不平行等。c. 磨焦：即磨削面出现的绒毛变硬变色。主要因纤维受热而发生焦化变性。主要因坯革含湿较高，收缩温度低，砂纸钝化后摩擦过度等。d. 磨光：即磨削面出现无绒（光板）现象。主要因坯革粒面太硬及表面油脂干扰，砂纸太细而一次进刀太深等。e. 跳刀痕：即磨削面出现横向破浪痕迹。主要因一次进刀太深，机器出现共振等。

（2）磨革操作的控制参数

磨革操作的控制参数：砂纸（布）的代号、一次磨革深度、坯革水分、除尘、坯革平整及厚度均匀性。

5.2.5 打光

打光是使成革粒面变得平滑有光泽，并增加紧实性的机械加工操作。通过打光加工，可以改善鞋面革和鞋底革的物理力学性能和外观。根据加工对象的不同，打光又分为轻革打光和重革打光两种。图 5-29 为轻革打光机的外形和原理图。

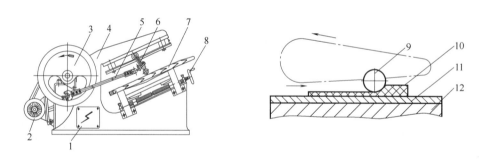

1—电气箱；2—电机；3—飞轮；4—机身；5—连杆；6—打光头；7—工作台；
8—手轮；9—打光辊；10—革；11—革带；12—工作台。

图 5-29　轻革打光机及原理

打光辊的宽度较窄，工作行程较短，GJ5A1-10 型轻革打光机的打光辊只有 100mm 宽及 500mm 的工作行程，需在打光辊的空行程期间不断移动革的加工部位以保证整张革都加工到。因此，操作效率低、工作强度大。由于要求打光后革面的光泽均匀，因此，打光对坯革的厚度、粒面的完整均匀性要求较高。迄今为止，一些特殊动物皮，如爬行动物皮，或者特殊皮革商品仍然保持打光处理。随着材料技术以及现代涂饰技术的发展使革面的光泽能够达到打光的光泽，而且对坯革要求远不及打光前的坯革要求。因此，在制革厂，打光操作渐渐被抛光及仿打光涂饰替代。

5.2.6　抛光

抛光使革面具有良好的光泽，提高革的观感性，是轻革加工的一种后整饰操作，包括涂饰前及涂饰后成品的抛光。抛光在抛光机上完成，革与抛光辊产生滑动摩擦，摩擦力及随之产生的热量，使革的粒面变得光滑而光亮。对抛光前坯革的要求是粒面紧实、涂层坚牢，革身松软或松面的革不宜抛光。只有一类特色粒面效应的皮革，如擦色革的制造，常采用抛光处理除去表面结合层，显露下层色调以获得立体效应。

抛光机的工作机构与磨革机相同，主要差别在于抛光辊上。如将磨革机上磨革辊换成抛光辊即可用来抛光。抛光机的工作辊一般有 3 种，分别是成型螺旋石辊、绒布辊和砂纸（布）包缠辊。成型螺旋石辊的磨粒较细且具有微孔以便吸收抛光膏，绒布辊采用多块圆环形的绒布片依次套到芯轴上并固定而成，抛光多用成型螺旋石辊和绒布辊，见图 5-30。为了保证弹性供料以补偿革的厚度差异，螺旋石辊、绒布辊和砂纸（布）包缠辊配套的供料滚分别是毡辊、钢辊和橡胶辊。

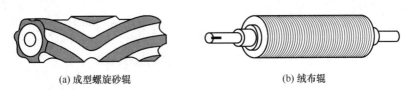

(a) 成型螺旋砂辊　　　　　　　　(b) 绒布辊

图 5-30　抛光辊示意

（1）抛光加工的工作特点

与磨革机相比，抛光机的供料速度可调以适应不同用途和品种的要求。抛光辊的旋转速度很高，辊的加工质量和安装精度影响到整机的工作性能。抛光时使用抛光膏，可消除摩擦产生的静电，增加革面光洁度。

（2）抛光操作的控制参数

抛光操作的控制参数：抛光辊表面材料特质、压力。

5.2.7　熨平和压花

熨平和压花的目的：坯革受到纵向压缩使革身平整、紧实；粒面毛孔平伏（或花纹显著）、光泽均匀；涂层黏着牢度增加，熨平机提供温度和压力达到熨平或压花的效应。

熨平机有平板式和通过式两类，因通过式熨平机起熨压效应的机件为滚筒，所以也称为辊式熨平机。

熨平机既可以用于熨平，也可以用于压花，又称为熨平压花机。平板式配备光板和花板，通过式（辊式）则配备光辊和花辊。图 5-31 所示为板式及通过式熨平压花机，左图为机器外形，右图为加工原理。

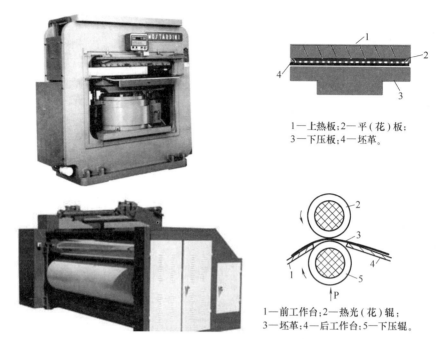

1—上热板；2—平（花）板；
3—下压板；4—坯革。

1—前工作台；2—热光（花）辊；
3—坯革；4—后工作台；5—下压辊。

图 5-31　平板式和通过式熨平压花机及原理

5.2.7.1　熨平操作

坯革在一定温度的环境中被施加压力，纤维变形得以固定，表面涂饰剂深入革内与革纤维结合，形成涂饰膜，使坯革粒面光滑、平整，涂层与粒面的黏着加强。因此，熨平操作多用于涂饰坯革。

坯革熨平水分。熨平前，应控制坯革水分在 18%～20%。坯革太湿，在高温高压下，水分气化，部分残留于涂层与革面间，容易造成涂层脱落或水迹印，也易造成革身变硬。

坯革品质特征。面革的熨平压力大于服装软革；松软坯革熨平易导致松面。提高底涂层与革的结合牢度的修面革，则需选择较高的温度、较大压力和较长的时间以保证涂层向革面的渗透。

温度、压力和保压时间的平衡。熨平操作的温度、压力和保压时间非常重要。3 个操作参数间相互影响，需要合理组合才是关键。应根据成革要求和坯革状态，将几个操作参数作为一个整体来考虑。温度越低、压力越小，保压时间越短，熨平效果越差；而温度高，压力大，保压时间长，则会造成革身瘪硬，涂层发黏，透气性和透水汽性下降。高温可以引起表面化学材料变质变色。

5.2.7.2　压花操作

坯革在高温和高压作用下，革面纤维软化变形，取得与花板凹凸相反的花纹，同时促进涂饰剂与坯革接触面增加及向革内渗透，黏合力增强。因此，压花操作多用于涂饰坯革。

（1）压花成型性

压花时需在革身上形成花纹并保持图案，需要坯革具有良好的成型性，若只要求在涂层上形成花纹，要求涂层具有良好的成型性。

（2）压花坯革水分

坯革的弹塑性与革内材料及水分有关。含水量低，塑性越好，压出的花纹越容易保持。但坯革过干时压花，因坯革的塑性差，不容易产生形变以形成花纹。因此，压花时革的含水量通常略低于熨平。

（3）温度、压力和保压时间的平衡

压花与熨平的 3 个操作参数相比，温度更高、压力更大，保压时间更长，以保证花纹的形成与保持。

5.2.7.3　熨平压花机的操作特征

板式熨压机的主要工作部件为两块互相平行的板，上压板为光洁度极高的镀铬光板或刻有花纹的花板，一般另配多块不同花纹的花板以供选择。选用光板时，就用于熨平，选用花板时，就用于压花。

平板熨平机的上压板大多电加热，加工前在操作面板设置好上压板温度、施加压力和熨压时间，面板上显示出设置好的操作参数。待温度升至设定值后方可开始熨平或压花。图 5 - 32 所示为某熨平压花机的操作面板。

图 5-32　熨平压花机操作面板

平板熨平机的优点是能提供的压力大，更换熨平板方便，加工效果好；缺点是生产率低，压花时常因压板面积小于坯革面积而需拼接，从而影响花纹。

通过式熨平机的主要工作部件是热熨辊，表面镀铬（或花纹），内装电热元件或热油循环加热辊筒。温度和压力的调节与平板式熨平机相似，但熨压时间由控制传送带的运行速度来间接调节。通过式熨平机的传送速度多为无级调速，适应性强。传送速度越快，熨平时间越短，传送速度越慢，熨压时间越长。

由于通过式熨平机的花辊更换复杂，出现了多辊的通过式熨平机，将常用的一根光棍和两根花辊装在活动转盘上，旋转转盘可选用不同的辊以变更花式，见图 5-33。

通过式熨平机的优点是效率高，不会出现花纹拼接错位或两次熨压接缝处的重叠印痕，操作安全、省力。缺点是熨压时间短，易影响操作效果。为了保证花纹定型，压花时传输速度较熨平慢。

5.2.8 修边

修边是坯革在生产过程中的修饰。由于机械加工过程中会在坯革边缘部位产生流丝、边部皱卷破碎、洞眼、撕裂口等缺陷。若不及时修边，可能会使缺陷进一步扩大，降低成品等级，或浪费化工材料。因此，通过修去坯革无利用价值的部分，以及修正破损，防止缺陷扩大。

面革修边多在湿革干燥后进行，有利于操作。软革修边一般在摔软前进行，以防止革在摔软时因革之间相互扭结而造成革的损坏。

修边应减小皮形损失，且尽量提高面积得革率。锐口需修剪成圆口，降低局部应力集中扩大创口导致破坏率。

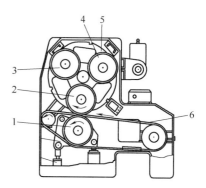

1—下压辊；2~4—熨平（压花）辊；
5—活动转盘；6—传送带。

**图5-33　通过式熨平压花
机转盘工作原理**

5.2.9 净面与封里

净面与封里是坯革在生产过程中的辅助工序。整理工段中净面与封里的目的在于去除坯革表面杂质、污物、色斑，为表面加工做准备。可以通过徒手操作或机械操作。

净面，多为手工净面。通常用纱布、绒布、海绵等进行揩拭，有干净面和湿净面。湿净面可用水、乙醇、氨水、脱脂剂或这些物质的混合物等。

封里，可用手工或机器进行，将封里树脂喷涂在肉面，将吸附在肉面的微粒或粉尘进行黏合，防止因叠放而影响粒面洁净。尤其防止在后续涂饰加工中被黏合在粒面影响光洁。

5.2.10 起绒

绒面初步定型可以采用磨革处理，也可以只通过削匀（以削代磨）完成。坯革完成磨削后仅解决了绒毛细致的初始状态，绒毛呈卧伏状，还未达到绒面革的质量要求，还需要进行起绒整理，其目的是使卧伏状的绒毛竖起，呈现绒层，富有弹性及丝光感。

起绒的方法主要有转鼓干摔法、铲绒法以及手工刷绒法。最常用的是转鼓起绒，机器铲绒一般只作为一种局部处理手段。

转鼓干摔法与转鼓摔软基本相同，为增加起绒效果，可从转鼓轴孔通入湿、热空气，甚至助剂。摔软转鼓的主要功能可采用程序控制，如变频调速以提供所需的摔软强度，还能实现定时、正（反）转、定位停鼓；可喷雾加湿—控湿排湿—时喷时停，以此来调节鼓内湿度；可将油类、滑爽类等化料，稀释雾化喷入鼓内，边摔软边吸收，以满足对皮革手感的需求。

转鼓干摔法起绒是通过面面摩擦作用产生，因此要求机械作用强度较大，转速≥15r/min，为防止打结，转鼓内需要有凸桩、挡板，也可以加入助摔物，以加强分离。

摔绒时坯革水分与摔软相同。收缩获得细绒可以稍多些水分进行脱水摔绒，也可以少些水分进行松弛式摔绒，可以获得均匀粗绒。

铲绒在铲软机上进行，通过铲刀的机械作用使革面绒毛竖起，这种方法往往用于简单均匀肉面的绒毛，少用于感官用绒面。

手工刷绒是一种手工起绒的方法，利用刷子梳刷绒面，使卧伏的绒毛竖起，绒头朝向整齐。这种方法更多用于摔绒绷板后调整绒面的均匀观感。

5.3　干燥、整理工艺示例

前面已讲述，皮革的干燥与整理对于皮革的质量与性能有着十分密切的关系。就工艺而言，干燥和整理之间是相互联系、相互依存、相互制约的。在某些功能上，二者之间又是相互独立、相互补充的。从加工特点上看，干燥与整理属于干态整饰工程的范畴，它明显不同于湿态工程。湿态工程的加工技术特点是成批加工，加工过程是以化学过程为主；而干燥与整理则是单张加工，加工过程是以物理过程为主。

干燥与整理的加工特点决定了其加工过程的繁杂性、技巧性和经验性。首先，干态整理的繁杂性主要表现在加工坯革的种类、状态，使用设备的种类、状态。即使生产相同品种品质的产品也需要采用不同的工艺措施，甚至不同的工艺路线。由此形成了制革企业自有经验技术，最终获得殊途同归的结果。其次，无论采用什么途径，工程师的各种技能技艺都离不开"看皮做皮""好皮精加工，次皮深加工"的基本原则。迄今为止，皮革干燥与整理仍处于实践级范畴，尚未建立起完整的理论体系，在整个加工过程中，坯革的状态变化尚不能以量化的方法来描述和表征，也没有合适的仪器设备来对在制品进行在线检测、监控。现场的工程技术人员仍然需要依赖于"眼看手摸"来进行质量控制和技术指导，工程师的经历与经验成为企业产品加工技术的支撑。

本节着重介绍若干常见皮革产品的干燥与整理工艺，并对重点工序进行述评，以便对干燥整理过程有一个较好的认识。

5.3.1　山羊服装革的干燥与整理

（1）工艺流程

湿态染整后出鼓搭马→挂晾干燥→回潮→静置→颈部铲软→摔软→绷板干燥→修边→涂饰→摔软→冷绷板→修边→检验分级→量尺→包装→入库。

（2）主要工序操作要点

① 挂晾干燥。在通风的凉棚中进行。颈部朝下，用夹子或钢丝钩固定悬挂，挂晾

至坯革的水分含量为 16%~20%（根据相对湿度确定）。

② 回潮。逐张喷水（35~40℃）回潮，喷水回潮完毕，将坯革堆放整齐，用塑料薄膜盖严，静置 24h 以上。要求经回潮后坯革的水分含量为 28%~32%。

③ 颈部铲软。用飞轮铲软机进行颈部铲软。

④ 转鼓摔软。摔软时间 6~8h，内温 45℃。

⑤ 绷板干燥。在自动绷板机上进行。坯革水分 14%~16%。

⑥ 冷绷板。涂饰完成后在绷板机上≤40℃下绷板，可使革平展柔软。

⑦ 修边。将革边修剪整齐，修出皮形来，保证皮形完整。

⑧ 检验分级→量尺→包装→入库。

5.3.2　绵羊正面服装革的干燥与整理

（1）工艺流程

湿态染整后出鼓搭马→挂晾干燥→静置→回潮→铲软→修剪→转鼓摔软→出鼓搭马→绷板干燥→修边→补伤封面→辊熨→喷底浆→揩浆→伸展→喷面浆→转鼓摔软→辊熨→检验分级→量尺→包装→入库。

（2）主要工序操作要点

① 挂晾干燥。将湿态染整后的坯革进行挂晾干燥，颈部朝下，至坯革水分含量 16%~18%。

② 静置。均匀湿度。

③ 回潮。逐张喷水（35~40℃）回潮，喷水回潮完毕，将坯革堆放整齐，用塑料薄膜盖严，静置 24h 以上。要求经回潮后坯革的水分含量为 28%~32%。

④ 铲软。利用自制飞轮铲软机铲软，要求整张铲到。硬的坯革多铲、重铲；松软的坯革轻铲、少铲，甚至不铲；颈部重铲、多铲，其他部位轻铲、少铲。

⑤ 修剪。逐张检查，将扯口、直口剪成圆口。

⑥ 转鼓摔软。在转鼓中摔软 6~8h。要求坯革柔软、丰满，无僵硬感觉。

⑦ 出鼓搭马。摔软符合要求后应立即出鼓搭马。

⑧ 绷板干燥。在绷板机上进行。要求绷开、绷平就行；坯革水分含量在 16%~18%。

⑨ 修边。修去无用边角，直口剪成圆口。

⑩ 等级分类。

⑪ 涂饰→检验分级→量尺→包装→入库。

5.3.3　黄牛软鞋面革的干燥与整理

（1）工艺流程

湿态染整后出鼓搭马→挤水平展→真空干燥→挂晾干燥→回潮→振荡拉软→绷板

干燥→修边→净面→喷底浆→辊熨→喷底浆→辊熨→喷中层浆→辊熨→喷光亮剂→熨光→修边→检验分级→包装→入库。

（2）主要工序操作要点

① 挤水平展。在挤水平展机上进行，要求伸开、伸平，整张坯革平展无死褶，挤水后坯革水分含量 40% ~ 45%。

② 真空干燥。真空度 0.06MPa，温度 75℃ 左右，时间 3min，坯革水分含量 30% ~ 35%。

③ 挂晾干燥。在烘房里进行。干燥至坯革水分含量 18% ~ 20%。

④ 回潮。用喷枪将 35 ~ 40℃ 的热水均匀喷施于坯革的肉面，喷完后，将坯革铺平整，并用塑料薄膜盖严，回潮 20 ~ 28h，回潮后坯革水分含量 28% ~ 32%。

⑤ 振荡拉软。每 2 张一组，将坯革平铺于振荡拉软机的传送带上，视坯革的软硬程度，振荡拉软 1 ~ 2 次，要求坯革整张柔软，无硬边。

⑥ 绷板干燥。在自动绷板机上进行。要求坯革整张绷平，无荷叶边。绷板干燥后坯革水分含量 16% ~ 18%。

⑦ 修边。修去无用边角，直口剪成圆口。

⑧ 净面。氨水（25%）5 份，酒精 10 份，水 85 份，用毛巾蘸净面液，拧干，在坯革粒面上揩擦，要求整张擦到。

⑨ 涂饰→检验分级→量尺→包装→入库。

5.3.4　铬鞣黄牛修饰鞋面革的干燥与整理

（1）工艺流程

湿态染整后出鼓搭马→挤水伸展→真空干燥→挂晾干燥→静置→振荡拉软→绷板干燥→修边→粗磨→扫灰→干填充→静置→烘干→熨平→细磨→扫灰→喷底浆→喷防粘层→压花→喷面浆→压花→喷面浆→喷光亮剂→辊熨→检验分级→量尺→包装→入库。

（2）主要工序操作要点

① 绷板干燥前同上。

② 粗磨。在磨革机上进行。用 $2^\#/0^\#$ 砂布磨 1 ~ 2 道。若采用窄工作面的磨革机，要注意避免接头印。

③ 干填充。填充液配方为填充树脂 1 份，渗透剂 0.2 份，水 1 份。用海绵纱包蘸填充液涂刷于坯革表面，松软部位多刷，紧实部位少刷或不刷。干填充液的用量为 50 ~ 70g/m²，静置 24h。

④ 烘干。将干填充并经过静置过的坯革挂晾于烘房烘干，烘房温度 35 ~ 40℃，烘干时间 2 ~ 4h。

⑤ 熨平。在平板式熨平机或辊熨机上进行。平板式熨平机温度 75 ~ 80℃，压力

6MPa，时间 2s。

⑥ 细磨。在磨革机上进行。用 5/0# 旧砂布细磨 1 道，要求整张磨到。

⑦ 压花。在熨平机上进行。温度 70~80℃，压力 180~210kg/cm²，保压时间 3s。或辊熨机上 8MPa，8m/min。

⑧ 涂饰→检验分级→量尺→包装→入库。

5.3.5 铬鞣山羊鞋面革的干燥与整理

（1）工艺流程

湿态染整后出鼓搭马→挤水平展→真空干燥→通道干燥→静置→喷油回潮→振荡拉软→平展→绷板干燥→修边→挑选分类→磨里→扫灰→磨面→扫灰→净面→喷底浆→烘干→喷中层→烘干→喷顶层→烘干→喷固定剂→烘干→辊熨→检验分级→量尺→包装→入库。

（2）主要工序操作要点

① 挤水平展。在挤水平展机上进行。采用四刀法进行挤水平展，先竖伸两刀，再横伸两刀，坯革含水 50%~55%。要求整张伸开、伸平，基本消除坯革粒面皱纹，尤其是颈纹。

② 真空干燥。在真空干燥机上进行。温度 70℃，真空度 0.02MPa，干燥时间 1.5~2.0min。要求坯革粒面细致，革身平整，水分含量 35%~40%。

③ 通道干燥。采用通道干燥的方法。进口温度 60~70℃，出口温度 40~50℃。要求坯革水分含量 18%~20%。

④ 喷油回潮。喷油液配方为亚硫酸化加脂剂 1 份，渗透剂 0.05 份，水 3.5~4.5 份。将油乳液均匀地喷施于肉面；喷完后，将坯革铺平整，用塑料薄膜盖严，静置过夜。要求坯革水分含量 25%~30%。

⑤ 振荡拉软。在振荡拉软机上进行。视坯革的软、硬程度，振荡拉软 1~2 次。要求坯革整张柔软程度一致，革身无僵硬感觉，无硬边。

⑥ 平展。在平展机上进行。操作时，将坯革肉面朝上，平展革里。先横伸两刀，再余伸四刀（分别是在颈部和臀部）。

⑦ 磨里。在磨革机上进行。用 180# 砂布轻磨 1 道，要求绒毛细致、洁净，革身平整。

⑧ 磨面。在磨革机上进行。用 600# 或 800# 砂纸磨面，要求磨平毛尖，并去掉一层带有各种小缺陷的粒面，不得有任何磨面伤。

⑨ 抛光。在抛光机上进行。

⑩ 辊熨。在通过式熨平机上进行。温度 60~70℃，压力 80~90kg/cm²，6~8m/min，要求：喂皮平整，无压褶。

5.3.6 黄牛沙发革的干燥与整理

（1）工艺流程

湿态染整后出鼓搭马→挤水平展→湿绷板干燥→回潮→振荡拉软→转鼓摔软→绷板干燥→修边→磨里→磨面→扫灰→补伤→细磨→扫灰→底浆辊涂→喷中层浆→压花→摔纹→扫灰→喷上层→轻摔软→冷绷板→喷顶层→检验分级→量尺→包装→入库。

（2）主要工序操作要点

① 湿绷板。在绷板干燥机上进行。将挤水平展过的坯革直接在绷板干燥机上进行 70℃ 绷板干燥。注意控制干燥速率。要求坯革绷开、绷平，坯革水分含量 16%～18%。

② 振荡拉软。在振荡拉软机上进行。将坯革平铺于振荡拉软机的传送带上，视坯革的软、硬程度，振荡拉软 1～2 次。要求坯革整张柔软程度一致，革身无僵硬感觉，无硬边。

③ 转鼓摔软。在专用悬挂式转鼓中进行。加入适量的助软物，摔软时间 8～12h。要求整张柔软度基本一致。

④ 绷板干燥。在自动绷板干燥机上进行。要求绷开、绷平，使坯革定型，坯革水分含量 16%～18%。

⑤ 磨里。在磨革机上进行。用 180# 砂布轻磨 1 道，要求革里绒毛细致、洁净，革身平整。

⑥ 磨面。在磨革机上进行。先用 200～240# 砂纸磨面，要求全皮磨到，无漏磨，深浅一致。

⑦ 补伤、细磨。采用补伤树脂进行点补，再用 400～600# 砂纸磨面，要求全皮磨到，无漏磨，深浅一致。

⑧ 压花。在通过式压花机上进行，温度 80～90℃，压力 90～100kg/cm²，2～3m/min。

⑨ 摔纹。摔软转鼓中摔纹 3～4h，内温 50℃ 左右，含水 18%～20%，花纹清晰。

⑩ 冷绷板。轻绷，温度 25～30℃，2～4h。

⑪ 喷顶层→检验分级→量尺→包装→入库。

思考题：

（1）服装革与面革在干态加工中应该有什么区别？

（2）均匀磨粒面需要哪些准备工作？

（3）干态整理对水分有要求吗？为什么？举 2 例说明。

第6章　坯革的涂饰

市场上各种颜色、风格、光亮度、功能的服装革以及沙发革、包袋革、鞋面革、汽车座垫革等成品革（真皮面料）及其制品，给予人们美感、舒服的触感和无限的满足感，这些感官均来自于对坯革的涂饰。因此，在皮革的生产过程中，坯革的涂饰是制革生产或者是皮革商品的最后加工，也是关键且至关重要的工段，被誉为对坯革的"化妆"，是技术与艺术的融合体。图6-1所示为涂饰前后坯革与成品革的对比。

　　(a) 涂饰前　　　　　(b) 涂饰后

图6-1　涂饰前后的革

按照成品革的要求，有的革种需要涂饰，有的不需要涂饰。其中，需要涂饰的坯革有重涂与轻涂。按照主要功能要求可以分为遮盖型涂饰与手感型涂饰、使用性能涂饰与加工性能涂饰等。本章介绍遮盖型涂饰的工艺。

坯革涂饰的目的和作用：

① 赋予成品革美观、均匀的外观，满足客户对皮革颜色、表面手感及光泽的要求。一般来说，未经涂饰的坯革粒面较为粗糙，没有光泽，表面颜色不鲜艳，且可能存在颜色不均匀现象。经过涂饰后的成革表面光滑、平细，有适度的光泽（亮光、自然光或消光），颜色鲜艳、均匀，手感舒适，具有美感且可满足客户的要求。

② 提高成品革的表面物理化学性能，满足不同产品的表面质量要求。涂饰可使成品革表面有一层保护性的涂层，其具有优良的物理性能，即耐热、耐寒、耐水、耐有机溶剂、耐干/湿擦、耐刮擦、阻燃等性能。

③ 遮盖或改善坯革的伤残、革身的缺陷，提高革的利用率与质量档次。一般来说，作为天然产品的动物皮，均存在一定程度的自然伤残，即"无残不成皮"。在开剥、储藏和加工过程中也会造成一定的缺陷，如粗面、松面、色花等。涂饰可以弥补和改善坯革的伤残和缺陷，使次革变成好革，其利用率与质量档次均得到提高。另外，二层坯革在经过涂饰后也可大大扩大其使用范围，并提高其价值。

④ 赋予成品革不同的风格，增加革的品种。经过涂饰后可得到各种颜色的成品革，具有不同的风格，如苯胺革、双色革、压花革、漆革、仿古革、油蜡变革、龟裂革等。

同时，通过涂饰还可以赋予革各种效应和特殊功能，如抛光效应、打光效应、仿打光效应、擦色效应、仿古效应、三防革（防水、防油污、防雾化）等。

根据坯革的粒面情况，涂饰可分为以下几种类型：

① 全粒面坯革的涂饰。涂饰直接在粒面上进行。通常要求坯革的粒面伤残少、无伤残或粒面缺陷易遮盖的坯革。

② 修面革的涂饰（磨去部分粒面坯革的涂饰或修饰粒面的涂饰）。涂饰在粒面经过轻微磨削后的坯革上进行。通常对坯革的粒面有较多伤残和缺陷，难以用正常涂饰（轻涂饰）遮盖的坯革。这种涂饰又根据磨削的轻重分轻修面涂饰、半粒面涂饰及重修面（简称修面）涂饰 3 类。

③ 二层坯革的涂饰或绒面革的涂饰。涂饰在绒面革上进行，包括二层坯革、绒面坯革（磨削去除粒面的坯革及毛革两用革中肉面需要涂饰的坯革）。

根据采用的机械设备和涂饰方法的不同，可以分为：刷涂法、揩涂法、喷涂法、辊涂法、帘幕法。要求薄（轻）涂饰的革常用方法有喷涂、辊涂、刷涂、揩涂等。

坯革的涂饰影响因素较多，其不仅涉及坯革的种类特征、化工材料品质、良好的操作条件，还包括机械设备、手工的一系列操作过程。

本章分别从涂饰剂的基本组成及其性能、涂饰剂的成膜、皮革的涂层、涂饰前坯革的特征、皮革涂饰种类、皮革涂饰方法、皮革涂饰常见的缺陷进行论述。

6.1　涂饰剂的基本组成及其性能

一般来说，皮革涂饰剂是指涂覆在坯革表面并能形成牢固附着的连续薄膜的材料。皮革涂饰剂主要由成膜剂、着色剂、溶剂及助剂等按照一定比例配制而成，见图 6-2。成膜剂，又称为黏合剂，能使涂层牢固地附着于坯革表面，形成连续而牢度的薄膜物质，是涂饰剂的基本组成成分；着色剂则赋予涂层所需要的颜色，是调节涂层色调的组成成分；溶剂和助剂作为皮革涂饰中完善或加强涂层组分功能，也已经成为不可缺少的成分。

6.1.1　成膜剂种类及其特征

成膜剂必须是能够承载着色剂、助剂，黏合（固定）在坯革的表面，并赋予涂层坚牢度。成膜剂按照溶剂或分散介质的不同，可分为溶剂型和水乳型。按照其来源和性质分类，见图 6-2。各种类型的成膜剂还需要进行不同功能的区分，包括物理性能及化学性能的强弱（高低），如按照膜的软硬程度进行区分，又可以分为特软、软、中软、中硬、硬型。

市场上使用的成膜剂中，合成树脂类成膜剂主要有聚丙烯酸树脂类成膜剂、聚氨酯树脂类成膜剂、聚丁二烯树脂类成膜剂。

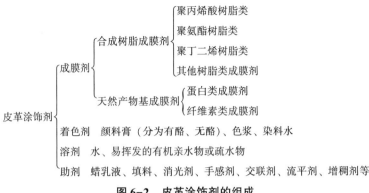

图 6-2 皮革涂饰剂的组成

6.1.1.1 聚丙烯酸树脂类成膜剂

聚丙烯酸树脂类成膜剂是以丙烯酸酯类单体为基，通过自由基共聚合而成的乳液，其反应示意式见图 6-3。

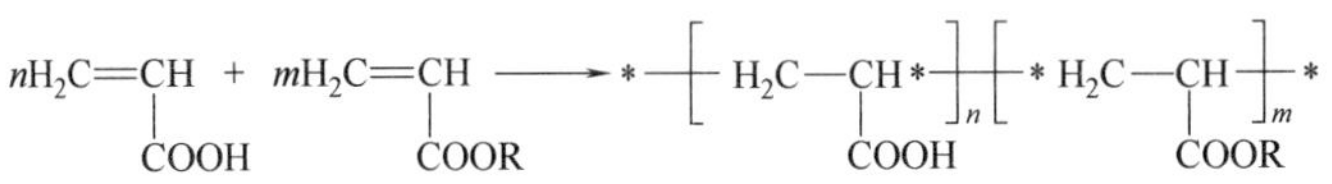

$$n H_2C\!=\!CH + m H_2C\!=\!CH \longrightarrow *\!\left[\!H_2C\!-\!CH\!*\right]_n\!*\!\left[H_2C\!-\!CH\right]_m\!*$$
$$\quad\ \ |\qquad\qquad |\qquad\qquad\qquad\quad |\qquad\qquad\quad\ \ |$$
$$\quad COOH\qquad\ COOR\qquad\qquad\ \ COOH\qquad\quad COOR$$

图 6-3 聚丙烯酸树脂反应形成示意

聚丙烯酸类树脂乳液在 20 世纪 40 年代后期逐渐被应用于皮革的涂饰中。早期的聚丙烯酸树脂乳液成膜耐热性较差，对温度敏感，热黏冷脆，且易被有机溶剂所溶解。后来，通过研究与开发不同的乙烯基类单体及聚合方法，逐渐呈现一系列功能优良的产品。其中有 STAHL 公司的 RA 系列，Lepton Binder 系列产品，意大利 ICAP 公司的 ICACRIL 597、599 等系列产品，TFL 公司的 Primal SB、Primal ST、Primal SCL 系列产品，RODA cryl 系列产品，西班牙 PIELCOLOR 公司的 RE 系列产品等，应用于皮革的涂饰。我国在 20 世纪 70 年代实现聚丙烯酸树脂乳液的工业化生产并应用于皮革工业，当时最有代表性的是上海皮革化工厂的软 1 树脂、软 2 树脂和中 1 树脂。目前，多种聚丙烯酸类树脂商品应用于生产。

聚丙烯酸树脂乳液特征：良好的乳液稳定性，优良的成膜性能，与涂饰常用的着色剂、多种涂饰助剂、多种涂饰用树脂成膜剂有很好的共混性。

聚丙烯酸树脂成膜特征：具有良好的耐光性、较好的黏着性、较好的物理力学强度、中高的光泽、良好的可加工性（优良的压花定型性）、优良的耐有机溶剂性。

聚丙烯酸树脂乳液成膜剂种类较多，主要有填充型、自交联型、阴阳离子型，具有不同柔软度及光泽度。

6.1.1.2 聚氨酯树脂类成膜剂

聚氨酯树脂类成膜剂是由异氰酸酯为基与聚酯多元醇或聚醚多元醇缩聚、扩链、成盐、乳化等形成的乳液，其反应示意式见图 6-4。

$$nOCN(CH_2)_6NCO + nHO(CH_2)_4OH \longrightarrow \underset{}{\underbrace{OCNH(CH_2)_6NHCOO(CH_2)_4O}_n}$$

图 6-4　聚氨酯树脂反应形成示意

1937 年，德国 Bayer 公司首次合成聚氨酯，于 1972 年率先开发了水性聚氨酯皮革涂饰材料，并逐渐用于皮革的涂饰中。20 世纪 80 年代，我国也相继研究和生产出水性聚氨酯涂饰剂。与聚丙烯酸树脂类成膜剂比较，聚氨酯树脂类成膜剂具有更加优良的物理性能，目前已广泛用于各种坯革的涂饰中。几乎生产涂饰剂的皮革化工材料公司多有此类的产品，如 STAHL 公司的 RU 系列产品，TFL 公司的 BAYDERM Bottom 10UD、50UD、91UD 等系列产品，RODA PUR 系列产品，意大利 ICAP 公司的 IDRO-TAN 系列产品，西班牙 PIELCOLOR 公司的 UR 系列产品等。

聚氨酯树脂乳液特征：优良的成膜性能，与多种涂饰助剂、多种涂饰用树脂成膜剂有良好的共混性。

聚氨酯类树脂成膜特征：具有良好的黏着性，优良的物理力学强度、耐热耐寒性，较高的光泽度，脂族聚氨酯具有良好的耐光性（芳族类聚氨酯易黄变），优良的抗剪切但压花定型性较差。

聚氨酯树脂乳液成膜剂种类较多，主要有溶剂型和水分散型、阴阳离子型，具有不同柔软度及光泽度。

6.1.1.3　聚丁二烯树脂类成膜剂

聚丁二烯树脂类成膜剂是以 1，3-丁二烯单体为基，通过自由基共聚反应形成的共聚物，其产物结构示意式见图 6-5。

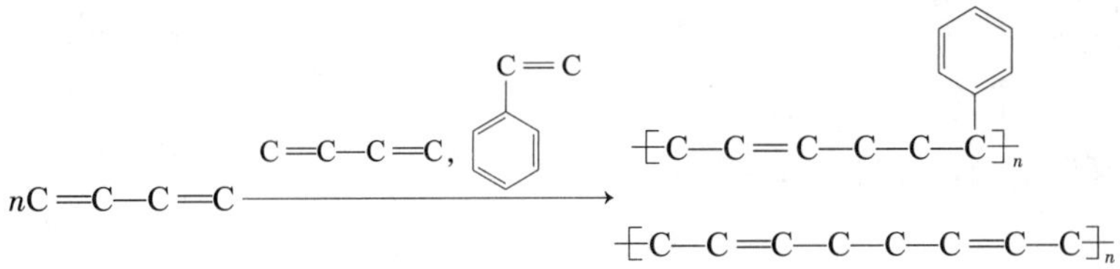

图 6-5　聚丁二烯类树脂结构

聚丁二烯树脂来源于石油产品加工，从 20 世纪 70 年代开始用于皮革的涂饰，如 LanXess 公司的 EUDERM Resin 50B-N。由于成本及膜性能特征等原因，聚丁二烯树脂乳液应用于皮革涂饰的量较少。

聚丁二烯树脂乳液特征：优良的成膜性能。

聚丁二烯树脂成膜特征：具有极好的遮盖性能、良好的物理力学强度、极好的离板性，耐黄变差（主链结构中存在碳碳双键）。

聚丁二烯树脂乳液成膜剂种类：水分散液，具有不同柔软度和中低的光泽度。

6.1.1.4　其他树脂类成膜剂

随着产品功能要求的增加或新型原料的应用，不时有一些新的成膜剂被开发报道，如聚乙烯醇树脂、环氧树脂、酚醛树脂等，但由于性能或成本的问题而没有或极少应用于商品化生产。另一类树脂为具有较多功能的复合树脂，常称为综合树脂，始于20世纪90年代后期，它是采用多种成膜剂以及涂饰助剂复配而成，目的是除了能够实现成膜剂的基本功能外，还呈现多种功能。这些树脂能够使涂饰操作简化，最大化发挥成膜树脂与助剂的功能，如黏合力、遮盖性、填充性、可磨性、热压离板性及成型性等。这类树脂多用于底层涂饰，较少用于中层涂饰、上层涂饰。综合树脂在使用时可以单独成膜，也可以与其他树脂及助剂复合成膜。迄今为止，已有较多皮革化工材料公司有此类产品，如 LanXess 公司的 EUDERM Compact FFN DP2029、Compact ON-C、NP DP2002，德瑞公司的 RODA base 系列产品，STAHL 公司的 RC 系列产品、Merio Resin 系列产品，西班牙 PIELCOLOR 公司的 CP 系列产品等。

6.1.1.5 以天然产物为基的成膜材料

（1）蛋白类成膜剂

单纯的蛋白能干燥成膜，但由于缺乏涂饰成膜剂因而缺乏曲挠性及延伸性等主要功能，不能单独作为成膜剂使用。目前的蛋白类成膜剂主要以蛋清、酪素、明胶为主要成分，并通过接枝改性后的蛋白类材料。在合成树脂出现前，蛋清、酪素用于皮革的涂饰具有较长的历史。因此，这类成膜材料被皮革涂饰所重视。尽管对原来的蛋白质进行了改性，蛋白类成膜材料仍然存在以下基本共性：

① 良好的黏着性，可涂饰形成膜。

② 耐熨烫、打光，具有良好的熨平/压花时的离板性能，改善成品革的堆积性。

③ 可赋予涂层自然的光泽、舒适的手感。

④ 抗溶剂性能好。

⑤ 良好的卫生性能。

⑥ 成膜硬脆，缺乏延伸性。

⑦ 不耐水及酸碱。

⑧ 易腐蚀。

（2）改性酪素

改性酪素是一类通过树脂接枝改性提高了后酪素成膜延伸率及疏水性的材料。为了保留蛋白类材料的天然特质，更好地应用于皮革涂饰，国内外研究人员对其进行了多种改性。就酪素而言，分别采用了乙烯基类单体、异氰酸酯单体等改性，研制并生产出系列改性酪素产品。如 LanXess 公司的 Lustre 2061-C、2062-C，德瑞（TFL）公司的 RODA bind 系列产品，STAHL 公司的 BI 与 Melio Top 系列产品，Trumpler 公司的 TRUPOFIN BINDER 系列产品，意大利 ICAP 公司的 ICATOP LM40、LM50、LM58，西班牙 PIELCOLOR 公司的 LP、LK 系列蛋白成膜剂，武汉天马实业总公司的酪龙黏合剂等。

改性酪素涂饰后的涂层光泽柔和、黏着牢固、耐熨烫、手感自然，能保持天然皮革的透气性能、透水汽性能等卫生性能，提高了耐水溶性。但与其他树脂类相比，仍存在涂层较硬、耐湿擦性能不足、易黄变等缺陷。

（3）纤维素类成膜剂

硝化纤维（NC）、醋酸纤维（CAB）是通过溶剂及增塑剂而获得延伸性能的成膜物，也称纤维素光油（硝化棉光油、醋酸棉光油）。纤维素来自光合作用（年产几十亿吨），是最丰富的高分子材料，纤维素的化学结构中基本结构单元是葡萄糖，其间以 β-1，4-糖苷键连接（见图 6-6）。纤维素的分子间以氢键作用力聚集，不溶于水，但可溶于一定浓度 NaOH 溶液。涂饰用纤维素光油以纤维素衍生物构成，即分别按照不同改性方法将纤维素酯化改性，得到酯化产物，如硝化纤维、醋酸纤维，其结构见图 6-6。

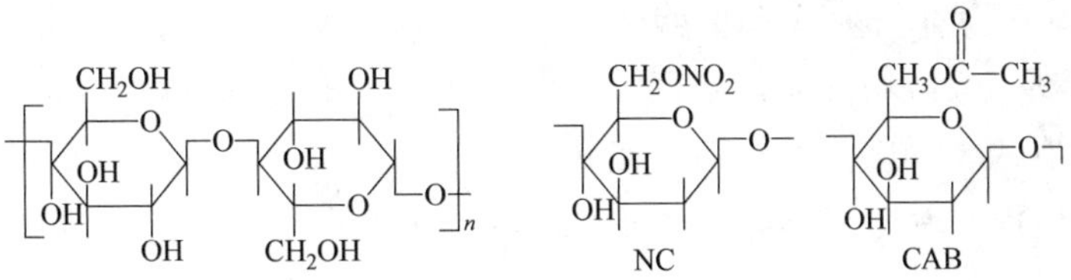

图 6-6　纤维素的酯化产物硝化纤维与醋酸纤维结构示意

硝化纤维素、醋酸纤维素中的酯化程度直接影响纤维素成膜剂性能，如硝化纤维素类成膜剂的含氮量为 11.8% ~ 12.3%，但其成膜硬、脆，依赖溶剂及增塑剂协助成膜，并借助分散助剂分散并分散在溶剂或水中。因此，按照分散介质不同，可分为溶剂型和乳液型两种。两种纤维素衍生物成膜剂的基本性能见表 6-1。

表 6-1　两种纤维素酯基本特性

特性	硝化纤维（NC）	醋酸纤维（CAB）
易燃性	高	低
耐热、紫外光	差	好
耐水性	好	好
耐酸性	差	差
混溶性	差	差
溶剂可溶性	好	差
干燥特征	快	极快
手感	较硬	较软

纤维素类成膜剂与蛋白类相似，延伸性与曲挠性均依赖增塑剂获得。良好的光泽、舒适的手感和抗水性能使它们均可用作坯革的顶层光亮剂。较弱的黏合性能，使得该类材料多用于涂饰过程中的隔离层，主要起到隔离、防黏板作用。一些生产涂饰剂的公司都多有类似的产品，如 LanXess 公司的 ISODERM LA83-N、LA85-N-c，STAHL 公司的 LW 和 LS 系列产品，Melio EW 系列产品，德瑞（TFL）公司的 RODA lac 系列产品，西班牙 PIELCOLOR 公司的 LA、LB、LU 系列产品。

6.1.2　着色剂种类及其特征

色彩斑斓的皮革及其制品广受消费者喜爱。皮革的颜色主要来源于皮革的着色剂，如颜料膏、颜料浆及染料。通过着色剂使成品革的表面显出美观的色调及颜色效应，遮盖坯革原有的缺点。

（1）颜料

颜料是不溶于水并具有一定颜色的细分散粉末，分为无机颜料和有机颜料。无机颜料一般为金属氧化物，其具有鲜艳的色泽及良好的遮盖力。金属氧化物颜料对光和热的稳定性好。有机颜料则是不溶于水或有机溶剂的有机物或色淀。有机颜料遮盖性较好但不及金属氧化物颜料。颜料的特性包括遮盖力、着色力、分散度、耐光性、耐热性、耐酸碱性等。

颜料的遮盖力是指能遮盖坯革的底色而不露底的能力。颜料的遮盖力通常用每遮盖 $1m^2$ 的面积所需要颜料的克数来表示。颜料遮盖力的强弱取决于颜料和成膜剂的折光率之差，数值越大，遮盖力越强。颜料遮盖能力的大小取决颜料的种类、形状、粒度的分布及分散程度有关。通常，无机颜料的粒径为 $0.10 \sim 2.15\mu m$，而有机颜料的粒径为 $0.01 \sim 1.00\mu m$，具有较佳的遮盖能力；不同种类颜料的最佳遮盖力的粒径大小也不同。红色颜料的粒径为 $530 \sim 550nm$、绿色的为 $500 \sim 530nm$、蓝色的为 $440 \sim 480nm$、白色的为 $400 \sim 700nm$ 时，其遮盖效果最好。遮盖力大小不同的颜料在涂饰剂中的用量也不同，遮盖力较强的颜料，用量相应较小，遮盖力弱的颜料则用量较大。

颜料的着色力则是指该颜料显示其颜色强弱的能力。颜料的着色力与自身的性质和分散度有关。分散度越大，着色力越强。

（2）颜料膏与色浆

可将颜料制备成溶剂型或水分散型。溶剂型的称为油墨，主要用在溶剂型涂饰剂的涂饰中，如与溶剂型硝化纤维成膜着色。水分散型的称为颜料膏，具有良好流动性的还称为色浆。颜料膏与色浆的分散介质有酪素、树脂类物质。根据分散介质是否有酪素，分有酪颜料膏和无酪颜料膏。基本特质见表6-2。也可按照颜料的类别，将其分为有机颜料膏和无机颜料膏，其性能区别见表6-3。

颜料膏可广泛用于聚丙烯酸树脂、聚氨酯树脂、综合树脂等成膜剂的着色。在涂饰配方中，按照所需要的颜色，分别采用不同比例的颜料膏进行调配。调色规律可根据减色法，参见表6-4。

表 6-2　　　　　　　　　　有酪颜料膏和无酪颜料膏的基本物性比较

性能	有酪颜料膏	无酪颜料膏
填充性	好	差
成膜性	好	差
耐热性	好	差
耐光性	较差	好
耐水洗性	差	好

续表

性能	有酪颜料膏	无酪颜料膏
涂层硬度	较硬	软
涂层的离板性	好	差
涂饰剂或涂层的防腐性	差	好

表 6-3　　　　　　　　有机颜料膏和无机颜料膏基本物性比较

性能	有机颜料膏	无机颜料膏
透明度	好	不好
遮盖力	较差	强
耐高温	中等($\leqslant 300^{\circ}$C)	强($\leqslant 1000^{\circ}$C)
颜色鲜艳度	好	一般
对超声波是否产生反应/火花	不会	有可能会（尤其是黑色或深棕色）

表 6-4　　　　　　　　一些颜色的颜料膏的搭配效果

颜色 1	颜色 2	颜色 3	目标颜色
红色	黄色	—	橙色
红色	蓝色	—	紫色
黄色	蓝色	—	绿色
紫色	黄色	—	黑色
蓝色	橙色	—	黑色
紫色	橙色	—	深棕色
红色	绿色	—	黄色
蓝色	绿色	—	军绿色
红色	蓝色	—	紫红色
红色	黄色	蓝色	黑色

按照颜料膏或色浆所带电荷不同，其可分为阴离子型、非离子型、阳离子型。在应用时分别与相容的离子或电荷的涂饰剂组分进行搭配。

根据颜料膏的遮盖性能，分为遮盖型和透明型。超细型颜料可替代染料用于效应层的着色和苯胺效应革的涂饰。

颜料膏在 LanXess 公司、TFL 公司、STAHL 公司、Trumpler 公司、PIELCOLOR 公司、意大利 SIMIA 公司等及四川达威科技股份有限公司等国内部分公司都有系列的产品。

（3）染料水

在涂饰过程中，为了使坯革的无涂层或薄涂层实现调色，通常采用染料水补充或增加着色。所使用的染料有金属络合染料水、耐晒醇溶型染料、酸性染料等。其中，最常用的为非水溶性金属配合染料（如 1∶2 金属配合物），主要有黑色、白色、灰色、浅棕色、棕色、蓝色、柠檬黄色、绿色、黄色、橙色、红色等。

非水溶性染料水需要用溶剂溶解。为了满足水基涂饰，还需要用水稀释。用染料水参与涂饰可以提高涂膜色调的鲜艳度或某种效应，但是由于染料水的浓度及染料水主要成分为染料，遮盖性较颜料构成的颜料膏及色浆差，因此，对坯革的伤残、瑕疵甚至色花都难以用染料水进行遮盖。TFL 公司、STAHL 公司、LanXess 公司等及国内一些公司有系列的产品。

染料水和颜料膏对涂层的作用差别见表 6-5。

表 6-5   染料水和颜料膏的基本性能比较

性能	染料水	颜料膏
颜色种类	色谱宽	色谱宽
遮盖力	差	好
着色力	弱	强
颜色饱满度	弱	好
附着力	强	弱
渗透性	强	差
耐黄变性	差	好

6.1.3 溶剂种类及其特征

6.1.3.1 溶剂的种类

在皮革涂饰过程中，为了溶解或分散树脂，降低涂饰浆液的黏度，改善涂层的流平、成膜等性能，需要采用不同类型的溶剂，主要是水及有机溶剂。

不同类型的有机溶剂所起到的作用不同。根据溶解理论，有机溶剂按照氢键强弱和形式，主要分为弱氢键溶剂、中等氢键溶剂（或氢键接受型溶剂）和强氢键溶剂（或氢键授受型溶剂）3 种类型，见图 6-7。

溶剂 { 水
　　　有机溶剂 { 弱氢键溶剂，如烃类、卤代烃类等
　　　　　　　　中等氢键溶剂（或氢键接受型溶剂），如酮类、酯类、醚类等
　　　　　　　　强氢键溶剂（或氢键授受型溶剂），如乙醇、异丙醇、
　　　　　　　　　　正丁醇等、异丁醇、甲氧基丙醇等

图 6-7 皮革涂饰用溶剂的分类

弱氢键溶剂主要包括石油类溶剂（包括石油醚、白油或松香水、高芳烃的石油溶剂等）、苯系溶剂（包括甲苯、二甲苯等）、和氯代烃、硝基烃（三氯甲烷、二氯甲烷、硝基甲烷等）。芳香烃能溶解很多树脂，但价格较脂肪烃的高。商业上，脂肪烃溶剂是直链脂肪烃、异构脂肪烃、环烷烃以及少量芳烃的混合物。

中等氢键溶剂，即氢键接受型溶剂，主要是酮、酯和醚类。主要有丙酮、丁酮、甲基异丁基酮、乙酸乙酯、乙酸丁酯、乙二醇醚、丙二醇醚等。其各有优缺点，即酮类溶剂较酯类溶剂便宜，但酯类溶剂较酮类溶剂气味芳香。

强氢键溶剂，即氢键授受型溶剂，主要为醇类溶剂及部分醚类溶剂，常用的有乙

醇、异丙醇、正丁醇、异丁醇、甲氧基丙醇、丙二醇单醚、乙二醇单醚、吡啶等。

这 3 类部分溶剂及其物理性质见表 6-6。

表 6-6　　　　　　　　　　　部分溶剂的物理性质

溶剂	沸点/℃	相对挥发速度 (25℃)/[g/(min·m)]	相对密度 (25℃)g/cm³
石脑油	119~129	1.40	0.742
200#溶剂汽油	158~197	0.10	0.772
甲苯	110~111	2.00	0.865
二甲苯	138~140	0.60	0.865
1,1,1-三氯乙烷	73~75	6.00	1.325
丁酮	80	3.80	0.802
甲基异丁基酮	116	1.60	0.799
2-庚酮	147~153	0.46	0.814
异佛尔酮	215~220	0.02	0.919
醋酸乙酯	75~78	3.90	0.894
醋酸异丙酯	85~90	3.40	0.866
醋酸正丁酯	118~128	1.00	0.872
醋酸-1-甲氧基-2-丙酯	140~150	0.40	0.966
醋酸-2-丁氧基乙酯	186~194	0.03	0.938
1-硝基丙烷/硝基	112~133	1.00	0.987
甲醇	64~65	3.50	0.789
乙醇	74~82	1.40	0.809
异丙醇	80~84	1.40	0.783
正丁醇	116~119	0.62	0.808
1-丙氧基-2-丙醇	149~153	0.21	0.89
2-丁氧基乙醇	169~173	0.07	0.901
二甘醇单丁基醚	230~235	<0.01	0.956
乙二醇	196~198	<0.01	1.114
丙二醇	185~190	0.01	1.035

6.1.3.2　涂饰剂中溶剂的挥发

在皮革涂饰过程中，溶剂的挥发可分为两个阶段。第一阶段，溶剂的挥发速度主要受单一溶剂挥发的温度、蒸汽压、表面积和表面空气的流动速度等因素所影响，其挥发速度与纯溶剂相同。但随着溶剂的进一步挥发，其挥发速度突然变慢，此时就进入第二阶段，即溶剂的挥发速度不再由表面溶剂的挥发所控制，而是由溶剂从涂膜内到表面的扩散所控制，溶剂的挥发速度与膜厚度的平方成正比。通常当溶剂挥发到 70%~80% 时，即为第二阶段，见图 6-8。

6.1.3.3　水性涂饰剂中水的挥发

水性涂饰剂中水的挥发与通常溶剂挥发的第一阶段类似，也受温度、相对湿度、空气流动速度等因素的影响。但随着大量的水挥发后，挥发速度减慢，表面层凝结，水分子必须扩散通过表面层挥发。

6.1.4 助剂种类及其特征

皮革涂饰剂中助剂的重要作用或者是增加或改善涂层的功能，或者是改善涂饰操作。常用助剂有蜡乳液、消光剂、填料、手感剂、交联剂、渗透剂、流平剂、增稠剂等。

（1）蜡乳液

蜡乳液的主要作用是解决涂层的黏着性、改善手感、遮盖伤残以及增强消光（不熨压）。为了防止皮革上层涂饰的黏着性及保证熨平和压花过程中的离板性能，可以在涂饰层内加入蜡乳液。但防黏是双面效应，因为蜡乳液也是破坏涂层黏

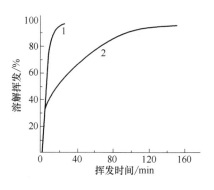

1—100%甲基环己烷；2—40%长油度醇酸树脂的甲基环己烷。

图 6-8 溶剂的挥发阶段

着力的材料，需要适当使用。蜡乳液可以改善最终成革的手感、遮盖皮革粒面轻微的伤残等。在不经过打光、抛光的前提下有良好的消光作用。

蜡乳液是将植物蜡、动物蜡、矿物蜡等采用适当比例的乳化剂乳化而成的乳液。植物蜡主要有巴西棕榈蜡、米糠蜡等；动物蜡则主要有蜂蜡、川蜡（虫白蜡）等；矿物蜡主要有蒙旦蜡（又叫褐煤蜡、地蜡）、微晶蜡、石蜡等；合成蜡则主要为聚乙烯蜡、聚氧乙烯蜡等。

按照蜡乳液所带电荷不同，有阳离子蜡乳液和阴离子蜡乳液，分别赋予涂层不同的性能。国内外皮革化料公司具有相应的产品。如 LanXess 公司的 WAX Cl-c、WAX E-c、KWS-C、KWF-C，德瑞公司的 RODA WAX 系列产品，西班牙 PIELCOLOR 公司的 AA 系列产品，STAHL 公司的 FI-50、MELIO WAX 178、MELIO WAX 187 等。根据功能描述，还有梦幻效应的变色蜡、带树脂的蜡剂及其他可赋予涂层双色效应、蜡变效应的蜡等。

（2）填料

皮革涂饰中填料的主要作用是改善涂层的饱满性、可加工性及最终成革的手感。填料较多被作为避免涂层间的发黏使用。含有填料的涂层的成膜不透明，有较强的遮盖力、填充性，因此也被作为消光材料。

填料多以 SiO_2、高岭土、蛋白、蜡乳液与合成高分子类化合物为组分或它们的复合体，属非成膜物质。国内外皮革化料公司均具有相应的产品，如 STAHL 公司的 FI-1261、MELIO Filler D，意大利 ICAP 公司的 ICAFILLER MR、ICAFILLER 1583，LanXess 公司的 EUDERM Nappa Soft S-C、Soft F-C 等。

（3）消光剂

通过消光剂对射入光的漫反射，达到遮盖粒面不均匀造成的瑕疵，获得均匀光泽效果。消光剂是具有均匀粒径的硅溶胶、硬脂酸盐及其衍生物、水溶性丙烯酰胺类聚

合物、二氧化钛、蜡乳液等的复合物，通过表面铺盖，使粗糙的表面同一方向的折射光强度降低，达到消光目的。消光原理见图 6-9。

图 6-9 不同平面对光的散射情况

国外皮革化料公司产品，如意大利 ICAP 公司的 5430，LanXess 公司的 Matting SN-c、HE-6，德瑞公司的 RODA Mat 5801，STAHL 公司的 Merio Mattpaste 系列产品，西班牙 PIELCOLOR 公司的 7335-AM、7340-AM 等。国内一些公司也有同类产品。

（4）手感剂

用于调节皮革涂层具有不同触感的助剂统称为手感剂。手感不同，物质的种类不同，如有机硅酮、天然蜡与合成蜡、油脂类、合成树脂类，分别赋予革涂层的滑感、蜡感、油感、润湿感及黏滞感等。国外化料公司大多拥有此类产品，如 STAHL 公司的 HM 系列产品、MELIO WF 系列产品，LanXess 公司的 Additive 2229W，德瑞公司的 RODA feel 系列产品，西班牙 PIELCOLOR 公司的 AT 系列产品等。国内一些公司也有同类产品。

（5）交联剂

将线型或支链大分子以化学键形式连接成网状结构的反应称为交联。凡是高分子链内能够与官能度大于 2 的单体反应，都可发生交联。交联反应在高分子材料制造上是一类非常重要的化学反应，是改变聚合物性能的一个重要方法。

在皮革的涂饰过程中，聚氨酯树脂、丙烯酸树脂、纤维素衍生物（包括硝酸纤维素、醋酸丁酸纤维素等）、酪素以及聚丁二烯树脂等成膜物多为线型高分子聚合物，其力学性、抗热性、抗水及溶剂性等往往难以满足使用条件。因此，为了提高涂层的坚牢度，在涂饰剂中采用交联剂对其进行必要的交联，增强分子结构，使分子链间不易产生滑动，而且可以封闭亲水基团，使其耐水、耐溶剂性、耐摩擦性能及力学性能均得以提高。同时，也可增强涂层间的接着性能。交联剂的交联反应示意图见图 6-10。

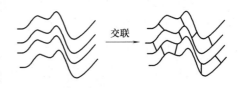

图 6-10 交联剂交联反应示意

通过交联使聚合物的链段运动受影响，强度提高。轻度交联的涂膜有较高的耐热性和强度，且对韧性的影响较小。如果交联度过高，成膜的韧性降低、脆性增加。因此，交联剂使用不当，容易使涂层变硬，甚至出现裂面等现象。

目前常用的交联剂有氮丙啶类、异氰酸盐类、聚碳化二亚胺类、环氧化物类、聚脲类，它们的性能及反应特征见表 6-7。如 STAHL 公司的 XR 系列产品、Aqualen AKU，LanXess 公司的 AQUADERM XL 系列产品，德瑞公司的 RODA link 系列产品等。

表 6-7 不同种类交联剂的特点

种类	反应的基团	反应速度	适用期	完成交联/h	特性
聚碳化二亚胺类	—COOH	慢	约 36h	4~8	干爽,可再涂,交联效果一般;低毒性
环氧化物类	—NH—、—OH、—COOH	中等	约 30d	2~24	需要高温交联
异氰酸酯类	—NH—、—OH、—NHCONH—、—COOH	快	约 8h	约 24	交联反应较快,可再涂;不耐存放,易与水反应
氮丙啶类	—COOH、—OH	很快	1~2d	0.5~1.0	易反应,交联效果佳;高毒性
聚脲类	—NH—、—OH、—NHCONH—、—COOH	快	1~2d	4~8	环保,再涂性好

（6）流平剂

流平剂是一种协助涂饰剂能够平整光滑成膜的高沸点助剂。流平剂能够有效地降低皮革涂饰剂与坯革之间的表面张力、调整溶剂蒸发速度，降低黏度改善涂饰剂的流动性，延长干燥或成膜时间，使得涂膜平整、光滑、均匀。流平剂主要有烷基磷脂类、醋丁纤维素类、聚丙烯酸树脂类，以及一些高沸点溶剂。常用的该类产品有 LanXess 公司的 PRIMAL leveler MA-65，STAHL 公司的 LA-1688、Melio LV-03 等。

（7）渗透剂

渗透剂的主要成分大多为表面活性剂。有阴离子型、阳离子型及非离子型，其中阴离子型与非离子型使用的较多。另外，有些溶剂也可以用作渗透剂。

渗透剂主要用于底层涂饰中，根据革的品种不同，可调节涂饰剂的渗透程度。特别是在坯革的干填充中，其作用是使填充性树脂或底层涂饰剂更好地润湿革面和向革内渗透，增强涂层与坯革的接着。该类常见的产品有 LanXess 公司的 PRIMAL leveler MA-65，STAHL 公司的 PT-4235、Melio P-4899 等。

（8）增稠剂

增稠剂是一种可使涂饰剂增稠，防止出现流挂现象的流变助剂。增稠剂主要有无机复合物、有机纤维素类、聚丙烯酸树脂和聚氨酯增稠剂。无机增稠剂是一类吸水膨胀而形成触变性的凝胶矿物，主要有膨润土、硅酸铝等。纤维素类增稠剂有甲基纤维素、羧甲基纤维素、羟乙基纤维素、羟丙基甲基纤维素等。聚丙烯酸树脂增稠剂有水溶性的聚丙烯酸盐和丙烯酸、甲基丙烯酸的均聚物或共聚物乳液增稠剂。聚氨酯类增稠剂是近年来新开发的缔合型增稠剂。常见的该类产品有 LanXess 公司的 ACRYSOL 系列产品、STAHL 公司的 RM 系列产品、德瑞（TFL）公司的 RODA visc D 等。

思考题：

（1）列表描述各类成膜剂的共性与个性。

（2）颜料的遮盖能力与哪些因素相关？

（3）如何区别溶剂与稀释剂？请举例。

（4）简述提高皮革涂层光泽及消光的原理及方法。

（5）成膜剂与涂饰剂的区别是什么？

6.2　成膜剂的成膜

成膜是指涂覆在坯革表面的成膜剂或涂饰剂由液体状态转变成固态薄膜的过程。整个成膜过程包括水、溶剂的蒸发及薄膜结构的形成。成膜过程既有物理作用，又有化学作用。另外，成膜的性能与涂饰剂的组成结构、成膜条件（温度、湿度、涂膜厚度等）和坯革的性能等密切相关。

皮革涂饰剂中的主要成分之一或者说载体是成膜剂，故其成膜过程就显得更为重要。常用的成膜剂有溶剂型和乳液型，其成膜过程区别较大，导致其成膜的物理机械性能也相差较大。

6.2.1　溶剂型成膜剂的成膜

6.2.1.1　成膜过程

溶剂型成膜剂是以高聚物为分散相、有机溶剂为连续相的均相体系，其成膜致密、光亮度高、物理性能比乳液型的好。在溶剂型成膜剂的成膜过程中，薄膜的形成是有机溶剂和稀释剂的挥发成分蒸发的结果。挥发成分的挥发速度是影响成膜速度的重要因素，而蒸发速度与挥发成分的蒸汽压有关。蒸汽压越大，蒸发就越快。溶剂和稀释剂从成膜剂溶液中蒸发的过程可分为 3 个阶段。

第一阶段：当成膜剂溶液涂于坯革表面上时，液态薄膜中大量的稀释剂和溶剂开始由涂膜下层向上扩散，涂膜表面上的浓度增大，逐渐形成一层溶剂的饱和蒸汽并开始蒸发。

第二阶段：先在成膜剂的表面形成一层很薄的膜，即为黏性凝胶，然后逐渐变成干凝胶，且随着液态薄膜的变薄而不断增加。在此过程中，溶剂和稀释剂的蒸发需要克服整个涂膜的扩散阻力及凝固涂膜表面的阻力。

第三阶段：与成膜剂结合最紧密的溶剂开始蒸发，膜收缩至稳定。

6.2.1.2　影响成膜的因素

成膜剂成膜的好坏直接影响到皮革涂层的物理机械性能。影响其成膜的因素较多，有成膜剂自身因素、稀释剂和其他因素（如相对湿度、温度、涂层厚度等）。

（1）挥发成分的影响

稀释剂、有机溶剂在成膜后应该全部蒸发到空气中，不残留在薄膜内。但两者挥发的顺序对成膜过程及效果影响较大。如果有机溶剂先于稀释剂蒸发，那么就会使树脂沉淀出来。若挥发组分蒸发太快，薄膜温度迅速降低，这样会使薄膜周围的潮气大量凝结在薄膜表面，使薄膜发白。因此，在选择有机溶剂和稀释剂时要注意其挥发所需要的温度及速度。

（2）相对湿度的影响

在溶剂型成膜剂的成膜过程中，空气的相对湿度也非常重要。如果空气的相对湿度太大，则不利于其成膜，同时，还会造成成膜发白现象。

（3）涂层厚度的影响

在成膜形成过程中，成膜剂先后处于不稳定状态、亚稳定状态和稳定状态。由不稳定状态到稳定状态的过程中，厚膜干燥会产生相当大的内应力，使薄膜收缩，从而影响到皮革表面粒纹及手感。因此，为了减小收缩作用，在涂饰过程中可以采用多次少量，尽可能减小薄膜的内应力，收缩易受坯革表面影响。

溶剂型成膜剂所形成的成膜均匀一致、致密度高、透明而有光泽，但膜的透气性和透水汽性都不好，厚膜更是如此。为了尽可能保持皮革的卫生性能，采用薄层涂饰也是有效措施。

溶剂型成膜剂的成膜过程中有机溶剂的挥发会对环境造成污染。因此，为了环保和穿着舒服，越来越多的皮革产品采用水性涂饰。

6.2.2 乳液型成膜剂的成膜

6.2.2.1 乳液型成膜剂的成膜过程

乳液型成膜剂是一种以高聚物为分散相、水为连续相的非均相存在体系。乳液型成膜剂成膜过程比溶剂型成膜剂复杂。在成膜过程中，随着水分挥发，乳液粒子慢慢接近，直至相互黏结融合，最后形成连续的涂膜。成膜过程的示意见图 6-11，可分 3 个阶段。

第一阶段（水的蒸发和被坯革吸收）：当乳液涂饰剂或成膜剂涂饰到坯革上之后，水分挥发及被坯革吸收。随着涂饰剂或成膜剂中水分的逐渐减少，聚合物微粒逐渐相互接近而达到密集的充填状态。同时，组分中

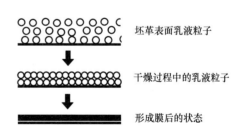

图 6-11 乳液型成膜剂的成膜过程

的乳化剂及其他水溶性助剂留在微粒间隙的水中，聚合物分散粒子间距离缩小，最后粒子间相连并形成一定程度的定向排布。

第二阶段（融合过程）：水分继续挥发，高聚物微粒表面吸附的保护层被破坏，裸露的微粒之间相互接触且间隙逐渐变小。当间隙小至毛细管管径大小时，由于毛细管

的作用，其毛细管压力高于聚合物微粒的抗变形力，微粒发生变形且凝聚、融合成连续的薄膜。

第三阶段（扩散过程）：乳化层被破坏，聚合物粒子间依靠自黏力相互作用，形成光整的薄膜。乳化剂溶解在聚合物中或者部分被坯革吸收。

6.2.2.2 影响成膜的因素

与溶剂型成膜剂相比较，乳液型成膜剂成膜的影响因素较多。主要有成膜剂本身、坯革及操作因素（如坯革的相对湿度、涂层厚度及组分材料的影响）。

（1）乳液稳定性的影响

随着水分的蒸发，乳液中单个聚合物球状粒子逐渐互相接触、涂饰剂各组分浓度升高，乳液粒子互相靠近、变形、破乳、融合联结，最后形成连续均匀的薄膜。乳液型成膜物所含的聚合物的结构不同，涂饰剂组分不同，其抵抗环境的能力就不同。乳液的稳定性高，变形、破乳、融合联结慢，流平时间长，涂层均匀性好。相反，过早的破乳难以形成理想的涂膜。

乳液粒径大小也影响其成膜。如果粒径小，涂饰剂组分之间混合均匀性好，形成的膜质量均匀，膜强度、光泽度好。反之，如果粒径大，则在成膜时聚合物粒子较大，导致成膜质量下降。

（2）坯革表面的影响

成膜剂的成膜情况与坯革表面的均匀性、吸收水分的能力、坯革的延伸性等密切相关。坯革表面的多孔性、高吸湿性可加快水从涂饰剂中排出，成膜速度过快，成膜不理想。坯革表面疏水过强，使乳液形成连续膜困难，膜的黏结牢度低，成膜不理想。涂饰剂接触坯革表面后，表面存在或迅速析出的酸、鞣剂、盐以及反电荷强等，均会导致涂饰乳液过早破乳，不利于理想成膜。

坯革表面太干但易吸湿膨胀，涂饰乳液干燥成膜后随粒面干燥收缩导致涂层光泽降低。因此，在涂饰前，需要对坯革进行预处理。

（3）涂层厚度的影响

在涂饰过程中，涂层的厚度也是决定形成涂膜是否完好的一个重要因素。涂层越厚，水分挥发多，涂膜干燥慢，表面不断被挥发的水分作用，膨胀、收缩，最终使膜面平整、光泽下降。尤其是厚的涂层中一些水分难以挥发，导致膜的流挂或长期黏性，使后续加工难以及时进行。

（4）成膜环境的影响

① 温度。乳液型成膜剂只有在适当的温度下才能融合成膜。能形成连续薄膜的最低温度，称为该乳液型成膜剂的最低成膜温度 MFT（Minmum Film Temperature）。如果环境的温度高于乳液型成膜剂的最低成膜温度，则聚合物粒子软、易于变形且成膜好。相反，如果环境的温度低于乳液型成膜剂的最低成膜温度，则成膜剂或涂饰剂中的水

分挥发缓慢，所含的高聚物不能融合成完整、连续的成膜，而呈现粉状或开裂状的不连续的膜。在涂饰剂中助剂的加入能改变降低成膜温度，如增塑剂的加入能降低成膜温度，而正常涂饰配比下颜料膏的加入则会使最低成膜温度升高 5~10℃。

② 空气的相对湿度、流速。乳液成膜剂中所含水分蒸发的速度与空气的相对湿度、流速有关。当相对湿度、流速适中时，水分蒸发缓慢，聚合物粒子有充分时间缓慢蠕动，达到最低能量的排列。当空气的相对湿度低而流速高，水分蒸发较快，聚合物粒子的排列还没有达到最为合理状态就由于过早的失水而相互黏结成膜，这样形成的膜是不完整的，会出现开裂、脱落现象。

③ 成膜时间。成膜剂的成膜需要一定的时间，所需时间的长短与外界条件如温度、相对湿度等有关。理论上讲，成膜时间长对膜质量有利，但效率低。根据生产需要及产品质量进行调节。

（5）涂饰剂组分的影响

皮革涂饰剂中的多种成膜剂、颜料膏、助剂、溶剂等成分，会对成膜剂的成膜过程及成膜质量产生影响。

① 混合成膜剂的影响。皮革涂饰剂中成膜剂一般由多种成膜剂组成。如果乳液是由成膜软和成膜较硬的聚合物乳液组成，那么在成膜过程中成膜软的聚合物粒子受到外界压力而容易变形，而成膜硬的聚合物粒子则包埋在成膜软的聚合物形成的薄膜中，这样形成的薄膜容易粉化、涂层的耐干/湿摩擦性能差。因此，在成膜剂的搭配中，采用成膜软硬程度较为接近的且具有良好相容性的聚合物乳液，即成膜中软与中软的、成膜中硬与中硬的、成膜硬的和硬的搭配。

② 涂饰助剂的影响。在皮革涂饰剂中包含的颜料膏、填料、蜡乳液等不成膜物质会缩小聚合物分子间的接触表面，阻碍聚合物粒子的凝结，致使其形成不均匀的薄膜。因此，加入助剂的量也会影响其成膜。过多的助剂不利于皮革涂饰剂成膜质量。因此，在皮革涂饰剂配方中，成膜剂与非成膜物质存在一定的比例，才可保证其成膜及其性能。

思考题：

（1）简述溶剂型成膜剂与乳液型成膜剂的成膜机理及异同点。

（2）乳液成膜剂在坯革表面成膜与哪些因素相关？请列表描述。

（3）哪些成膜因素需要平衡考虑？

6.3 皮革的涂层

对皮革涂层的要求由坯革特征、皮革的品种决定。因此，鞋面革、服装革、家具革、箱包革、汽车座垫革等对其涂层的性能要求不同。

皮革涂层也具有一般的共性指标，即色调、光泽、手感、柔软性、均匀性、透气性、耐水性、耐干/湿擦性能、抗曲挠性等。

因此，要赋予或区别涂饰层的多功能性，不是仅通过一种材料或者一层涂饰可以达到的，而是需要对涂饰剂配方、多层构造以及各层操作的紧密组合，才能达到涂层性能的要求。

6.3.1 皮革涂层的结构

一般情况下，皮革涂层按照组成和功能自下而上分为底层、中层、上层和顶层（手感层），见图 6-12 和图 6-13。与坯革接触的一层为底层，随后依次为中层、上层和顶层。

一般来说，涂饰中如果采用的涂层越多、工序越烦琐，那么被涂饰的坯革及涂饰后的成品革的档次或等级就越低。

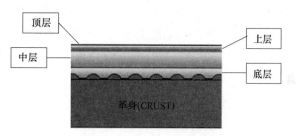

图 6-12　皮革涂层结构示意

图 6-13　皮革涂层与等级示意

6.3.1.1 底层涂饰层

底层是与坯革黏合的第一层，起着黏合与隔离的重要作用。作为与坯革表面的连接层，后续涂层不会因为底层黏着力弱而出现脱层现象。为了增强底涂层与坯革的黏合，通常采用特软、软或具有渗透性的成膜树脂作为主要成膜物质。

底层涂饰可分为底涂预处理—底涂和直接底涂两类。底涂预处理又有预底涂、封底、饱释等处理。具体采用哪种底涂方式可依据坯革的特点进行选择。

（1）底涂预处理—底涂

为了改善涂饰的可操作性以及提高成革的感官价值。底涂预处理的主要作用是：防止涂饰剂过多渗入革内影响手感、调整革面色调、改善粒面的饱满、提高粒面对涂层的承受能力等。

① 防止涂饰剂过多渗入革内的预处理。要求涂饰剂不能渗入革面太深，保持坯革原有的柔软度，因而常常对坯革采用封底预底涂的方法。该法采用少量的树脂喷或涂于坯革表面，通过树脂对粒面毛孔的填充与收缩形成隔离层，使后续的涂饰材料难以渗透到坯革中，从而保证坯革的柔软度。该预底涂后可以采用阳离子树脂、阴离子树脂或两者混合成膜剂进行涂饰。

② 调整革面色调的预处理。要求调整色调接近成革的色调。当染色处理没有达到成革色调时，涂饰前采用染料、染料与树脂进行底涂前处理。前者只调色，后者兼有防渗透功能。其中，使用的染料采用配合物染料（络合染料），该类染料有溶剂型、水与溶剂两性型，提高涂层的抗湿擦级别。

③ 改善粒面的饱满性预处理。通常为饱饰底涂的预处理或渗透性预处理，该处理主要用于浅层粒面松软的坯革。经过饱饰底涂预处理的坯革承受后续层的能力被提高。

④ 阳离子底涂。采用阳离子成膜树脂、阳离子颜料膏、阳离子蜡乳液等组分与水溶解组成底涂，通过与坯革表面的阴电性的材料聚集、结合获得很好的遮盖性能。获得良好的成膜后，也使革内材料及后续的涂饰材料难以渗透到革内，从而保证了坯革的柔软度。

⑤ 阴离子底涂。采用阴离子成膜树脂、阴离子蜡乳液、阴离子蜡乳液等组分与水溶解组成底涂，通过阴离子成膜剂在坯革表面形成均匀薄膜。除了阻止革内材料嵌入涂层外，也阻止上层涂饰剂渗入革内；除了具有很好的隔离性外、对上层也有良好的黏结性（接着性），保证了后续成膜的均匀性。

（2）直接底涂

直接底涂也称为饱饰性底涂（具有渗透、填充性底涂），主要用于粒面略松软及瑕疵的坯革。通过适当的填充作用，可使涂饰后的坯革粒面饱满、支撑后续更多量及收缩更强的涂层材料。因此，在饱饰性底涂的涂饰剂中，除包括成膜软的成膜剂外，还包括一些具有良好渗透性和填充性的材料，如中硬性树脂、填充蜡等。

底涂层要求成膜树脂柔软且黏着性好，在坯革上形成水不溶及不易被其他材料穿透的膜。但其还不能完全遮盖坯革的伤残或达到涂饰的要求。

6.3.1.2 中层涂饰层

中层涂饰是补充皮革色调与瑕疵遮盖并提升涂层强度的膜层。中层也称面浆层，是在底层基础上对坯革的伤残进一步遮盖及色调的调整。在中层膜中需要掺入色料、填料等助剂；中层膜与成革涂层的物理性能有关，该层的成膜较底层膜略硬，这样可以提高涂层的物理化学坚牢度。因此，中层涂饰层主要由成膜中软、中硬的树脂成膜剂，颜料膏、填料、蜡乳液、染料水等组成。

6.3.1.3　上层涂饰层

上层涂饰是最终决定成革涂层的物理力学、化学等性能的膜层。上层，也称光亮层或清光层，需要承受环境影响，包括光、热、湿、力（拉伸、摩刮、冲击）的作用。因此，上层涂饰层是外界的抵抗层，也是皮革的保护层。鉴于上层与外界的联系，皮革的色泽、手感也与上层相关。

上层需要采用成膜较硬的、具有特定光泽的成膜剂作为主要膜的支撑树脂，如蛋白树脂光亮剂、聚氨酯光亮剂、硝化纤维光亮剂等。这些成膜剂可以单独或搭配使用，也可以配合少量的助剂调整膜性能，如增塑、交联剂、消光等。高级别耐干湿擦的上层涂饰中不掺入色料，除非加入专用的色漆或有色光油。

6.3.1.4　顶层涂饰层

顶层涂饰是最终层，是皮革的美感层，也起着对皮革涂层的适当保护作用。顶层的涂饰可获得成革的手感、光泽及效应。根据使用性能（功能）的需要，顶层可以成膜，也可不成膜。为了更长久地保持涂层的手感，可在其中加入少量成膜较硬的树脂。成革的手感有滑爽感、油及蜡感、黏滞等；成革的光泽有高光、中光、亚光甚至暗光；协助上层使成革获得仿占、梦幻、龟裂等效应。

6.3.2　皮革涂层的特征

涂层的功能特性有色调、光泽、手感、黏着、柔软、均匀、透气、耐水、耐干/湿擦、抗曲挠等。

6.3.2.1　涂层的黏着性能

皮革的涂层要求与坯革有很好的持黏性，包括上下接着性（顶层要求下接着性）。事实上，各层还要求对涂层内各助剂有稳定的接着力，也称包容性。

涂层的黏附力是单位标准宽度试样的涂层剥离力，单位为 N/cm^2。无论成品革在干态、湿态时，或受环境作用，均要求涂层与坯革及涂层之间有较强的黏附力。涂层的黏附力主要来自成膜树脂。成膜树脂不仅要求自身有很好的黏附功能，而且要将涂层中颜料膏、手感剂、消光剂等其他不成膜物质同时黏合在涂层中。就各涂层树脂的黏附能力大小来说，软树脂、中软树脂、中硬树脂、硬树脂、光亮树脂依次降低。因此，随着各层树脂硬度的增大，非成膜助剂的用量也应该随之减少。

（1）涂层的黏附理论

涂饰过程主要表现在成膜剂的黏合过程。根据黏附理论，涂层与坯革、涂层与涂层、成膜剂与助剂之间可以通过机械契合理论、静电理论、扩散理论、弱边界层理论、流变学理论、吸附理论、酸碱作用理论等进行描述。

所谓表面黏合是指当两个固体已发生接触，需要一定的力或能量才能再次使它们分开的现象。弹性体之间的黏合与表面自由能及良好的吻合直接相关。

皮革涂饰有近百年历史，但对涂饰中的理论讨论极少。随着工业的发展，涂饰材料的增加，皮革使用功能要求的提高，进行涂饰中的黏合了解意义增加。

① 机械楔合黏结。涂层的黏结是由胶黏剂和被黏体之间的楔合而形成的。根据这个理论，在被黏物质表面不规则的或细孔的周围才有联结，粗糙表面比光滑表面有更大的可黏面积。

② 表面吸附黏结。当原子、分子间距离足够小时，必然要发生相互的作用。这些作用中，较强的是化学键力，其值在 $10 \sim 102kJ/mol$。其次是氢键力和范德华力，其值在 $10kJ/mol$ 以下。表面吸附黏结是从吸附现象的规律来解释黏附现象，认为界面间的相互作用主要是范德华力。在具有足够的分子接触情况下，聚合物胶黏剂和被黏体分子间的作用力就可以提供足够的黏合强度。

③ 互相扩散黏结。从热力学观点来看，两种物质互相扩散或混合的过程，服从自由能变化分析。对应的两种物质的溶解度参数 δ_1 和 δ_2 必须接近或相等。界面上两种聚合物间 δ 值相差越小，剥离强度越高。这种扩散作用还受到工艺因素影响，如增加接触时间、升高接触温度、增加两黏结物压力、加入增塑剂，可改善浸润状态。事实上，扩散黏结是一种深度吸附现象。

④ 静电黏结。根据黏结破坏面的带电现象，破裂处的放电认为黏结可以是通过胶黏剂和被黏体间静电引力作用结果。但是电荷的密度与剥离相关，因此这种黏结与外界作用速度相关。

⑤ 酸碱作用黏结。Fowkes 提出了黏附的酸碱作用理论。这个理论认为胶黏剂和被黏体可按其电性质，即接受质子的能力来分类。凡能接受质子的为碱性，反之为酸性。这个学说解释了纯粹用范德华力未能圆满解释的例子——酸碱作用理论，也是分子间作用力相互作用的一种形式，是吸附理论的一种补充。

（2）皮革涂饰的黏附力提高

根据黏附力理论，皮革涂饰的黏附力取决于坯革的表面理化特征，成膜剂本身特征与涂饰剂组分特征，涂饰操作的温度、成膜时间及施加的压力。在坯革的涂饰实践中，坯革表面净化处理、选择成膜剂及提高成膜剂比例、添加增塑剂或溶剂、提高成膜温度及熨压涂层等，都是提高涂层黏附强度的方法。

6.3.2.2　涂层的遮盖功能

涂层的遮盖功能是指涂饰剂涂覆于坯革上而达到掩盖瑕疵或营造新的表面的能力。为了消除坯革存在伤残、色花的观感，在皮革涂饰过程中要求涂层对坯革有良好的遮盖性。对于大部分有色涂饰而言，可采用颜料膏完成遮盖。颜料的不同用量、品种、品质会呈现不同程度的遮盖能力，需要根据遮盖要求进行确定。

6.3.2.3　涂层的光泽效应

涂层的光泽是皮革光亮、可视性的基本特征。对于成革品质而言，涂层的光泽是一项很重要的观感指标。光泽度的高低代表皮革表面反射光通量的大小。反射光通量越大，则光泽度越高。

相同组成的涂饰剂及涂饰方法，皮革涂层表面越平细，光泽度越高。同理，皮革涂层表面部位差越小，光泽度越均匀。

相同皮革涂层表面，涂饰剂组成不同或者涂饰方法不同，光泽度也不同。

皮革涂层的光泽度可分为高光型、消光型和亚光型（自然光型），可以通过后加工进行调整。另外，还可以对涂层进行光效应处理。涂层的光泽度可以用光泽仪进行测试。

（1）高光型

天然皮革的粒面可进行提高光泽的加工。一种方法是采用高摩尔分子折光度的聚合物成膜剂，获得良好的自然及压迫后流平，可获得高光泽度的表面，称为"镜面"效应。另一种方法是采用熨平、抛光、打光等操作。因此，高光泽的粒面需要靠树脂及适当的平整处理获得。

（2）消光型

涂层的消光是指通过材料的选择使用、机械处理等必要的途径，使入射到涂层的光线仅部分反射到观察者眼中而呈现的效果。作为皮革涂饰上层的硬树脂或光亮树脂成膜后均具有较高的光泽，但是市场上诸多产品并非需要高的光泽，尤其是通过合成树脂产生的非自然光泽。因此，消光往往成为常用的手段。通过消光处理可以获得不同光泽的效应，涂层具有更柔和、自然、优雅的外表。常见的服装革、汽车内饰革的涂层都要求消光型光泽。

消光处理以漫反射为主，阻止了光线从涂层内折射出。由此可知，消光处理往往兼有对坯革表面的某些伤残起到掩蔽的作用。

对涂层消光的控制方法较多。根据涂膜的流变性控制干燥的速度，如利用干燥时溶剂的挥发而产生的涂膜收缩及流平特征；增加涂层光散射物质，如颜料体积浓度、消光剂；对涂膜进行机械处理，如捽软摩擦增加表面粗糙。

（3）亚光型（自然光型）

大部分皮革涂层的光泽度为亚光型（自然光型），其介于高光型与消光型之间。对于天然皮革来说，该光泽自然、舒适。可以通过高光型成膜剂、消光树脂及相关助剂等搭配达到效果。

另外，皮革的涂层还可进行光效应处理。通过上层、顶层的助剂处理，使成革表面出现一些特殊的光效应。采用两种反差较大的染料喷色，产生色彩斑斓、古铜色、云雾色斑，形成微面积上不均匀或凌乱但整体却错落有致的醒目、立体或梦幻的视觉效果。采用特殊的树脂、助剂或材料，辅助成膜及特殊加工方式使涂层产生褶皱、裂纹、闪光及表面焦化等感官效应，增加产品的特色与品种。

6.3.2.4 涂膜的延弹性

涂膜的延弹性是皮革手感的直接反映，是获得真皮感具备的基础条件。当皮革品种受到拉伸、曲挠、折叠、挤压时，需要涂膜良好的软硬和延伸性配合，甚至协助皮革回弹恢复原型。

（1）涂膜软硬度

涂层的软硬度对成革的手感和质量非常重要，涉及成品革的柔软指标。对涂层的总体要求是与坯革的柔软度基本保持一致。不同的革制品对涂层的软硬度要求不同，如服装革的涂层较软，而家具革、箱包革的涂层要求较硬。

在涂饰配方设计及操作中，除需要考虑成膜树脂自身的软硬度、树脂用量及渗透入坯革内的程度外，还需要考虑涂饰剂的其他组成对涂层软硬度的影响。一般地，颜料膏、酪素、填料等的加入会使涂层变硬；蜡液、手感剂、消光剂、染料水基本不确定影响涂层的柔软度；加脂剂、渗透剂、柔软剂、流平剂可使涂层变软。但改变涂层软硬的助剂对涂层的强度均有不确定的影响，而使涂层柔软的助剂往往使涂层强度降低甚至发黏。

（2）涂膜的延弹性

皮革制品在使用中不断受到拉伸、曲挠、折叠，当受力消除后涂层也应与皮革一起还原，这就要求涂层有相应的延伸与回弹性。

坯革各部位的延伸性有所不同，腹颈部的延伸率大，正身部位延伸率小。另外，厚实的坯革受绷力作用或弯折时，其表面的延伸程度比内层的大。因此，该皮革涂层的延伸率都应比革的延伸率大，而回弹性应与革匹配。

在涂饰剂的组成中，软性成膜材料的延伸性好，但回弹性差。硬树脂延伸性差而回弹性好。但蛋白类纤维类成膜材料、颜料膏、手感剂、消光剂等的加入则会影响延弹性，故在工艺设计时应该控制其用量。

（3）涂膜层的耐曲挠性

皮革涂层的耐曲挠性是皮革制品的重要性能指标之一，涉及涂层的伸长率和韧性。皮革在使用过程中会受到反复的弯曲和延伸造成涂层的开裂。因此，要求皮革涂层具有良好的耐曲挠性使商品寿命延长。不同用途的商品革的要求不同，如鞋面革的伸长率小于30%，服装革、手套革的伸长率高于30%。

涂层的耐曲挠性与成膜剂的种类有关，聚氨酯、聚丙烯酸树脂、丁二烯树脂成膜剂有很好的耐曲挠性，而蛋白类和纤维类成膜剂的耐曲挠性差。除成膜剂的影响外，在涂饰剂的组成中，色膏、助剂的加入都会不同程度地降低耐曲挠性。

6.3.2.5 涂层的耐干擦、湿擦和抗有机溶剂性能

涂层的耐干擦、湿擦性是有色涂层皮革质量的重要指标之一，代表皮革制品在使

用过程中颜色是否褪去或是否污染接触物品的现象。

（1）涂层的耐干擦、湿擦性

涂层的耐干擦性能直接涉及树脂膜的耐磨、耐热性能。采用硬树脂或树脂的交联增强抵抗是耐干擦性的关键。因此，降低涂层表面的摩擦系数也是解决耐干擦性的一种方法。由此，树脂膜的光洁度及合理利用助剂也是解决的途径。因此，对坯革的伤残、瑕疵，甚至色花，都难以用染料水进行遮盖。

涂层的耐湿擦性取决于树脂膜抗湿热膨胀及溶解性的能力。同样，首先是涂饰树脂膜的抗水、抗膨胀，以免水浸入导致色料的浸出；其次是涂层强度，抵抗摩擦是稳定涂层对色料的遮盖或包壁作用。因此，增加涂层的强度以及减少一些抗水差的助剂是解决耐湿擦性能低的问题。

（2）涂层的抗有机溶剂性能

涂层的抗有机溶剂性能是皮革抵抗外界非水污染的性能。抵抗有机溶剂的溶胀甚至溶解主要靠树脂膜来承担，但也不能离开助剂的作用。不同类型成膜剂的耐水、耐部分溶剂性能情况见表6-8。

表6-8　　　　　　　　不同成膜剂的耐水、耐部分溶剂性能情况

成膜剂	耐水	耐丙酮	耐甲苯	耐乙酸酯类
聚丙烯酸树脂	良	良	良	良
聚氨酯树脂	中	差	良	良
聚丁二烯树脂	优	优	良	良
硝化纤维	优	良	良	溶解
蛋白类/改性蛋白	差/较差	优	优	优

涂层的抗有机溶剂性能与抗水性能具有互为矛盾性。如果涂层的抗水性增强，则抗有机溶剂性能下降，反之亦然。为了平衡两种不相容的性能，最好的办法是加强涂饰膜的结构稳定性，采用高性能树脂（高强度、抗膨胀），减少非交联助剂的使用，进行树脂内及各组分之间的交联，建立网状结构。

6.3.2.6　涂层的耐寒、耐热及耐老化性能

涂层的耐寒、耐热及耐老化性能决定着皮革加工及其制品的使用寿命。在皮革涂饰过程中，对涂层进行压花、熨平、抛光、打光等机械操作，可提高涂层在较高温度下的稳定性。皮革商品的使用还受到自然环境的长时期作用，因此，皮革涂层需要经受环境光、热、冷、湿的作用。

（1）耐寒、耐热性能

对于涂饰后的加工，涂层需要耐受的是热、热熨平、热压花等作用。根据不同的加工要求，涂膜需要不同的抵抗能力。单独受热时，涂层需要抵抗热作用而不产生流动变性；在受热熨平时，涂膜需要适当的流平与可塑定型；在进行热压花时，要求涂

层除能够可塑定型外，还需要抗热剪切。为了涂层在经受这些加工时获得工艺要求的结果，助剂的使用需要慎重。

由于各涂层的成膜树脂不仅需要良好的黏附力及强度，还需要保证热熨平、热压花的机械加工后各涂饰层功能的稳定性。因此，良好的助剂配比成为重要的手段。根据助剂特征，适当地选用掺入可以提高涂膜的抗热、抗压能力，防止热与热压时出现黏结现象；提高热压流平性、可塑性、抗剪切能力。

皮革制品在使用的过程中受光、热、冷、湿作用导致涂膜老化变质，表现在涂饰膜变色、变硬、脆化上。与革纤维比较，不耐老化是合成树脂的通病，难以用普通材料解决。然而，皮革产品在使用过程中更多的需要是涂层的耐寒性、耐热性要求。要求在较高温度环境中涂层不发黏，在天气寒冷时涂层不硬化甚至脆裂。要解决这一问题，关键是树脂膜的品质。

树脂膜的耐寒、耐热性能可用玻璃化温度（T_g）和熔融温度（T_m）来衡量。T_g 是高分子材料从玻璃态到橡胶态的转变温度，T_m 是高分子材料从橡胶态到熔融态的转变温度，分别是高分子材料使用的下限和上限温度。T_g 越低表明该树脂的耐寒性越好，反之，耐热性越好。虽然不同品牌的树脂、不同的涂饰层配方有不同的 T_g 与 T_m，但对于具有相同基本结构的成膜树脂存在着共性特征，见表6-9。工艺中可以根据这些共性进行选用，然后根据助剂的品种进行调整。

在涂层设计中，成膜剂的搭配使用显得非常重要。需要在皮革制造中，根据涂层需要、产品使用环境需要进行调整。在成膜剂配方中，若成膜软的组分比例大，则成膜的耐寒性好；若成膜硬的成分含量高，则成膜的耐热性好。

在涂层中加入交联剂的种类、交联程度对涂层的耐寒、耐热性能也有较大的影响。交联程度大，涂层的耐热性提高，而耐寒性能降低。

在涂层中加入增塑剂可以提高其耐寒性，加入硬质材料如颜料膏、填料、蛋白等，则可提高涂层的耐热性能。

表6-9 不同类型成膜剂的耐寒、耐热性能

成膜剂	耐寒耐热性
蛋白类	极佳的耐热性,耐熨烫,可打光,耐寒性差
聚丙烯酸树脂	耐热变形、黏性,有热冷脆缺陷
聚氨酯树脂	优良的耐寒耐热性
聚丁二烯树脂	优良的耐寒冻裂性及热压成型性
硝化纤维	优良的耐热性,耐寒性差

（2）涂层的耐老化性

皮革制品在使用的过程中需要经受环境光、热、冷、湿作用，涂层的耐老化性是

指涂层在这些环境下长期或反复作用下所引起涂层性质的变化。主要原因是成膜剂大分子的游离基导致分子氧化、裂解、增塑剂的挥发等。客观上表现为涂层硬化、脆裂、发黏或变色等，致使革制品不能继续使用。

涂层的耐老化性能主要与涂饰层的结构密切相关。如聚丁二烯树脂结构中含有双键，其容易被氧化剂氧化，涂层会变暗、发脆、发黄；硝化纤维涂层中随着增塑剂的迁移也会出现涂层脆化、氧化变黄；芳香族聚氨酯的成膜由于苯环和醚键易吸收紫外光，出现发黄、硬化现象；由杂质的助剂、钛白颜料、含过渡金属离子的涂层等，均会因光产生游离基而诱发树脂层老化。因此，易产生老化的涂饰材料及杂质不易进入涂层，尤其不适宜用于白色革或浅色革的涂饰。

6.3.2.7　涂层的卫生性能

涂层的卫生性能是指涂层的透气性和透水汽性。卫生性能良好的皮革做成的衣服或皮鞋使人穿着舒服，这也是真皮重要的使用价值之一。

皮革的卫生性能与涂层的种类、厚度、紧密度相关。成膜剂的种类不同，透水汽性也不同。同样厚度的涂层，天然结构的蛋白类的膜具有很好的透水汽性，较少阻碍皮革内外的水蒸气迁移。其次为硝化纤维，其他合成树脂几乎没有透水汽性。溶剂型涂饰剂形成的涂层的透水汽性比乳液型涂饰剂形成的涂层差。

但无论哪种涂饰材料，涂层越厚，透水汽性能越差。助剂的加入难以确定对涂层透水汽性能的影响，通常亲水性强的物质透水汽性能较好。另外，熨平、打光、压花等机械操作均会增加涂层的紧密度，使涂层的透水汽性能下降。

6.3.2.8　涂层的其他性能

皮革涂层除了基本的性能外，有些革需要在特定的环境中使用，还需要具备一些与革身配套的特殊性能，如阻燃性、雾化性等。

（1）阻燃性

皮革的阻燃性能主要被家具、汽车、航空及一些易接触火焰的皮革所要求。对皮革阻燃性的评价通常采用垂直燃烧实验法和需氧指数实验法。国内外均有相关标准检测皮革的阻燃性。

皮革的阻燃性由革身及涂层的阻燃性构成。加入皮革内的化工材料，如鞣剂、加脂剂、填充剂影响皮革的阻燃性，皮革涂层的阻燃也与形成涂层的材料相关。根据国际市场要求，皮革阻燃剂需要满足毒性安全性指标。

（2）雾化性

随着皮革制品使用卫生性要求的提高，对皮革的挥发性物质（VOC）限制要求提高。目前，汽车革、航空革一直要求雾化性指标。当皮革使用环境的温度升高，革内及涂层内的一些小分子物质出现挥发进入空气，被黏附在玻璃窗上影响视觉或被人体吸收引起伤害。因此，皮革制造中材料的选用十分关键。对涂饰而言，助剂的选用及树脂内溶剂、游离单体的存在，是影响雾化性的重要因素。

思考题：

（1）简述坯革各涂饰层的构成与功能，如何获得这些功能？

（2）如何提高皮革涂层的耐干擦、湿擦性能？

6.4　涂饰前坯革特征

成品革有服装革、鞋面革、箱包革、家具革（含沙发革、椅套革等）、汽车座垫革等。除不同的革品种对其涂层的性能要求不同外，不同的革品种对涂饰前坯革的特征也有基本要求，这样才能保证相应涂饰操作的顺利完成。

6.4.1　坯革的特征测评与分析

坯革的状态决定涂饰工艺操作的流程，并最终影响成革的质量。因此，在涂饰前，首先对坯革的特征进行观察和评估，然后根据坯革的状态选择合适的工艺流程，并进入涂饰操作。这种基本特征包括坯革的粒面及革身的状况。粒面的状况表现在完整、平整、伤残、色调、细致、饱满等，坯革的状况表现在革身的柔软度、延伸性、含湿量、吸水性、可熨平性、热塑性等。以下就几种常见的坯革状态进行讨论。

（1）坯革的平整

坯革的平整影响着涂饰剂分布的均匀性及成革的色光。坯革的平整包括革身的平整及革面的平细状况，表现在革身的翘曲及革面的折痕。革身的翘曲主要来源于在平整操作后没有消除或增加革内的内应力，存放后出现翘曲。可从以下几个方面进行分析：

① 革内纤维分散的均匀性。

② 革内材料分布的均匀性。

③ 革内水分分布的均匀性。

④ 干燥、做软、熨压操作的方法。

革面的折痕主要来源于胶原纤维间不理想的结合、干燥后的定型。可以从以下几个方面寻找原因：

① 鞣剂固定期间革的状态不良。

② 干燥期间革的状态不良。

③ 折叠情况下进行真空、熨压等机械操作。

④ 含湿堆放或折叠堆放时间过长。

⑤ 血筋与刀伤引起的折痕。

在涂饰前，需要对坯革进行修正或调整，确保坯革的平整性。

（2）坯革的延弹性

涂饰层能够保证皮革的延弹均匀，但坯革延弹存在部位差。这种部位差将影响涂层平整、色光均匀性。坯革延弹性的不均匀可从以下几个方面寻找原因：

① 革内纤维分散的均匀性。

② 革内材料分布的均匀性。

③ 革内水分分布的均匀性。

④ 干燥、拉软、熨压操作的方法。

（3）坯革的吸水性

坯革的吸水性影响成膜的连续性，粒面吸水膨胀将影响成膜的结合牢度。坯革的吸水性可从以下几个方面寻找原因：

① 坯革表面疏水性影响水性乳液的吸收。

② 坯革所含的表面活性剂过多，吸水太强。

③ 坯革的表面电解质过多，涂饰剂乳液过早破乳沉积。

（4）坯革表面疏松

坯革的疏松程度将影响对涂层干燥的收缩、熨压引起结壳感（起壳），难以完成理想的涂饰操作。成革后受拉伸，表面起皱，难以抵抗皮革产品受环境力量的作用。坯革的疏松可从以下几个方面寻找原因：

① 坯革粒面毛孔扩散过于松弛。

② 坯革涂饰前革身太软，无法进行涂饰。

③ 坯革粒面已经起绒。

（5）坯革的色调

对有色涂饰的坯革而言，坯革与成品革色调的色差大，或者坯革整面色调不均（色花），需要加强遮盖。大量颜料遮盖，导致涂层太厚、过硬。坯革的色调问题可从以下几个方面寻找原因：

① 复鞣造成阴电荷过强，染料着色率下降，颜色过淡（败色）。

② 染色用染料色调不对。

③ 鞣剂、复鞣剂、染料表面结合不均。

④ 坯革受氧化还原作用。

（6）坯革表面杂质

坯革表面杂质影响成膜乳液渗透及成膜，继而影响膜的黏合力、物理强度及其他质量指标。坯革的表面杂质问题可从以下几个方面寻找原因：

① 终端水洗不够，含盐、浮色、油脂等。

② 干加工过程黏灰、革屑等。

6.4.2 涂饰坯革表面处理

6.4.2.1 坯革的无施加物整理

（1）平整、平细处理

通过改变约束干燥与非约束干燥的水分范围进行调整；利用机械加工原理与作用对涂饰前坯革进行必要而适当处理，如采用真空、伸展、熨压、绷板进行加工，注意水分与坯革的承受力。适当损失丰满度及柔软性是必须的。最终需要与成革质量要求进行平衡。

（2）净面处理

在生产过程中，坯革粒面可能附着盐、浮色、油脂、灰尘、铬屑等污物，影响到涂饰剂的黏结和涂饰的效果，可对其进行净面。使用的材料为：水与有机溶剂（酒精、丙醇、丙酮）、氨水、醋酸、脱脂剂等混合物。具体用量根据坯革具有的污物特征与附着程度确定。

6.4.2.2 坯革的施加物整理

（1）色调处理

对坯革表面的色差与色花需要用色料进行预处理。为了减轻涂层的负担，可以在涂饰前进行色调的调整。采用溶剂型或水油两性金属配合物（络合）染料进行处理。方法可以用喷染（轻度调色）：将染料与水混合后均匀地喷在坯革表面。用量适当，如纯染料的 $5 \sim 7 g/m^2$。过多的喷染不仅难以解决遮盖，同时也降低了涂饰的黏合力。表面粗糙或经过轻磨的坯革采用喷染效果不良，需要辊染（辊涂）才能解决匀染遮盖，否则易产生浮色及阴暗面效应。

（2）填充处理

对表面空松、过软的坯革需要进行填充，使粒面紧实，减少折纹，克服起壳。

填充配比：填充材料往往没有专用，需要根据坯革特征、树脂及材料的有效物含量进行适当配比，基本配方有丙烯酸树脂或聚氨酯树脂（1）、油蜡物（0~0.5）、渗透剂（0.2~0.3）、水（1~3）。

① 填充类型。需要根据坯革的粒面状况进行。在工艺术语中有两类填充体系，即修面填充与全粒面填充。事实上，在这两类之间没有明确的界限，需要根据坯革粒面的松弛状况、成品革的要求、磨革的深浅进行判别或实验。

② 填充操作。根据现场条件及坯革状况可以进行刷填、揩填、喷填（轻填）、滚填（重填）。根据操作的方式，适当调整各物质配比。填充后的革需要静置，依靠重力、扩散渗入革面。必要时可以采用机械力，如伸展、真空，进行强化。

（3）补残处理

作为天然产物的皮革，自身或多或少地存在伤残和缺陷。同时，在后期的加工过程中可能增加人为伤残。为了遮盖坯革粒面的伤残并提高其档次，在涂饰前进行补残处理，也称补伤。

补残处理有点补或面补两种方法。

对粒面上明显的斑点式伤残，直接采用补伤膏或补伤膏与少量成膜树脂对伤残处进行点补，然后进行底涂遮盖，实现整张皮革表面观感一致。

对伤残不够明显或者伤残分布密度大的坯革，无法用点补解决时，则采用面补方法，如揩涂、辊涂。

为了遮盖补残部位与未补残部位的色差，常常采用以下方法：

① 点补与面补结合。

② 在补残的配方中加入消光剂和遮盖性强的树脂。

③ 将面补工序与底涂工序联合操作。

针对具有较大伤残的坯革，在点补或面补干燥后，需要进行磨革操作，使粒面光滑、均匀，消除因补残出现新的"伤残"。

思考题：

（1）简述涂饰前坯革的特征与涂饰的关系。

（2）列举皮革涂饰中遮盖伤残的方法。

（3）如何提高坯革涂层耐干擦、湿擦的级别？

6.5　皮革涂饰的种类

依据坯革的特征和市场要求，皮革涂饰可根据表面观感、成膜方式特征进行分类描述。

6.5.1　苯胺涂饰

苯胺涂饰也称为苯胺效应涂饰，是一种无颜料组分或通透性全天然粒面涂饰。在自然状态下可以直接看清涂饰前坯革表面的涂饰。苯胺涂饰是针对无明显缺陷、染色均匀鲜艳、粒面平细的坯革进行的一种涂饰，赋予该皮革薄的无色或有色的涂膜。

苯胺革的特点是涂层透明，皮纹自然，真皮感突出。

苯胺革涂饰前，应该对坯革进行挑选和组批，要求其粒面没有明显的缺陷且粒面色调均匀鲜艳。

苯胺涂饰层组分组成为：染料、透明成膜树脂、透明助剂、水（或溶剂）。操作方法有：喷涂、辊涂、熨平、抛光，达到粒面平细，涂层通透。苯胺革的涂层结构见图6-14。

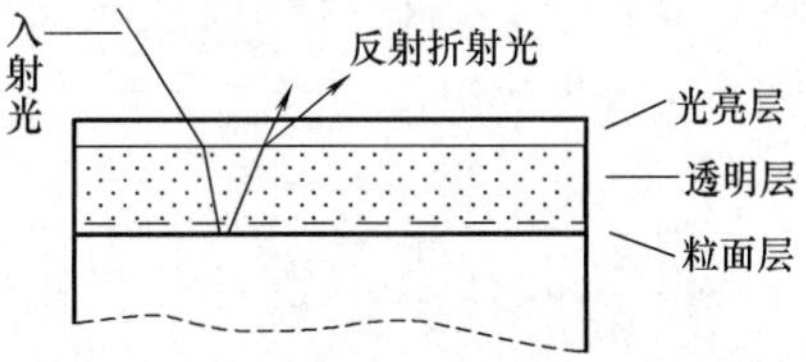

图 6-14　苯胺革的涂层结构

6.5.2 半苯胺涂饰

半苯胺涂饰是涂饰剂中有少量颜料组分的涂饰。通过拉伸和绷顶能够看清涂饰前坯革表面的涂饰。相对于苯胺涂饰，半苯胺涂饰属少颜料涂饰，但颜料膏的用量及涂层的厚度有一定的限制（涂层厚度不超过 $20\mu m$，总用量固体不超过 $20g/m^2$），外观上具有苯胺效应，但由于坯革的粒面被颜料轻度遮盖，无法清晰可见，故称为半苯胺涂饰革。

与苯胺涂饰要求的坯革有所不同，半苯胺涂饰的是有轻微伤残的粒面的或轻微磨面的坯革。

半苯胺涂饰层组分组成为：染料、少量颜料、透明成膜树脂、透明助剂、水（或溶剂）。操作方法有：喷涂、辊涂、熨压、抛光，达到粒面平细，涂层通透。半苯胺革的涂层结构见图6-15。

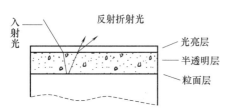

图 6-15 半苯胺革的涂层结构

6.5.3 仿苯胺涂饰

仿苯胺涂饰是以颜料为主要遮盖粒面而中上层为透明的涂饰。根据苯胺涂饰原理，仿苯胺涂饰要求仿真粒面，观感上给人以苯胺效应。相对于苯胺涂饰，仿苯胺涂饰属颜料涂饰，但颜料膏的用量仅限于底涂层。坯革的粒面被底层颜料遮盖后进行仿真粒面压花，粒面花纹与相应的革种相同或类似。中上层涂饰与苯胺涂饰相同。

仿苯胺涂饰坯革的粒面可以进行轻、重磨面，目的是保证粒面在底层涂饰后能够营造仿真粒面。

仿苯胺涂饰层组分分为两层，底层组成为：染料、颜料、成膜树脂、助剂、水（或溶剂）。操作方法有：喷涂、辊涂、造粒面。中上层组成为：染料、透明树脂、透明助剂、水（或溶剂）。操作方法有：喷涂、辊涂、熨压、抛光，达到涂层通透。仿苯胺革的涂层结构见图6-16。

6.5.4 颜料涂饰

颜料涂饰是除上层及光亮层外以颜料为主要遮盖物的涂饰。颜料涂饰是对较为严重伤残粒面的坯革或者需要进行特殊效应表面的革种进行的涂饰。颜料膏的用量为涂层含量10%~20%，涂层较厚。

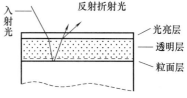

图 6-16 仿苯胺革的涂层结构

颜料涂饰的坯革粒面往往伤残较重，在涂饰前需要进行补伤、磨面、填充等预处理。

颜料涂饰层组分组成为：颜料、成膜树脂、助剂、水（或溶剂）。操作方法有喷涂、辊涂、熨平、抛光，达到成革要求。

6.5.5　发泡涂饰

发泡涂饰是一种利用泡沫进行补残遮盖的涂饰。发泡涂饰是在补残或底涂层中加入发泡树脂，获得更有效的伤残遮盖与填充。

发泡树脂可以通过热进行发泡成膜，称热发泡树脂。也可以通过机械搅拌形成一种气溶胶，称机械发泡树脂。两种发泡涂饰树脂均具有很好的遮盖力，通常用于伤残较重的坯革或无粒面坯革的涂饰。

热发泡的条件视发泡树脂的性能和要求而确定温度及发泡增厚程度，一般温度在100℃以上进行有效发泡，形成带有诸多微小气孔的发泡层。使用时注意一次性发泡完成，否则会出现二次发泡，影响涂层发泡的质量和性能。热发泡涂饰先将发泡树脂涂饰在革面，然后进行热压发泡，再进行后续涂饰。

机械发泡是采用发泡装置使发泡树脂与空气均匀混合，并使空气均匀地保存在涂层中。因此，气泡的大小、数量或密度以及在涂层中的分布均匀性是机械发泡的关键，也需要根据涂层要求确定。机械发泡涂饰需要先将发泡树脂发泡稳定后进行涂饰。

发泡涂饰层组分组成为：颜料、发泡树脂、成膜树脂、助剂、水（或溶剂）。操作方法有：喷涂、辊涂、熨压、抛光，达到成革要求。无论何种发泡树脂涂饰，虽然有极好的填充、遮盖效果，但是涂层中存在的气泡将影响涂层成膜树脂的连接，由此将降低涂层的强度。涂饰操作中，涂层内发泡树脂的用量必须严格控制。

6.5.6　移膜涂饰

移膜涂饰是在坯革的表面增加一层致密树脂薄膜而形成成革的表面或可再涂的表面的涂饰。移膜涂饰通常是对粒面伤残非常严重或无粒面的坯革的一种涂饰，利用树脂人造坯革表面来提高皮革的物理性能及感官价值。

在坯革面上或通过一次性形成一层高强度的膜。该膜的主要成分为聚氨酯，几乎没有透水汽功能，仅保存了内面的吸湿功能。移膜涂饰对移膜的厚度有一定的限制，要求膜的厚度低于总厚度的20%。否则，无法作为真皮革。

移膜涂饰分为干法移膜和湿法移膜。

干法移膜是在坯革上直接贴一层已制备好、确定了皮革花纹和色泽的膜。这种移膜方法相对来说较为简单，而且对环境的污染较小，但是其对坯革的厚度及表面均匀性要求较高，需要在坯革的预处理操作上进行配合。

湿法移膜是采用辊涂机将成膜物辊涂在坯革上，通过交联使之在坯革上形成一层高强度的膜。相对于干法移膜，湿法移膜方法的灵活性好、花色品种多，且对坯革的要求较低，膜的强度和光泽可调。但是湿法移膜树脂目前多为溶剂型，移膜树脂中有机溶剂的挥发会对环境造成一定的影响。

6.5.7　效应涂饰

按照市场的需求，不同效应涂饰的皮革逐渐增加。常见的有打光效应、抛光效应、擦色效应、仿古效应、金属效应、龟裂效应、拉伸变色效应等。效应涂饰是一种功能特征，涂层不仅可以遮盖坯革的缺陷，提高革的档次，增加使用功能。每一种效应涂饰都有其自身特点，本节对部分效应涂饰进行描述。

6.5.7.1　油蜡变色效应涂饰

坯革被顶出或被折凹痕处的坯革表面呈现颜色变浅的现象。油蜡变效应是指坯革在经过油、蜡或油蜡混合处理后，在外力作用下拉伸、从肉面层向粒面层用力顶起或向内向外曲折后，粒面对光出现不同纹路的反射差而呈现的发白变浅的现象。该现象在外力消除或按揾后又会慢慢接近甚至恢复至本身颜色的一种效应。根据油与蜡的比例可以获得拉伸变色（Pull up）、梦幻变色（Fantasy）、折痕（Twists）变色，见图 6-17。

  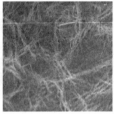 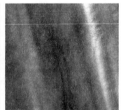

图 6-17　油蜡涂饰表面的效应

油蜡变效应的皮革可以是全粒面，也可以是修面革、二层革，主要用于户外鞋、休闲鞋及劳保鞋。如果在坯革上使用具有防水性的油蜡处理后，就可以得到防水油蜡变皮革，可以满足劳保鞋和户外鞋的防水需求。

油蜡变效应皮革的涂饰过程或工艺路线一般为：封底→喷或辊油（蜡）→熨平→接着层及涂饰层。油蜡变效应对坯革的特点有一定的要求，一般要求坯革的革身紧实富有弹性、粒面平细、伤残少。坯革从表面至较深层含有植物单宁，以便承载不同量的油蜡助剂。底涂的目的是保持坯革良好的黏着力，均匀吸收油蜡助剂，面层需要用高质量聚氨酯树脂。

油蜡变效应根据使用油蜡的不同分为水性油蜡和溶剂性油蜡。水性油蜡是用水性油、水性蜡对坯革通过喷涂或辊涂的方式进行的效应涂饰。溶剂性油蜡则是指采用一些溶剂性油在加热条件下溶解，并通过辊涂机涂布到坯革上的涂饰。

高温熨平的主要作用在于促进革内油剂的均匀分布，增加革身的紧实度和革面的平滑度，增强皮革表面的颜色，加强变色效果，并利于可能需要的后续涂饰。因此，无论是水性油蜡处理，还是溶剂型油蜡处理，在放置过夜后使用平板压花机（平板或砂板）或通过式熨烫机进行熨平。

6.5.7.2　双色效应涂饰

双色效应涂饰广义上是指使皮革显示两个或两个以上色调的涂饰。若为两个色调，则其中一个为底色，另外的颜色是底色之外的颜色，两色对比度较大。双色效应能赋予皮革更多的色彩观感，也能够遮盖伤残和提高皮革的利用率。

双色效应涂饰的不同，对坏革的要求不同，涂饰过程的操作不同。喷色、压花、熨平、抛色等革样见图 6-18。

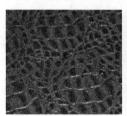

图 6-18　双色效应涂饰

（1）喷涂双色效应革

涂饰工艺同常规涂饰工艺，观感要求顶层与上层色差，色差的程度因品种要求不同，色差的观感是上深下浅或上浓下淡。这种色差是通过两种喷涂获得：

① 按照粒面的凹凸情况通过辊涂对凸出部分上色获得。

② 按照平整涂层通过非均匀或雾状喷涂表面进行深（浓）色非完全遮盖（点状、分块、花样）而获得。基本工艺流程：封底→底涂→中层→（摔软→）熨压→喷上层（第二色）→顶层（或手感层）。

（2）擦色双色效应革

涂饰工艺同常规涂饰工艺，观感要求顶层与上层色差，色差的程度因品种要求不同，色差的观感有两种：

① 按照粒面的凹凸情况获得下深上浅或下浓上淡。这种色差是通过对凸出部分抛擦获得。通过涂层在经受抛、擦作用下部分或完全脱去，使下层色调被显出而获得色差。

② 按照平整涂层获得上深下浅或上浓下淡。这种色差是通过抛、擦表面层显露出下层而获得。通过涂层在经受抛、擦作用下部分或完全脱去深（浓）色最上层，使浅（淡）下层色调被显出而获得色差。基本工艺流程：封底→底涂→中层→（摔软→）熨压→喷上层（第二色）→抛（擦）→顶层（或手感层）。

6.5.7.3　漆皮效应涂饰

漆皮效应涂饰产品简称"漆革"，涂饰后皮革表面呈现镜面状。该效应主要是赋予皮革一种特殊的风格，是制造女鞋、女包的主要革种，见图6-19。

图 6-19　漆皮效应涂饰

漆皮效应革对坯革的要求较高，要求坯革粒面伤残少，且粒面紧实、革身丰满、柔软、厚度均匀，无松面现象。

平滑光洁的坯革是制造漆革的基础。因此，坯革需要通过磨削除去表面毛孔的凹凸，用填充树脂填平或覆盖表面的孔、缝、绒，用细砂纸磨去因坯革本身及加工带来的不平整瑕疵，用平整、绷力、熨平解决革身延伸及革面平展。为了保证亮度，涂饰采用弹性及韧性好的、硬而亮的聚氨酯树脂（也称高光树脂），附加交联剂、手感剂。制备高光型需要溶剂型组合，但为了减少污染，稍低光亮的漆革可以用水乳型组合。涂饰通过辊涂上层和顶层完成。漆革效应涂饰的工艺路线：磨革→填充→刮补伤→磨革→底层（辊涂）→熨平→中上层（辊涂）→顶层（辊涂）。

6.5.7.4　其他效应涂饰革

根据花式品种、提高坯革附加值、增加皮革使用价值等要求，多种效应革被开发制造。

金属效应涂饰又名珠光效应，是在效应层中加入金属粉（如金、银、铜粉），使成革在光的照射下散发出金光灿灿的光泽。金属效应可以掩盖革面的伤残，从而提高成品革的档次。

石磨效应涂饰革指压花后的成品革花纹的底和顶呈现不同颜色。凸起的部分被磨去了表面的部分涂层，可以显出底层颜色或微绒的手感。再次涂饰可以在凹部成膜，也可以全面积覆盖成膜，类似双色观感。

龟裂纹效应涂饰是通过某种工艺涂饰后，使涂层裂开并呈现乌龟壳状的现象。该效应不仅能遮盖坯革的伤残，而且可赋予皮革及革制品不同的风格，提高成品革的档次。龟裂纹效应革也具有双色观感。根据龟裂纹形态及革的软硬度要求进行树脂复配选择，龟裂树脂在干燥及拉软后产生裂纹但尽可能较少降低黏合。为了使龟裂明显，龟裂层与下层需要确定色差。在龟裂层上需要光亮层和手感层的涂饰遮盖。

通过涂饰完成的特殊效应随着材料及加工设备的进步而增加，如焦化、荧光、阴暗等效应。与涂饰相结合进行增加观感的立体效应更是不胜枚举，需要在实践中发明及生产开发。

思考题：

（1）简述皮革涂饰种类与使用价值的关系。

（2）简述在没有确定产品特征的情况下，根据坯革确定涂饰类型。

6.6 皮革的涂饰方法

在皮革的涂饰工段，与设备、材料相同，涂饰方法也直接决定着涂饰的质量与效率。皮革涂饰是一个复杂的技术操作过程，良好的涂饰方法是将设备、材料以理想的操作联系在一起，达到目标产品质量。常用涂饰有揩涂、刷涂、喷涂、辊涂、帘幕、淋浆等。涂饰过程中还包括对涂层与革身的调整作业，如熨平、压纹、真空、摔软、抛磨等。本节对常见的涂饰方法进行介绍。

6.6.1 涂饰设备及操作

6.6.1.1 刷涂或揩涂

刷涂或揩涂是传统的最常采用的成本较低的涂饰方法。刷涂所用的工具为马鬃刷。

揩涂一般是用纱布或棉布将棉球或泡沫塑料等包裹成团做成简易的擦子，见图 6-20。刷涂或揩涂是在操作时将刷子或包裹好的海绵蘸上涂饰剂浆液，迅速而均匀地涂在革面上。

图 6-20 揩涂或刷涂用的海绵及刷子

揩涂可以做到涂层薄、有效覆盖好并完整，多用于全粒面革、轻修面革的底层强遮盖型涂饰。刷涂多用于树脂、油脂的填充，修面及绒面坯革等涂饰。

揩涂或刷涂的优点：操作简单，设备方便，投资小（刷浆台、刷子或海绵等即可）；在涂饰过程中，可根据坯革的具体特点和局部需要进行适当调整，如张与张之间以及在同一张内进行轻重调节；在操作过程中，用手施以压力，这样可促进涂饰材料的渗透，赋予革良好的填充功能；由于仅在坯革面上进行揩涂，因此可以节省浆料。

揩涂或刷涂的缺点：涂层均匀性较差，劳动强度大、效率低，容易产生揩痕、刷痕。因此，刷涂或揩涂法逐渐被其他涂饰方法所替代。

6.6.1.2 喷涂

喷涂方法是皮革涂饰的重要方法之一。喷涂方法有空气喷涂和高压无气喷涂两种。空气喷涂是靠压缩空气气流使涂饰剂出口产生负压，其自动流出，并在压缩空气气流的冲击混合下被充分雾化，涂饰剂在气流推动下射向皮革表面而沉积的喷涂方法。高压无气喷涂则是利用高压泵对涂饰剂施加 10~25MPa 的高压，以 100m/s 的高速从喷枪小孔中喷出，与空气发生激烈冲击而雾化并射在皮革表面。该雾化过程不使用压缩空气，故又称为无气喷涂。在坯革的涂饰过程中，绝大多数都是空气喷涂。

（1）压缩空气喷涂

空气喷涂的优点为涂饰效率高，涂膜厚度均匀、光滑平整，外观好。缺点则是在涂饰过程中，涂饰剂的利用率低、浪费大，对环境造成污染。

图 6-21　喷枪

空气喷涂设备主要由空气压缩机、油水分离器、喷枪、空气胶管及输漆罐等组成，见图 6-21。气助式喷枪的工作原理是借助低气压形成无气雾化，具有带气喷涂（极好的涂层）和无气喷涂（极少的雾尘）的优点。

在喷涂过程中，空气喷涂利用压缩空气使浆料从喷枪的喷嘴以一定的粒度分散喷射到坯革的表面。而空气的压力通常由喷枪调节，涂饰剂液在容器内以两种方式带出：一种是由空气流动造成真空而被吸出，与压缩空气同时射出枪外，即有气喷涂（压缩空气喷涂），其喷出的涂饰剂液粒度小，射出速度高，有利于薄层涂饰，见图 6-22 左图；另一种是用压缩空气对涂饰剂液加压，使之从喷枪嘴中喷出并单独射出散布在坯革面上，这种方式被称为无气喷涂（也称气助式喷涂、高容低压喷涂），其喷出的涂饰剂液粒度大，喷出的量也大，射速较小，多用在涂层较厚、涂饰剂液黏度较大时的涂饰，如二层修面、发泡涂饰等，见图 6-22 右图。

喷涂方式可用手工操作和机器操作。手工喷涂操作是人手持喷枪，逐张进行喷涂，然后将坯革挂晾在空气流通处或烘房内烘干，如此一层层重复完成涂饰。机器喷涂操作则是将多把喷枪分布均匀地安装在一种能够旋转运动的机架上，坯革用传送带传送，

图 6-22　压缩空气喷涂与气助式喷涂

经过喷枪口下方直接喷涂（旋转速度为 16r/min 左右，喷枪与待喷涂坯革表面的高度距离为 150mm 左右），转盘上配有超声探头，遇到坯革面时开关打开喷射。被喷后的坯革被传送带直接送入烘道干燥，完成一次喷涂，见图 6-23。

手工喷涂投资少，场地灵活，操作简单，故障容易排除，并且可根据坯革的状况差异及时局部调整或改善。但是手工喷浆的劳动强度较大，而且受人为因素影响较大。

机器喷涂效率较高，均匀性好，适合大批量生产，机器喷涂工作效率大大提高。

（2）高压无气喷涂

高压无气喷涂采用高压无气喷枪进行涂饰，其优点是涂饰效率高，由于高压喷涂喷出量大，涂料粒子喷射速度快，

图6-23　旋转式喷涂机

涂饰效率比空气喷涂高3倍以上；可喷涂较高黏度的涂饰剂液。当喷涂高黏度的涂饰剂液时，可得到较厚的涂层，因此可以减少喷涂次数；由于没有空气喷涂时的气流扩散作用，涂料漆雾飞散少，因此高压无气喷涂的利用率高，环境污染低。但该喷涂方法也存在缺点，即喷出的量和喷雾的幅度不能调节，否则需要更换喷嘴。涂膜外观质量比空气喷涂差。高压喷涂喷枪及喷嘴见图6-24。与常规压缩空气喷涂相比，其喷涂效果见图6-25。

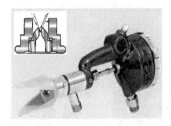

图6-24　高压无气喷枪与喷嘴结构

无论是空气喷涂，还是高压无气喷涂，影响喷涂效果的主要因素包括涂饰剂浆液的黏度、喷涂压力、枪口至坯革表面的距离、单位时间喷量等，需要进行相互平衡、协调。

（3）静电喷涂

静电喷涂（又叫自旋式喷雾涂饰）是利用喷杯高速旋转产生的离心力将杯内浆液甩出，在高压电场作用下，浆料微粒进一步"雾化"，并因静电感应而带负电荷，带负电性的浆料微粒被处于电场中并且表现带正电的坯革吸住，从而均匀地涂布在革上。

静电喷涂的主要优点是涂层均匀细致、效果很好，且节省浆料、不污染环境，一般适用于面革的各层喷涂。缺点是在涂饰时需要高压静电场，

图6-25　压缩空气喷涂与高压无气喷涂

因此设备复杂，安全性低。喷杯的构造特殊，每只杯都单独由一台微型电机驱动，杯内的有关元器件容易损坏。因此，静电喷涂方法应用很少。

6.6.1.3　辊涂

（1）辊涂的特点及作用

辊涂是被企业广泛使用的一种涂饰方法。辊涂机将涂饰浆液均匀分布在辊上，由

辊将浆液涂布在坯革上，形成均匀涂层。辊涂操作方法的优点：涂饰剂的用量少，涂层均匀，工作效率高。根据辊的表面形态及运动特征，具有套色、印花、辊油、辊蜡等功能。

辊涂操作可分为正向辊涂（或顺向辊涂）和逆向辊涂，其工作原理见图 6-26 和图 6-27。二者所用的涂饰辊有所区别，逆（反）向辊涂采用的是梯形辊或线型 G 辊，而正（顺）向辊涂采用的是涂饰辊或印花辊，结构示意见图 6-28。

辊涂机大多为双辊式和三辊式，可根据花色品种的要求更换涂饰辊。辊涂所用的辊都有不同型号，其相应的涂布量也不同，具体见表 6-10。辊涂的具体过程是坯革由供料辊传送带送往涂辊处，涂饰液浆槽直接贴在涂饰辊上。当涂饰辊旋转时，槽中的涂饰浆料被辊表面带起，均匀地辊涂在革面上。涂饰后的皮革由出皮传送装置传给烘道进行烘干，操作示意及设备外形见图 6-29。

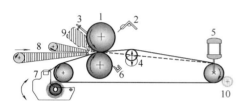

1—顺向涂饰辊；2—刮刀板；3—前挡板固定件；
4—传送轴；5—电机；6—废料槽；7—清洁系统；
8—坯革传送带；9—前挡板；10—传送过渡轴。

图 6-26 正向辊涂

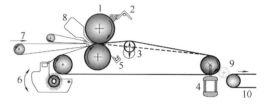

1—逆涂用梯形辊；2—刮刀板；3—传送轴；4—电机；
5—废料槽；6—清洁系统；7—传送带；8—前挡板；
9—传送过渡轴；10—传送装置。

图 6-27 逆向辊涂

图 6-28 正向辊涂用辊和逆向辊涂用辊

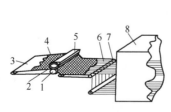

(a) 辊涂操作示意   (b) 皮革辊涂机

1—传送辊；2—涂饰辊；3—供料传送带；4—坯革；5—料浆槽；
6—出皮传送带；7—干燥室传送带；8—干燥室。

图 6-29 辊涂操作示意图

表 6-10　　　　　正向、逆向辊涂中不同型号辊与对应的涂布量

辊涂方式	辊型号	涂布量/(g/ft²)	辊涂方式	辊型号	涂布量/(g/ft²)	辊型号	涂布量/(g/ft²)
正向辊涂	6L	14~18	逆向辊涂	10/B	24~33	40/F	1~2.5
	10L	10~14		10/C	18~27	14G	12~18
	16L	6~9		20/B	15~25	17G	10~16
	24L	4~7		20/C	12~18	21G	7~14
	40L	1~3		30/A	10~16	25G	5~10
	48L	1~2		30/X	8~12	30G	3~7
	60L	1		30/C	5~10	40G	2~5
				30/F	3~6	50G	1~2

逆向辊涂是指在操作中涂饰辊表面与坯革接触处的运动方向与坯革的传送方向相反，通常用于修面革、二层革等的底层涂饰、顶层涂饰以及辊油、辊蜡等操作。

正向辊涂则是指二者运动方向相同，主要用于坯革的封底、涂层表面的套色、印花等。在正向辊涂操作中，涂饰辊的线速度应略高于皮革的传送速度，利用速度造成的革面与涂饰辊表面之间的摩擦作用，使革以平整的状态被辊涂涂饰。

根据涂饰皮革的种类、风格选择不同辊涂方式，见表 6-11。

表 6-11　　　　　　　根据皮革风格、种类选择辊涂方式

辊涂方式	皮革品种	工序
正向辊涂	家私革	接着层
	鞋面革	磨革层
	手袋革	抛光层，底涂，效应层
逆向辊涂	修面革	填充
	二层革	底涂
	手袋革	油蜡层
	软面革	效应层
	小动物皮革	顶涂
	家私革	

（2）辊涂操作

坯革经辊涂操作的涂饰效果与多种因素有关，其中，坯革的厚度、均匀度、平整度、亲和性、涂饰剂浆料的黏度及辊涂机的精度与稳定性等，都是辊涂质量的重要保证。

辊涂对涂饰剂浆料的黏度有一定的要求。如果黏度太小，那么涂层太薄，不易连续，且用量大，出现流淌现象。但如果黏度太大，则展开均匀度差。采用逆向辊涂方式的涂饰浆液的黏度通常控制在 25~30s（4 号伏特杯）。

对坯革而言，首先要求有均匀的厚度及表面特征，以保持成膜均匀。其次是能使浆料在其表面良好地铺展、流平，防止浆料起泡。

6.6.1.4　帘幕涂饰

帘幕涂饰是 20 世纪 80 年代引入国内的设备与技术。帘幕涂饰的原理是：储存于容器中的涂料（涂饰剂或填充性树脂）通过一条可以调节的宽度≤1mm 的窄缝（溢流式则通过一个极为光滑的流出面），流出形成帘幕流在一条输送带上运动的坯革面上。没有使用的涂料流回到一个槽中进行再循环。已涂饰的坯革通过一个干燥通道进行干燥。根据要求不同，坯革可以涂饰一次或重复几次。用于树脂填充时，可在填充液被吸收后将皮革取下搭马。涂料可以通过压力头的大小、窄缝的宽度、输送带的速度及涂料的黏度加以控制。帘幕涂饰机器和工作原理见图 6-30。该方法主要用于涂层较厚的修面革或漆革的涂饰。

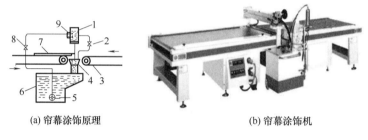

(a) 帘幕涂饰原理　　　　　　　　　　(b) 帘幕涂饰机

1—压力头；2—回路流量调节；3—输送带；4—涂料接收器；5—泵；
6—涂料容器；7—皮革；8—流量调节阀；9—过滤器。

图 6-30　帘幕涂饰的原理及设备

帘幕涂饰需要涂料有高度的铺展能力，对流出后产生一个稳定而完整的帘幕是十分重要的，可以防止帘幕的破裂和产生不规则的表面。在泵送过程中帘幕涂料的黏度应尽可能保持稳定，不应有显著的变化，不宜采用触变性的涂料。为了保持稳定的黏度，应不断搅拌盛料容器中的涂料，以防止在静置过程中涂料黏度的增加。用于帘幕式涂饰的涂料的黏度一般应比刷涂和喷涂的涂料黏度要高，以增加形成帘幕的稳定性，通常使用的黏度在 20~30s。坯革经过帘幕涂饰后通过较长距离的烘箱。

帘幕涂饰的涂层厚，效率高，操作简单。但过厚的涂层给获得良好的平滑膜及干燥成膜带来困难，若控制不当，则容易造成流淌或起泡现象。

6.6.1.5　淋浆涂饰

在帘幕机上通过高位槽使涂饰剂浆料呈帘幕的形状均匀地涂布在坯革表面。淋浆涂饰是坯革涂饰的方法之一，其工作原理是当铺在传送带上的坯革被送至淋浆斗的下方时，即被从淋浆斗底部狭缝漏出的连续浆膜所浇淋，淋上了浆的革接着被传入干燥装置使涂层烘干。未淋在革面上的浆液则直接落入皮革传送带下方的浆料储槽内，见图 6-31。该涂饰法的优点是涂层均匀、平滑、操作卫生。而缺点是要求坯革表面平整且不适合薄型坯革的涂饰。

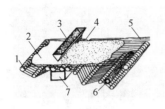

(a) 淋浆机工作原理　　　　　　　　　(b) 淋浆涂饰机

1—皮革输入传送带；2—革；3—淋浆斗；4—皮革传送装置；5—皮革输出传送带；

6—传送绳清洗刷辊；7—浆料储槽。

图 6-31　淋浆涂饰原理及设备

淋浆涂饰的效果与淋浆所使用涂饰剂的黏度、淋浆斗底部缝口的宽度和坯革的传送速度有关。淋浆所用的涂饰剂一般应具有较高的内聚力、稳定的黏度（常温时，控制在 16~22s）、泡沫少、对电解质稳定和不腐蚀金属等性能。可通过调节这些参数来调节，以达到满意的涂饰效果。淋浆涂饰一般用于要求有高度光泽涂层坯革的涂饰，如漆革及其他亮光型成革等，也可用于树脂填充等。

6.6.2　涂饰操作方式与控制

在坯革的涂饰过程中，可根据坯革品种、市场要求和生产情况，合理设计和应用涂饰的操作方法。在每种涂饰的设备与操作中，掌控影响涂饰操作因素，可以调整涂饰的效果，为成革的感官及表面物理性能打好基础。

6.6.2.1　涂饰操作方式

（1）多次少量法

多次少量法多用于服装革、软革以及需要薄层涂饰革。在喷涂、辊涂过程中，采用多次少量喷涂及辊涂完成必要的涂饰。每一层的喷涂量少，成革粒纹清晰，成革的透气性好。但涂层连续性较差，涂层强度差、涂饰效率低。

（2）少次多量法

少次多量法多用于鞋面革、家具革、汽车用革。在喷涂、辊涂、帘幕涂饰过程中，采用少次多量法。其与喷涂的多次少量法正好相反，涂层膜的透明度好、生产效率高、膜强度高，但坯革表面受涂层的收缩力影响大，涂饰后粒面紧实。

6.6.2.2　成膜条件

（1）干燥温度

涂饰剂涂布后的涂层需要进行干燥，其可加速并促进涂饰浆液成膜。但需要根据涂层情况调整其干燥的温度。如果温度高，那么其成膜较快。但如果涂层较厚，高温且流速快，则容易使涂层表面的结膜太快，而内部未干成膜，这样会造成涂层的光泽变暗，膜的收缩力大，从而使涂层表面变粗。如果温度太低，不利于成膜且成膜后的强度差。通常较厚涂层的干燥温度≤80℃。较薄的需要交联的涂层干燥温度可以高一些。

（2）干燥时间

理论上讲，膜的成熟稳定需要时间。高温成膜急，需要时间重新根据内应力蠕动平衡；低温成膜，膜内的水分、溶剂需要足够时间迁出，成膜时间较长。对有交联剂掺入的涂层，需要根据交联剂交联的温度、完成交联的时间进行安排。随着干燥时间或存放时间的延长，涂层的物理性能提高。同样，掺入交联剂的涂料，也需要考虑时间与温度，防止涂饰前的不必要交联产生，影响涂饰剂的有效成膜性能。

6.6.3　涂饰操作中的其他关联性操作

在涂饰过程中，刷涂或揩涂、喷涂、辊涂、帘幕涂饰及其干燥装置，是将涂饰剂液涂布在坯革表面并干燥后形成较为连续的涂层。为了使涂层与坯革、涂层与涂层之间能更好地黏结，保证涂层的柔软度、平整度、光亮度、强度，或使涂层形成适当的花纹或效应等，还需要其他机械操作的配合，如熨平、压花、抛光、打光、摔软、振软等。

6.6.3.1　涂饰过程中抛光加工

抛光是通过旋转的抛光辊与坯革或涂层表面之间高速摩擦，达到改善表面光泽的目的。抛光是皮革涂饰前、中、后的机械操作之一，可以根据产品品质的要求决定是否需要。

抛光机见图6-32。抛光辊有多种形式，如表层为毛刷、毛毡、布、玛瑙等。

抛光后的坯革外观和手感发生明显改变，如涂层表面光亮度提高、光泽柔和、粒面紧实平滑、涂层坚牢，提高涂层及坯革粒面的平细度和平整度。但革身松软、松面的坯革、柔软的或耐热不良的涂层不宜进行抛光操作。

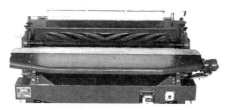

图6-32　毛毡辊抛光机

6.6.3.2　涂饰过程中熨平或压花

熨平或压花是改善坯革表面观感或涂层的黏结及强度的操作。为了使涂层更好地与坯革黏着，提高涂层的平细度、增加花纹改变表观，对涂饰前、涂饰中或涂饰后采用熨压机在较高温度及压力下对坯革进行作用。

（1）熨平

熨平有台式熨平和通过式熨平两种。在熨平机上安装金属平板或光辊（常用铝金属或不锈钢金属），见图6-33。在熨平操作中，应根据成革要求、坯革的状态，调整熨平机的温度、压力和熨压时间。其中，温度主要涉及涂层的抗热黏性及流平性；压力涉及革身的抗压性及涂层的流平性；时间涉及前两种参数的综合。

温度低、压力小、时间短（或转速快），熨平的效果差；温度高、压力大、时间长（或转速慢），则熨平的效果好，但革身扁薄、板硬程度提高。

(a) 台式熨平(或压花)机　　　　　　(b) 通过式熨平机

图 6-33　熨平机

涂层软、黏，革身疏松时，需要温度低、压力小、时间短（或转速快）；涂层硬、黏性低，革身紧实时，可以采用温度高、压力大、时间长（或转速慢）。

对于非正常情况或特殊处理时，可以将温度、压力、时间 3 种作用的强弱交叉使用，如仅要求出光效果时，可以采用高温、低压、快速熨平。

熨平要求坯革厚度紧实均匀，以免出现光泽部位差，如亮点、亮斑或暗点、暗斑。

底层的熨平举例：

① 目的是使坯革表面平整，加强黏合及封底。

② 条件是温度 70~75℃，压力 6.0~7.0MPa，时间 1~2s。

上层的熨平举例：

① 目的是使涂层紧实增强，革身平整，增加表面光泽。

② 条件是温度 100~120℃，压力 9.0~10.0MPa，时间 2~4s。

（2）压花

压花采用的设备与熨平的类似，也有板式和通过式两种。在压花机上安装金属花纹板或花辊（常用铝金属或不锈钢）。通过式压花机的工作原理与通过式熨平机一样，只是为了方便更换花纹，机器上专门配置 2 个或 3 个常用的花纹辊，更换方便，如果需要熨平，则可以用光辊，外形见图 6-34。压花操作控制参数与熨平相同，也是温度、压力及时间。根据成革要求、坯革的状态，调整压花机的温度、压力和熨压时间。其中，温度涉及涂层的抗热黏性及可塑性；压力涉及革身的抗压性及涂层花纹的定型性；时间涉及前两种参数的综合。

压花对坯革或涂层作用的方式相同，在温度、压力和时间 3 个参数下，使坯革或涂层表面形成人造花纹。

图 6-34　通过式压花（熨平）机

压花的目的有多种：

① 仿制天然动物皮粒面，获得真皮感。

② 仿制动植物表面，以获得自然纹饰及立体的美感。

③ 提高皮革可加工性，如便于磨花、制造双色效应。

④ 提高涂层的黏合面积，增强黏合，如底层的细纹压花。

⑤ 其他功能，如遮盖、防滑、消光等。

由此，压花操作被广泛用于多种皮革的加工。

板式压花机是将熨平机的光板换成具有所要求花纹的花纹板，而通过式压花机则是利用不同的花纹辊进行辊压的操作，二者各有优缺点。板式压花机占地面积小，操作灵活，但在对大张幅坯革的压花过程中容易出现接板印或接板处的花纹不连续。而通过式压花机则可以避免此现象，整张皮革的花纹均匀、美观，但多种花纹更换有限。

压花要求坯革厚度紧实均匀，以免出现花纹部位差，导致花纹光泽甚至花纹不均，尤其对需要后续摔纹、摔软操作的坯革，会出现花纹观感不均，甚至局部花纹消失。

温度低、压力小、时间短（或转速快），压花的效果差；温度高、压力大、时间长（或转速慢），则压花的效果好（花纹清晰），但革身扁薄、板硬程度提高。

涂层软、黏，革身疏松时，需要温度低、压力小、时间短（或转速快）；涂层硬、黏性低，革身紧实时，可以采用温度高、压力大、时间长（或转速慢）。

对于非正常情况或特殊处理时，可以将温度、压力、时间 3 种作用的强弱交叉使用，如仅要求压涂层时，可以采用高温、低压、快速压花。

底层的压花举例：

① 目的是使坯革表面平整，加强黏合及封底。

② 压花条件是温度 70~75℃，压力 6.0~7.0MPa，时间 1~2s（或 2.0~4.0MPa，8~10m/s）。

上层的熨平举例：

① 目的是使涂层紧实增强，革身平整，增加表面光泽。

② 条件是温度 100~120℃，压力 9.0~10.0MPa，时间 2~4s。

6.6.3.3 涂饰过程中摔软

涂层过程中摔软的主要目的除使坯革革身柔软作用外，也有其他作用：

① 使涂层柔软、丰满。经摔软使部分渗入粒面的树脂与坯革纤维黏结松动，使涂层更活络，改善成革手感。

② 使涂层花纹明显，立体感增强。经摔软过程的揉搓作用使压花后的纹路更清晰，无花纹的可以根据坯革的收缩出现自然花纹（摔平纹除外）。

③ 使涂层光泽下降，获得消光效果。经摔软中坯革内外表面的摩擦，使涂层微粗化，导致光泽下降。

④ 其他作用，如涂层产生龟裂效应、仿古脱色效应、立体双色效应等。

涂饰坯革摔软需要防止粒面涂层出现黏着作用，使表面沾灰，影响光洁。对一些潜在的松面坯革受摔软时的剪切作用，导致连接粒面的涂层与真皮层分离，导致松面、松壳。

涂层摔软时，可以加入一些材料使摔软结果更理想，如加入光滑轻质的助软材料，使坯革革身与涂层伸缩均化，加入一些专用油蜡增加成革的手感。

涂层摔软时，可以调节温度、湿度及时间，有助于获得更理想的效果。

6.6.3.4　涂饰过程中烘干

涂饰后的干燥作用是除去涂层中和渗入坯革中的水及其他稀释剂或溶剂，完成成膜。干燥可以加快并更好地成膜，加强涂层的交联效果（加交联剂），也可促进油层或蜡层的渗透与流平。烘干过程一般在烘房或烘干生产线上进行。刷涂或揩涂后的坯革采用自然或烘房中挂晾干燥。而辊涂、喷涂、帘幕涂、淋浆涂饰的坯革，则在烘干生产线上干燥。涂层干燥情况与烘房、烘干线中的温度、湿度、空气流速、干燥时间相关。除了涂层干燥要求外，在烘箱式干燥线上还需要将烘箱的长度、速度、供热能量作为考虑因素。图 6-35 为双喷干燥线。

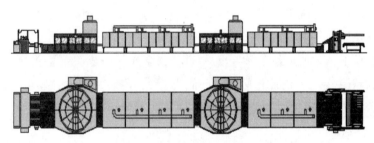

图 6-35　双涂饰烘干线侧视与俯视

思考题：

（1）设计一种皮革产品涂饰过程的设备操作流程，列出必要的参数。

（2）如何区别服装软革与鞋面革涂饰？

（3）列举并解释增加成膜强度的方法。

6.7　皮革涂层常见的缺陷

坯革的涂饰质量对成品革的感官质量、得革率及使用性能具有决定性作用。皮革的涂饰质量包括涂饰剂的配方、涂饰剂配制、涂饰操作方法、坯革的状态、涂饰设备等。在涂饰过程中，由于多种因素的同时影响，甚至条件之间存在对立关系，不可避免地出现各种缺陷。缺陷的出现往往是多因素造成的，难以单纯进行明确表达原委。本节就坯革涂饰过程中部分常见缺陷的名称及现象、可能的原因及克服方法进行阐述。

（1）刷痕

刷痕是在已刷涂坯革的表面出现的直线型条纹的痕迹。形成刷痕可能的原因有：

刷浆液的黏度太大，刷浆液成膜太快，刷浆时浆液的用量太大。已经出现刷痕的坯革，如果较轻，则可在后续工序中采用适当的补救措施，如增加喷涂次数及熨平操作。但是如果刷痕较重，则采用磨革机磨去涂层，重新进行涂饰。

（2）粒点

粒点是在涂饰坯革的涂层上出现的发散的小颗粒。形成粒点缺陷的可能原因有：刷涂或揩涂的工具未清洗干净，附有大量的树脂小颗粒；单独使用海绵，未用纱布包裹，且使用次数太多，海绵渣脱落；喷枪及管道喷过涂饰剂后，未认真清洗；涂饰环境的卫生条件差，尘埃落于坯革的涂层上；修面革在磨革后除尘不净，坯革表面上有革灰；坯革肉面细、短的纤维脱落，黏附在其他皮张的涂层上。对于已经出现粒点的涂层，采用人工或细砂纸轻磨涂层，净面后再进行后续工序的操作。

（3）脱浆

脱浆又称脱层、掉浆，是指在坯革的涂饰过程中，涂或刷在坯革粒面（或磨面）上的浆料或涂层脱落的现象。形成脱浆缺陷的可能原因有：坯革表面的油脂含量过高，致使涂层在坯革表面的附着力下降；压花板或压花辊上有油脂，导致在压花过程中使油脂黏附到涂层上，致使后续的涂层无法附着；涂饰剂中成膜剂所占比例过小，容易导致涂层的粉状脱落；涂饰剂中成膜剂的成膜较硬，附着力降低；坯革里面脏污严重，致使涂层黏着不牢而出现脱浆现象。针对已脱浆涂层的处理办法是除去脱层，再涂。

（4）散光

散光是当将坯革或成品革拉伸时涂层的颜色发生改变的现象。该缺陷一般出现于成革的腹肷部等延伸性较大的部位。形成散光缺陷的可能原因有：在涂饰剂中，成膜物质与非成膜物质的比例略小或成膜物质中成膜硬的成分较多，导致其成膜延伸率变小；涂层过厚，坯革的延伸性大于涂层的延伸性。涂饰剂单独延伸率大，掺入颜料及助剂后延伸率迅速降低，要考虑助剂与成膜剂之间的相容性。

（5）裂浆

裂浆是指成革（或坯革）在折叠、曲挠、顶伸或拉伸的外力作用下，涂层出现裂缝的现象。形成裂浆缺陷的可能原因与散光相同，只是在程度上要更为严重一些。主要有：皮革的延伸性大于涂层的延伸性；成膜剂的曲挠性较差；非成膜物质的用量过大；涂层太厚。

（6）涂层发黏

涂层发黏是指经过涂饰的坯革在高温、高压熨平或压花时出现黏板现象，或者用手摸涂层时有黏手的感觉，当将坯革的革面对叠后再分开时有黏结声。形成涂层发黏缺陷的可能原因主要有：涂饰剂中成膜软的成膜剂所占比例过大；实施涂饰的过程中，每层涂层都没有干透；涂层抗水性太弱或没有干燥完成成膜就进行上层涂饰，结果出现窜层。

（7）不耐干擦、湿擦

不耐干擦、湿擦又称涂层掉色，是指在干擦、湿擦中出现色牢度低的现象。形成涂层脱色缺陷的可能原因主要有：涂饰剂中的上层色料含量高，其中染料水过多；涂层干燥不足，出现窜层；光亮剂强度差或涂层太薄，抗摩擦能力差；未交联或交联程度不够。

（8）涂层发白

涂层发白是指涂饰操作过程中或成革涂层上及花纹底下出现的呈雾状并难以擦去的白色现象。形成涂层发白缺陷的可能原因主要有：皮革或涂层未完全干燥就进行固定；喷硝化纤维光亮层时，革中水分过大或空气湿度过大；涂饰剂配方不当，白色成分析出。

如果出现发白现象，通过溶解及磨革操作磨去整个涂层，然后重新进行涂饰。

（9）涂层流浆

涂层流浆是指在涂饰过程中坯革的涂层上出现的不规则条痕。这种条痕不论采用什么涂饰方法时都会出现。形成涂层流浆缺陷的可能原因主要有：涂饰剂的浆液用量太大；涂饰剂流平性好但坯革表面平整不足。一旦发现有流浆现象应该立即调整涂饰方法。

思考题：
分别从坯革、涂饰剂、操作 3 个方面对涂饰两个常见缺陷进行解释。

第7章 皮革质量要求及染整主干工艺流程

通过前面的学习，已经基本掌握了制革染整的基本理论和工艺要领；熟悉并了解了制革生产工艺的全过程。但是由于是分章节叙述，还未能对制革工艺有一个整体的了解。为了更加全面、完整地了解皮革产品的生产工艺，并对生产工艺进行分析，从中了解制革工艺方法、制革生产工艺过程中所用的皮革化学品与成革性能之间的关系。由此可以对皮革产品生产工艺中出现的关键问题做出方向性判断，也可以对新型产品的工艺设计及操作方法做出必要的论证。本章对若干常见的皮革产品、制造工艺流程及常见产品感官质量要求为主进行介绍。

7.1 服装软革

服装革属于软革类，也称纳帕革，其中莱卡-皮革也属于该类产品，是用于制作西服、大衣、夹克、猎装、马甲、衬衫、裙裤等皮革的总称。一般有正面（光面和苯胺）和绒面两种。通常，服装革是用猪皮、牛皮、羊皮以及二层皮为原料，经铬鞣或以铬鞣为主的结合鞣方法制成，现在逐渐开始流行无铬鞣制的服装革。

7.1.1 服装软革类的感官基本要求

（1）服装革的理化指标

根据 QB/T 1872—2004《服装用皮革》，分类及质量要求见表7-1至表7-3。

表7-1   服装革分类

第一类	第二类	第三类	第四类
羊革	猪革	牛、马、骡革	剖层革及其他小动物皮革
	厚度不大于0.5mm		厚度不定

表7-2   理化性能指标

项目	类别		
	第一类	第二类和第三类	第四类
撕裂力/N	≥11	≥13	≥9
规定负荷伸长率/%（5N/mm²）		25~60	

续表

项目		类别		
		第一类	第二类和第三类	第四类
摩擦色牢度/级	干擦(50次)		光面革≥3/4,绒面革≥3	
	湿擦(10次)		光面革≥3,绒面革≥2/3	
收缩温度/℃			≥90	
pH			3.2~6.0	
稀释差(pH<4.0)			≤0.7	

表 7-3　　　　　　　　　　服装革分级

项目	等级			
	一级	二级	三级	四级
可利用面积/%	≥90	≥80	≥70	≥60
整张革主要部位(皮心、臀背部)	不应有影响使用功能的伤残			—
可利用面积内允许轻微缺陷/%		≤5		

注:轻微缺陷,指不影响内在质量和使用,略影响外观的缺陷,如轻微色花、革面粗糙、色泽不均匀等。

（2）服装革的感官指标

根据 QB/T 1872—2004《服装用皮革》,感官质量要求：

① 革身平整、柔软、丰满有弹性。

② 全张革厚薄基本均匀,洁净,无油腻感,无异味。

③ 皮革切口与革面颜色基本一致,染色均匀,整张革色差不得高于半级。

皮革无裂面,经涂饰的革涂层应黏着牢固、无裂浆,绒面革绒毛均匀。标识明示特殊风格的产品除外。

按照 QB/T 1615—2018《皮革服装》标准中析出的感官质量指标基本要求：

① 表面色调、光泽均匀一致,无伤残痕迹。

② 丰满、柔软、真皮感强,有良好的延弹性。

③ 厚薄均匀、耐干湿擦性能好。

④ 透气性和透水汽性好,穿着舒适。

⑤ 化学毒性物质指标低于国家限制标准。

而对于具体某一皮革品种来说,又有一些特殊的性能要求：

① 光面服装革。革面平整、光滑细致均匀,无露底、裂浆、裂面,涂层薄而坚牢、耐水性好、延伸性大,耐候性良好。

② 绒面服装革。绒毛细、短、密,均匀度、丝光（或无光）感强,无油腻感等。

7.1.2　服装软革类制造

（1）生产制造基本要求

① 主干工艺流程,是指能够达到产品目标的主要加工工序名称按顺序的集合。

② 工序说明，是指设备条件、材料配方、环境条件、操作方法、在线结果判断。

③ 产品检验检测，是指产品分级、质量检测、数量统计。

④ 生产成本核算，是指制造、管理、环境、折旧、销售及其他消耗。

（2）主干工艺流程

① 猪正面服装革制造主干工艺流程：蓝湿革组批→挤水→（摔皮匀湿消折→平展）→削匀→修边→称重→脱脂润湿回软→复铬→水洗→中和→水洗→复鞣填充→染色→加脂→固定→顶染（套色）→水洗→出鼓搭马→挂晾干燥→回潮→摔软→绷板→修边→熨光→检验分级修边→量尺修边→包装修边→入库。

② 猪反绒服装革制造主干工艺流程：蓝湿革组批→挤水→（摔皮匀湿消折→平展）→称重→脱脂润湿回软→复铬（+有机复鞣）→挤水→削里→滚锯木→湿磨→修边→称重→回软→复铬→水洗→中和→水洗→复鞣填充→染色→加脂→固定→顶染（套色）→水洗→出鼓搭马→挂晾干燥→回潮→摔绒→绷板→修边→检验分级修边→量尺修边→包装修边→入库。

③ 绵羊正面服装革制造主干工艺流程：蓝湿革组批→挤水→（摔皮匀湿消折→平展）→削匀→修边→称重→脱脂回软→水洗→复铬（+有机复鞣）→水洗→中和→水洗→复鞣填充→染色→加脂→水洗→固定→顶染（套色）→出鼓搭马→（真空干燥）→挂晾干燥→静置→铲软→摔软→绷板→（干削匀→扫灰）→修边→封面→通熨→喷底浆→平展→喷中、上浆→摔软→喷顶层、手感→轻绷→通熨→检验分级→量尺→包装→入库。

④ 黄牛服装革制造主干工艺流程：蓝湿革组批→挤水→（摔皮匀湿消折→平展）→削匀→修边→称量→漂洗→复铬（+有机复鞣）→水洗→中和→水洗→复鞣填充→染色→加脂→水洗→固定→顶染（套色）→出鼓搭马→（真空干燥）→挂晾干燥→回潮→摔软→绷板→辊涂补底→喷中层→烫光→喷顶层→摔软→轻绷→喷顶层、手感→轻绷→通熨→检验分级→量尺→包装→入库。

7.2 鞋面革

7.2.1 鞋面革种类

鞋面革用于制作各类鞋靴商品。鞋面革属于皮革中最大类产品，也是鞋用革中的最大类产品，猪皮、牛皮、山羊皮、绵羊皮、马皮等都可以用作鞋面革的原料。可分为头层面革、二层鞋面革。其中面革分类：

① 按正面革革身感官分：正鞋面革又可分为普通型、柔软型两类。

② 按正面革表面特征分：正鞋面革（平纹、花纹）、绒面、效应。

③ 按绒面革分：正绒、磨砂（牛巴）、反绒、二层绒。

④ 按粒面纤维处理状况分：全粒面、半粒面、修面。

鞋面革一般采用铬鞣或以铬鞣为主的结合鞣法；成革厚度因原料皮及用户要求确定，一般分为薄型、中厚型及薄型（最薄的山羊鞋面革仅 0.4mm，而最厚的黄牛正鞋面革则大于 2.0mm）。常见黄牛面革分类详见表 7-4。

表 7-4 常见黄牛鞋面革的分类

黄牛鞋面革	革身感官	普通型与柔软型		全粒面软鞋面革
				半粒面软鞋面革
				修饰面软鞋面革
				磨砂面软鞋面革
				正、反绒鞋面革
	表面感官	效应型	苯胺	全苯胺效应革
				半苯胺效应革
			动效应	油、蜡变鞋面革
			静效应	抛光、擦色、打光鞋面革
				压花摔纹、自然摔纹鞋面革
				漆面、滴水、珠光鞋面革
				印花、磨花、龟裂鞋面革
				其他

7.2.2 鞋面革的感官基本要求

按照 QB/T 1873—2010《鞋面用皮革》描述。

（1）感官要求

根据 QB/T 1873—2010《鞋面用皮革》标准中质量指标：

① 全张革厚薄基本均匀，革身平整、柔软、丰满有弹性，无油腻感；不裂面、无管皱，主要部位不得松面。

② 涂饰革涂饰均匀，涂层黏着牢固，不掉浆，不裂浆。绒面革绒毛均匀，颜色基本一致。

根据 QB/T 873—2010《鞋面革》，可以总结出质量指标：

① 革身丰满、挺括、柔软（软面），厚度均匀、平整；革里洁净，无油腻感。

② 具有较低延伸性、弹性、可塑性（适应制鞋时绷楦要求）。

③ 高耐拉伸、耐曲折性，不易断裂，耐碰擦性能。

④ 具有优良的耐水性、透气性和透水汽性等，感官指标随品种不同而异。

⑤ 正鞋面革要求革面无裂面、管皱及松面现象。

对于涂饰面革还应该具备：颜色均匀一致、色泽鲜亮、涂层坚牢（不脱色、掉浆），粒纹均匀（花纹、细致、光滑）。

对于苯胺鞋面革，除了全面达到上述正鞋面革要求之外，还要求涂层具有透明感，使粒纹清晰可见，无伤残感，不显示人工美化处理，充分显示出真皮感。

对于变色效应鞋面革，除了全面达到正面革的要求之外，还要求变色效应明显，立体感强，风格突出。

对于绒面服装革，绒毛细、短、密，均匀度、丝光（或无光）感强，无油腻感等。

（2）物理性能指标

按照 QB/T 1873—2010，将面革以厚度划分为 3 种类型，见表 7-5 至表 7-7。

表 7-5　　　　　　　　　　　　　　　　鞋面革分类

类别		牛、马、骡革、猪革	羊革	其他皮革
厚度/mm	一型	>1.5	>0.9	>1.5
	二型	1.3~1.5	0.6~0.9	1.0~1.5
	三型	<1.3	<0.6	<1.0

表 7-6　　　　　　　　　　　　　　　　鞋面革分级

项目	等级			
	一级	二级	三级	四级
可利用面积/%	≥90	≥80	≥70	≥60
整张革主要部位(皮心、臀背部)	无影响使用功能的伤残			
轻微缺陷* /%	≤5			

注：* 指不影响产品的内在质量和使用，只略影响外观的缺陷，如轻微的色花、革面粗糙、色泽不均匀等

表 7-7　　　　　　　　　　　　　　　鞋面革理化性能指标

项目		类别		
		牛、马、骡、猪革	羊革	其他皮革
撕裂力/N	一型	≥50	≥20	≥30
	二型	≥36	≥15	≥18
	三型	≥30	≥13	≥12
规定负荷伸长率/%（10N/m²)		≤40		
涂层耐折牢度(无裂纹)		正面革:50000 次无裂纹;山羊正面革 20000 次; 修面革:头层革 20000 次、剖层涂饰革 15000 次		
崩裂高度(光面革)/mm		≥7		
崩破强度/(N/mm)		头层光面革:≥350;绒面革、剖层革≥300(羊革:≥200)		
摩擦色牢度/级	干擦	光面革≥4,绒面革≥3/4		
	湿擦	光面革≥3,绒面革≥2/3		
	无衬里鞋面革内表面	干擦≥4,湿擦≥3		
气味/级		≤3		
收缩温度/℃		≥90(非铬鞣革>80℃,硫化鞋面用皮革>100℃)		
pH		3.5~6.0		
pH 稀释差(pH<4.0 时)		≤0.7		

7.2.3　鞋面革类制造

7.2.3.1　生产制造基本要求

① 主干工艺流程，是指能够达到产品目标的主要加工工序名称按顺序的集合。

② 工序说明，是指设备条件、材料配方、环境条件、操作方法、在线结果判断。

③ 产品检验检测，是指产品分级、质量检测、数量统计。

④ 生产成本核算，是指制造、管理、环境、折旧、销售及其他消耗。

7.2.3.2　主干工艺流程

（1）黄牛正鞋面革制造主干工艺流程

蓝湿革组批→挤水→削匀→修边→称重→漂洗→复铬（+有机复鞣）→水洗→中和→水洗→复鞣填充→染色→加脂→水洗→固定→顶染（套色）→出鼓搭马→挤水伸展→真空干燥→挂晾干燥→回潮→振荡拉软→伸展→绷板→辊涂补底→辊压（压花）→喷中层→辊熨→喷顶层→辊熨→喷手感（效应）→通熨→检验分级→量尺→包装→入库。

（2）黄牛平纹软鞋面革制造主干工艺流程

蓝湿革组批→挤水→削匀→修边→称重→漂洗→复铬（+有机复鞣）→水洗→中和→水洗→复鞣填充→染色→加脂→水洗→固定→顶染（套色）→出鼓搭马→挤水伸展→真空干燥→挂晾干燥→回潮→振荡拉软→摔软→绷板→辊涂补底→辊压→喷中层→辊熨→喷顶层→摔软→轻绷→喷手感（效应）→（通熨）→检验分级→量尺→包装→入库。

（3）黄牛压花软鞋面革主干工艺流程

蓝湿革组批→挤水→削匀→修边→称重→漂洗→复铬（+有机复鞣）→水洗→中和→水洗→复鞣填充→染色→加脂→水洗→固定→顶染（套色）→出鼓搭马→挤水伸展→真空干燥→挂晾干燥→回潮→振荡拉软→摔软→绷板→阳离子封底→辊熨→喷底浆→压花（毛孔）→振软→辊熨→喷中层浆→压花(毛孔)→喷中层→喷顶光→喷手感（效应）→（通熨）→（真空）→检验分级→量尺→包装→入库。

（4）黄牛修饰鞋面革主干工艺流程

蓝湿革组批→挤水→削匀→修边→称重→漂洗→复铬（+有机复鞣）→水洗→中和→水洗→复鞣填充→染色→加脂→水洗→固定→顶染（套色）→出鼓搭马→挤水伸展→真空干燥→挂晾干燥→回潮→振荡拉软→绷板干燥→修边→粗磨→扫灰→干填充→烘干→熨平→细磨→扫灰→封里→辊底浆→喷防黏层→压花→摔软→喷中层→喷顶光→喷手感（效应）→（通熨）→检验分级→量尺→包装→入库。

（5）黄牛擦色鞋面革

擦色鞋面革特征：粒面有伤残的坯革一般用于制造修饰鞋面革，其产品档次低，附加值不高。为了提高皮革的附加值，人们利用修饰鞋面革的坯革，开发出擦色鞋面革新品种。擦色鞋面革及涂层具有以下特点：

① 经擦色后，成革光洁、平滑、美观；擦拭去表层色后显出底层，获得具有过渡性反差，赋予成革以立体感强。

② 擦色革底色与效应色的搭配要合理，例如当底色为紫红色、黄棕色时，效应色可分别为棕色或黑色。

③ 擦色革底色与擦去层具有不同的耐擦牢度，其中底层较上层更耐擦，使擦色后效果明显。

④ 擦色革涂层厚，可以压平板或压粗花纹，要求革身紧实、挺括、不松面，延伸率小，涂层耐湿擦不脱色。

擦色鞋面革工艺流程：蓝湿革组批→挤水→削匀→修边→称重→漂洗→复铬（+有机复鞣）→水洗→中和→水洗→复鞣填充→染色→加脂→水洗→固定→出鼓搭马→挤水伸展→真空干燥→挂晾干燥→静置回潮→振荡拉软→绷板干燥→修边→粗磨→扫灰→干填充→烘干→熨平→细磨→扫灰→封里→辊底浆→喷防黏层→压花→摔软→喷中层→压花→喷上层→喷光亮→喷效应→擦色→检验分级→量尺→包装→入库。

（6）山羊油蜡光苯胺软鞋面革主干工艺流程

蓝湿革组批→挤水→滚锯末→削匀→修边→称重→漂洗→复铬（+有机复鞣）→水洗→中和→水洗→复鞣填充→染色→加油→固定→顶染（套色）→加顶油→出鼓搭马→挤水伸展→真空干燥→挂晾干燥→静置回潮→振荡拉软→绷板干燥→修边→挑选分类→磨里→扫灰→磨面→扫灰→喷抛光剂→抛光→净面→喷中浆→辊油蜡→喷顶层浆→喷手感剂→熨平→检验分级→量尺→包装→入库。

（7）山羊仿打光鞋面革主干工艺流程

蓝湿革组批→挤水→滚锯末→削匀→修边→称重→漂洗→复铬（+有机复鞣）→水洗→中和→水洗→复鞣填充→染色→加油→固定→顶染（套色）→加顶油→出鼓搭马→静置→挤水平展→真空干燥→挂晾干燥→回潮→振荡拉软→绷板干燥→修边→二次真空干燥→磨里→扫灰→细磨面→扫灰→喷抛光剂→抛光→净面→喷底→熨光→喷中层浆→喷顶层浆→熨光→检验分级→量尺→包装→入库。

（8）山羊反绒鞋面革的主干工艺流程

蓝湿革组批→挤水→滚锯末→削匀→修边→称重→漂洗→复铬（+有机复鞣）→水洗→中和→水洗→复鞣填充→染色→加油→固定→顶染（套色）→加顶油→出鼓搭马→静置→挤水平展→真空干燥→挂晾干燥→回潮→摔软→绷板→修边→磨面→磨里（磨绒）→称重→回水→染色→加油→晾干→摔软→绷板→磨里（磨绒）→扫灰→称重→回水→染色→加油→固定→顶染（套色）→水洗→晾干→鼓摔→绷板→修边→检验分级→量尺→包装→入库。

（9）牛二层革制造

牛二层革特征：所谓的二层，就是已经通过剖层机剖去了头层，又分为剖灰碱皮二层和剖蓝湿革二层。之前，二层革多制作成鞋里或手套等档次较低的产品。而今，随着制革产量的增加以及技术的进步，二层皮或坯革越来越多，增值转化成为重要的课题。牛二层革特征与要求如下：

① 透气性、透水汽性好，在运动鞋领域占有一席之地，如大家喜爱的安踏等品牌的运动鞋大多是用二层革制作。主要品种为二层绒面革和二层 PU 贴膜革。

② 二层鞋面革的要求是丰满、柔软、有弹性；绒面革要求绒毛均匀，不掉色；PU 贴膜革要求贴膜层牢固，表面光滑细致，真皮感强；登山鞋一般要求具有很好的防水性。

二层绒面革主干工艺流程：蓝湿革组批→挤水→(剖皮)→削匀→修边→称重→脱脂回水→复铬→水洗→中和→水洗→复鞣填充→染色→加脂→固定→水洗→出鼓搭马→真空干燥→挂晾→振荡拉软→磨革→扫灰→摔软→喷色→固定→摔软→绷板→修边→检验分级→量尺→包装→入库。

二层 PU 贴膜鞋面革主干工艺流程：蓝湿革组批→挤水→(剖皮)→削匀→修边→称重→脱脂回水→复铬→水洗→中和→水洗→复鞣填充→染色→加脂→固定→水洗→出鼓搭马→真空干燥→挂晾→干填充→挂晾/烘干→振荡拉软→磨革→扫灰→贴膜→修边→检验分级→量尺→包装→入库。

7.3　装饰家具革生产工艺

7.3.1　装饰家具革分类特征

兼顾实际应用及家庭摆设，皮革沙发成为了时尚选择。迄今为止，装饰家具革现已发展成为仅次于鞋用革的第二大宗革品种，且耗用皮革面积上的数量不可低估。在装饰家具革中，又以普通沙发革和汽车座垫革的应用最为普遍，具有极其广阔的市场前景。国内一些中大型企业主要以生产沙发革为主，并且多为一些 U 型企业（进出口两头在外）。

沙发革的种类很多，分类方法也有很多，比如按皮源、皮种分，按厚度分，按压花与否分，按是否磨面分，按不同的效应分等。表 7-8 是根据装饰家具革的用途分类。

表 7-8　　　　　　　　　　　装饰家具革用途分类

分类	用途
普通沙发革	家用沙发座椅
装饰用革	室内墙、家具外饰
汽车用革	汽车座垫、内饰 汽车器具外包

续表

分类	用途
飞机、轮船用革	飞机座垫、内饰
	轮船座垫、内饰
火车用革	火车座垫、内饰
公共场所	座椅、内饰

按照沙发商品表观进行分类可以分为：

① 苯胺、半苯胺涂饰的各种沙发革。

② 花纹沙发革。修面压花、压花摔纹、自然摔纹。

③ 效应色沙发革。双色、多色、点喷效应。

④ 变色沙发革。油或蜡、拉伸变色效应。

⑤ 其他。

7.3.2 普通沙发革质量

国际上尚无统一的沙发革的质量标准，我国有 QB/T 1952.1—2012《软体家具 沙发》标准。由于沙发品种用途较多，又受家具商使用功能限制，无法用一种标准完全包括所有要求的质量指标。一些鞋面革、包袋革、服装革的功能和效应都被应用到了沙发革上，形成共性指标。结合沙发质量要求，提出以下普通沙发革的感官质量要求。

（1）普通沙发革的感官质量要求

根据 GB/T 16799—2018《家具用皮革》的感官要求：

① 全张革应厚薄基本均匀，无油腻感（油蜡革除外）。

② 革身应平整、柔软、丰满有弹性。

③ 正面革应不裂面、无管皱，主要部位不得松面；涂饰革涂饰均匀，不掉浆，不裂浆；绒面革绒毛均匀，颜色基本一致。

根据 QB/T 1952.1—2012《软体家具 沙发》标准要求进行提取，感官质量如下：

① 颜色均匀、无明显的色差色花。

② 手感柔软、自然、丰满，无明显松面，回弹性好。

③ 粒纹、花纹均匀一致，花纹均匀饱满，有良好的定型性（花纹或平纹）。

④ 皮面无明显的残次疤痕，出裁率高。

⑤ 光泽自然，包括消光、自然光和高光等风格。

⑥ 其他指标根据客户或标准确定。

（2）普通沙发革的物理性能质量指标要求

根据 GB/T 16799—2018《家具用皮革》标准，质量指标与分级要求见表 7-9 至表 7-11。

表 7-9　　　　　　　　　　　　　　　　理化性能指标

项目		指标			
		涂层厚度 ≤25μm(含绒面革)		涂层厚度 >25μm	
摩擦色牢度/级	干擦	50 次	≥4	500 次	≥4
	湿擦	20 次	≥3	250 次	≥3/4
	碱性汗液	20 次	≥3	80 次	≥3/4
耐光性/级		≥3/4		≥5	
涂层黏着牢度/(N/10mm)		—		≥2.5	
耐折牢度(50000 次)		—		无裂纹	
耐磨性(CS-10,500g,500r)		—		无明显损伤、剥落	
撕裂力/N		≥20			
气味/级		≤3			
pH		≥3.2			
pH 稀释差(pH<4.0)		≤0.7			
禁用偶氮染料/(mg/kg)		≤30			
游离甲醛/(mg/kg)		≤75			
挥发性有机物(VOC)/(mg/kg)		≤150			
可萃取的重金属/(mg/kg)	铅(Pb)	≤90			
	镉(Cd)	≤75			

表 7-10　　　　　　　　　　　　　　　　家具用皮革分级

项目	等级			
	一级	二级	三级	四级
可利用面积/%	≥85	≥75	≥65	≥55
可利用面积内允许轻微缺陷面积/%	≤5			

注:轻微缺陷:指不影响产品的内在质量和使用;只略影响外观的缺陷,如轻微的色花、革面粗糙、色泽不均匀等

表 7-11　　　　　　　　　　　　　　　　沙发革的测试标准

测试内容	测试方法	苯胺革/油蜡变色革	半苯胺革	颜料膏涂饰革
厚度/mm	ISO 2589	±0.1	±0.1	±0.1
	ASTM D 1813	±0.1	±0.1	±0.1
	ASTM D 1814	±0.1	±0.1	±0.1
抗张强度/MPa	ISO 3376	10	10	10
	ASTM D 2209	10	10	10
断裂延伸/%	ISO 3376	35~80	35~80	35~80
	ASTM D 2211	35~80	35~80	35~80
撕裂强度/(N/mm)	ISO 3377-2	≥30	≥30	≥30
	ASTM D 2212	≥30	≥30	≥30
耐干擦牢度	ISO 11640	3.5 级 150cycles	4.0 级 500cycles	4.0 级 500cycles
耐湿擦牢度	ISO 11640	3.0@50cycles	3.0@150cycles	3.5@250cycles
耐汗擦牢度	ISO 11640	3.0@20cycles	3.0@80cycles	3.0@80cycles

续表

测试内容	测试方法	苯胺革/油蜡变色革	半苯胺革	颜料膏涂饰革
耐冷裂	ASTM D 1912	－15℃不裂浆	－15℃不裂浆	－15℃不裂浆
涂层黏着性	ISO 11644	≥3N/10mm	≥3N/10mm	≥3N/10mm
耐光性	ISO 105:B02	≥3.0	≥3.0	≥4.0
耐曲挠	ISO 5402	>50000	>50000	>50000
PVC 迁移	ISO 15701	≥3.0 灰卡	≥3.0 灰卡	≥3.0 灰卡
耐水性	ISO 15700	0.5 & 4h No Discoloration	0.5 & 4h No Discoloration	0.5 & 4h No discoloration
易燃性	CA TB-117	≤Class 1	≤Class 1	≤Class 1

7.3.3 普通沙发革制造

（1）产品与坯革

产品描述：重修、重压沙发革是最普通的一类沙发革，也就是通常所说的涂料皮。一般要求成品外观均匀一致，伤残遮盖好，利用率高，纹路定型、饱满、自然，物理性能要求高。

坯革要求：此类皮革一般选用等级比较低的皮坯，通过补伤、磨革、涂层材料的选择、压花定型等工序，提高坯革的等级及利用率。一般要求皮坯紧实、丰满，有一定的弹性，不能太空松，并且皮性均匀一致，部位差小。

（2）产品工艺流程

① 铬鞣水牛沙发革主干工艺流程：蓝湿革组批→挤水→削匀→修边→称重→漂洗→复铬（+有机复鞣）→水洗→中和→水洗→复鞣填充→染色→加脂→水洗→固定→顶染（套色）→出鼓搭马→挤水伸展→湿绷板→回潮静置→振荡拉软→转鼓摔软→绷板干燥→修边→滚涂封底→滚补伤底层→喷中层→喷顶层→辊压（纹、花）→转鼓摔软→绷板定型→喷手感剂→检验分级→量尺→包装→入库。

② 铬鞣黄牛头层沙发革主干工艺流程：蓝湿革组批→挤水→削匀→修边→称重→漂洗→复铬（+有机复鞣）→水洗→中和→水洗→复鞣填充→染色→加脂→水洗→固定→顶染（套色）→出鼓搭马→挤水伸展→湿绷板→回潮静置→振荡拉软→转鼓摔软→绷板干燥→修边→补伤→磨革→扫灰→辊底浆→挂晾干燥→喷中层→压花→摔软→绷板→喷面浆→喷顶层→摔软→绷板→辊熨→检验分级→量尺→包装→入库。

③ 重修重压黄牛沙发革的涂饰工艺流程：挤水伸展→湿绷板→回潮静置→振荡拉软→转鼓摔软→绷板干燥→修边→粗磨→扫灰→滚涂（补伤封底）→细磨→扫灰→封里→辊底浆→喷防黏层→压花→摔软→喷中层→喷顶光→振软→喷手感（效应）→（通熨）→检验分级→量尺→包装→入库。

④ 双色效应沙发革的涂饰工艺流程：挤水伸展→湿绷板→回潮静置→振荡拉软→转鼓摔软→绷板干燥→修边→补伤→磨革→扫灰→阳离子封底→熨平→辊涂底浆→喷

隔离层（中层）→压花→摔软→绷板→喷面浆→喷效应层→喷顶层→振软→熨光→检验分级→量尺→包装→入库。

操作描述：普通双色效应沙发革主要是靠调整喷浆机的参数，比如调整喷枪转动的速度、输送带送皮的速度、喷枪扇面的大小、喷射气压、喷涂量等，来达到不同的双色效应的疏密、大小、形状等，主要是靠双色效果在人的视觉上来遮盖伤残，成品光泽一般为中等偏亮。

⑤ 黄牛修面小荔枝家具革的主干工艺：蓝湿革组批→挤水→削匀→修边→称重→漂洗→复铬（+有机复鞣）→水洗→中和→水洗→复鞣填充→染色→加脂→水洗→固定→顶染（套色）→出鼓搭马→挤水伸展→湿绷板→回潮静置→振荡拉软→转鼓摔软→绷板干燥→补伤→静置→磨革除尘→刷底浆→喷隔离层（中层）→静置→压小荔枝纹→静置→摔软→辊涂中层Ⅰ→喷中层Ⅱ→喷顶光→辊熨→摔软→辊熨出光→检验分级→量尺→包装→入库。

⑥ 自然摔黄牛沙发革的主干工艺流程：蓝湿革组批→挤水→削匀→修边→称重→漂洗→复铬（+有机复鞣）→水洗→中和→水洗→复鞣填充→染色→加脂→水洗→固定→顶染（套色）→出鼓搭马→挤水伸展→湿绷板→回潮静置→振荡拉软→转鼓摔软→绷板干燥→辊涂补伤→磨革→除尘→辊涂封底→熨平→辊喷底浆→喷硝化棉→摔软→绷板→喷面浆→喷顶光→辊熨（轻）→修边→检验分级→量尺→包装→入库。

7.3.4 汽车用革主要质量特征

目前，国际尚无统一的汽车座垫革的质量标准。许多汽车生产厂家都有自己的汽车座垫革的测试方法与标准。然而，随着世界经济一体化以及汽车工业的国际网络化的实现，建立汽车座垫革的国际通用标准和检测方法势在必行。

7.3.4.1 汽车装饰革感官指标

根据 QB/T 2703—2020《汽车装饰用皮革》标准有：全张革厚薄基本均匀，无油腻感，无异味；革身平整、柔软、丰满有弹性。

7.3.4.2 汽车革的主要物化指标

根据 QB/T 2703—2020《汽车装饰用皮革》标准，汽车装饰用皮革理化性能指标见表 7-12。

表 7-12 理化性能指标

序号	项目	指标		
		座垫用皮革	方向盘用皮革	其他装饰用皮革
1	视密度/(g/cm^3)		0.6~0.8	—
2	抗张强度/N	≥160	≥200	≥160
3	撕裂力/N	≥40	≥50	≥40

续表

序号	项目	指标		
		座垫用皮革	方向盘用皮革	其他装饰用皮革
4	针孔撕裂强度/N	—	≥60	≥60
5	摩擦色牢度/级 干擦(2000次)		≥4/5	
	湿擦(500次)		≥4/5	
	碱性汗液	≥4/5(100次)	≥4/5(200次)	≥4/5(100次)
	乙醇(5次)		≥4/5	
	中性皂液(20次)		≥4/5	
6	常温耐折牢度(100000次)	无裂纹	—	无裂纹
7	低温耐折牢度(-10℃下20000次)	无裂纹	—	无裂纹
8	耐人造光色牢度/级	≥4	≥4	—
9	耐磨性(CS-10,1000g)	1000转涂层无明显损伤、剥落	2000转涂层无明显损伤、剥落	—
10	涂层黏着牢度/(N/10mm)	≥3.5	≥4.0	≥3.5

序号	项目	指标
11	阻燃性/(mm/min)	≤100
12	雾化性能(重量法)/mg	≤5
13	气味/级	≤3
14	接缝抗疲劳强度/mm	≤2
15	pH	≥3.5
	稀释差(pH<4.0)	≤0.7
16	沾污性能/级	≥4
17	耐清洁性能/级	≥4
18	耐热性/级	≥4
19	耐湿热气候/级	≥4
20	禁用偶氮染料/(mg/kg)	≤30
21	游离甲醛/(mg/kg)	≤20
22	总有机物挥发量(TVOC)/(mg/kg)	≤100
23	重金属总量/(mg/kg) 铅	≤1000
	汞	≤1000
	镉	≤100
	六价铬	≤10

国外某汽车生产厂家对汽车座垫革的规格要求和国内某汽车公司对轿车真皮材料的理化性要求见表7-13至表7-16。事实上，结合皮革一般产品指标，汽车革质量标准指标有100余项。其中，一些主要质量指标也不尽相同。

表 7-13　　　　　　　　　汽车座垫革坯革的一些测试要求（1）

测试内容	测试方法	测试结果要求
pH	ASTM D2810/DIN 53312	3.2~4.2
含水量/%	ASTM D3790/DIN 53304	3.0~4.5
铬含量/%	C3.03IP/DIN 53301	3.0~4.5
油含量/%	ASTM D3495/DIN 53306	6~14
灰分含量/%	ASTM D2617/DIN 53306	4~8
水或溶剂渗色	C1.03IP	清（或轻微渗色）
厚度	ASSTM D1813	0.8~1.2mm
抗张强度	ASTM D 5034	>355MPa
伸长率/%	ASTM D5034（断裂伸长）	40%~60%
撕裂强度	ASTM D2212	>35N
收缩率/%	100℃热水中煮沸1h	<5%
雾化值	哈克雾化测试机（100℃，16h）	<3mg
颜色	用肉眼判断	切口均匀一致
耐汗性	ISO-105-E04	4#AATC/min
气味	—	皮革天然气味，不令人难受
热老化性	120℃，100h	见相关报道
崩裂强度	ASTM D4704	>5MPa
迁移性	LB1005	4~5（涂层）

表 7-14　　　　　　　　　　汽车座垫革的一些测试要求（2）

特性	测量单位	参考值
氙光老化色牢度（90℃/150h）	灰度卡	≥4
摩擦牢度（a）变色；（b）黏色	灰度卡	干态（a）5，（b）5
耐汗色牢度（a）变色；（b）黏色	灰度卡	湿态（a）5，（b）5
耐天气性能：湿40℃/7h；80℃/24h	—	无坏气味；无坏气味
尺寸变化（85℃/4h）	%	≤3
MIE磨损后光泽变化	—	△≤1.5
阻燃性：新状态；100℃/100h后；40℃/95/100h后	Bax/min	≤100；≤100；≤100
厚度	mm	1.2±0.1
拉伸断裂强度：纵向；横向	N；N	≥600；≥600
100N伸长率：纵向；横向	%；%	10~22；10~22
折裂伸长度：纵向；横向		20~55；20~55
撕裂强度：纵向；横向	N；N	≥25；≥25
环形柔性：纵向；横向	N；N	2.8~4.0；2.8~4.0

　　表7-14所列的系列指标中，汽车商家最为关心的是雾化值、耐老化性、热稳定性、收缩性能、迁移性以及气味等。而在这些指标中，最关键的是雾化值指标，各汽车公司对雾化值指标的要求各不相同。表7-15列出了全球若干知名汽车公司对雾化值指标的规定及相应的测试方法。

表 7-15   汽车座垫革的雾化测试及要求

汽车公司	相关资料	结果要求	测试方法
CJRUS；ER	MS-JK4-5(2/14/1995)	85℃,>75%	SAE J1756
CHRYSLER	MS-JK4001(4/6/1998)	<3mg,16hr(条件:85℃雾化,38℃冷却干燥16h)	SAE J1756F(重量法)
FORD	WSB-,OF17-B；WSS-1 ME17-CDEF(12/1995)	方法 A：>60% 方法 B：<5mg	A:100℃下 3h,20℃冷却,干燥 16h B,100℃下 16h,21℃冷却,干燥 4h
GM	GM 2756M(6/1998)		PV 3015
HONDA	SE-Z60453(4/1994)	雾化值<15%;凝结物<10mg	ES-Z6040533.23
TOYOTA	22M-90-42(6/1990)		PV 3015
BMW	QV51033(Ⅳ)(7/1997)	凝结物<7mg	DIN75201B
MERCEDES	DBL5310-21(座垫革)	100℃,<3mg	DIN75-102B
SAAB	STD518436(7/1995)	75℃:>80^	STD1082
NISSAN	M7102(1994)	<6mg	NES MD155-25

近年来，汽车商家对 TVOC 值开始注重，各汽车公司对 TVOC 指标的要求各不相同。表 7-16 所列的系列指标，为我国乘用车空气质量标准限值。

表 7-16   我国乘用车有机挥发物限值

化学品名	限值/(mg/m^3)	化学品名	限值/(mg/m^3)
苯	≤0.11	苯乙烯	≤0.26
甲苯	≤1.10	甲醛	≤0.10
二甲苯	≤1.50	乙醛	≤0.05
乙苯	≤1.50	丙烯醛	≤0.05

7.3.4.3 汽车革的主干工艺流程

汽车革的主干工艺流程与沙发革类似，但由于质量指标有所不同，尤其是汽车革以无铬鞣为主，后整理使用材料将有不同。

汽车革主干流程：白湿革组批→挤水伸展→削匀→修边→称量→回软漂洗→中和→复鞣填充→水洗→染色→加脂→固定→水洗→套色→出鼓搭马→静置→挤水伸展→绷板干燥→回潮→振荡拉软→转鼓摔软→绷板→修边（→磨面→辊涂补伤→磨革）→辊底涂→辊熨→辊中层→辊压纹（花)→转鼓摔软→辊上层→喷顶层→绷板→熨光→检验分级→量尺→包装→入库。

7.4 箱包票夹革

7.4.1 箱包革的质量共性要求

箱包革制造并非采用特殊路线，其感官通常在鞋面革与沙发革之间。然而，包袋革、票夹革具有显著的几个特征：

① 优良的尺寸稳定性，通常采用纯植鞣、半植鞣方法制造。

② 良好（时尚）的表观性状及色泽美观、手感触觉。

③ 高性能的耐磨刮、耐汗、抗水功能，获得耐用性。

（1）箱包革感官质量要求

根据 QB/T 5087—2017《箱包用皮革》标准，感官质量要求有：

① 全张革厚薄基本均匀，革身平整，无油腻感；软革柔软、丰满有弹性。

② 硬革不裂面、无管皱，主要部位不应松面。

③ 涂饰革涂饰均匀，涂层黏着牢固，不掉浆，不裂浆。

④ 绒面革绒毛均匀，颜色基本一致。

（2）箱包革感官理化质量要求

根据 QB/T 5087—2017《箱包用皮革》标准，理化质量指标见表 7-17 至表 7-19。

表 7-17　　　　　　　　　　　　　箱包革理化性能

项目	指标
撕裂力/N	≥15
规定负荷伸长率/%（规定负荷 10N/mm^2）	≤60
涂层耐折牢度	10000 次无裂纹
气味/级	≤3
pH	≤3.5~6.0
pH 稀释差(pH<4.0)	≤0.7
可分解有害芳香胺染料/(mg/kg)	≤30
致癌染料/(mg/kg)	≤30
致敏性分散染料/(mg/kg)	≤30
游离甲醛/(mg/kg)	≤150

表 7-18　　　　　　　　　　　　　箱包革色牢度

项目		类别		
		无涂饰、轻涂饰革	重涂饰革	绒面革
涂层厚度/μm		≤20	>20	—
摩擦色牢度/级	干擦	≥3	≥3/4	≥3
	湿擦	≥2/3	≥3	≥2
耐光色牢度/级		≥3	≥4	≥3
耐水渍色牢度/级		≥3(绒面革除外)		

表 7-19　　　　　　　　　　　　　箱包革分级

项目	等级			
	一级	二级	三级	四级
可利用面积/%	≥90	≥80	≥70	≥60
整张革主要部位(皮心、臀背部)	无影响使用功能的伤残		—	
轻微缺陷/%	≤5			

注：轻微缺陷：指不影响产品的内在质量和使用，只略影响外观的缺陷，如轻微的色花、革面粗糙、色泽不均匀等

7.4.2 票夹革的质量要求

票夹革没有执行标准，根据 QB/T 1619—2018《票夹》标准中相关皮革部分的质量要求进行描述。

（1）票夹革的有害物质限量

皮革、毛皮、再生革、织物材料有害物质限量值应符合表 7-20 的规定，聚氯乙烯人造革有害物质限量值应符合 GB 21550—2008 的规定，票夹用胶黏剂中有害物质限量值应符合表 7-21 的规定。

表 7-20　　　　　　　　皮革、毛皮、再生革材料有害物质限量

项目	限量值
游离甲醛/(mg/kg)	≤75
可分解有害芳香胺染料/(mg/kg)	≤30

注：被禁芳香胺名称见 GB 20400—2006 附录 A。如果 4-氨基联苯和（或）2-萘胺的含量超过 30mg/kg，且没有其他的证据，以现有的科学知识，尚不能断定使用了禁用偶氮染料

表 7-21　　　　　　　　票夹用胶黏剂有害物质限量

项目	限量值
苯/(g/kg)	≤5.0
甲苯+二甲苯/(g/kg)	≤200
游离甲苯二异氰酸酯/(g/kg)	≤10.0
正己烷/(g/kg)	≤150
1,2-二氯乙烷/(g/kg)	≤5.0
总卤代烃(含 1,2-二氯乙烷、二氯甲烷、1,1,1-三氯乙烷、1,1,2-三氯乙烷)/(g/kg)	≤50.0
总挥发性有机物/(g/L)	≤750

（2）票夹革的外观质量要求

票夹革面层材料质量指标见表 7-22。

表 7-22　　　　　　　　与皮革相关的外观质量和缝制要求

检验项目		要求
面层材料	皮革、再生革	厚薄均匀，无裂面、裂浆、脱色现象。表面平服，前面无伤残，背面允许有粗糙斑两处，面积≤9mm²，允许有不明显印道、折痕两处
	毛皮	毛被基本平顺、灵活松散、洁净，无钩针，无明显掉毛、油毛、结毛。染色牢固，无浮色，无明显色花、色差（特殊效应除外）等缺陷

（3）票夹革的物理力学要求

票夹革面层材料的物理力学质量指标见表 7-23。

表 7-23　　　　　　　　票夹革面层物理力学性能

检验项目		要求
摩擦色牢度（沾色）/级	表面涂层厚度≤20μm 的皮革（水染革、苯胺革、半苯胺革等）	绒面革：干擦≥3，湿擦≥2；
	毛皮、绒面革	其他：干擦≥3，湿擦≥2/3
	表面涂层厚度>20μm 的皮革	
	人造革/合成革、再生革	干擦≥3/4，湿擦≥3

7.4.3　牛皮包袋票夹革制造工艺

（1）黄牛包袋革的主干工艺流程

蓝湿革组批→挤水→削匀→修边→称量→回软漂洗→铬复鞣→中和→水洗→复鞣填充+染色→加脂→固定→水洗→顶染（套色）→出鼓搭马→挤水伸展→真空干燥（或绷板干燥）→挂晾干燥（或烘干）→回潮→振软→摔软（或压花后摔软）→干绷板→修边→表面整饰。

① 高等级革坯整饰步骤：喷染调色→阳离子底涂→静置→抛光、烫光→喷中层→喷顶光→轻烫光→轻摔软→轻烫光（或真空）→检验分级→量尺→包装→交库。

② 较低等级革坯整饰步骤：喷或刷阳离子发泡层→静置→高温发泡→刷阳离子底涂→抛光、烫光→喷阴离子发泡层→发泡→刷阳离子（或者阴离子）中层→喷顶光→轻烫光→轻摔软→轻烫光（或真空）→检验分级→量尺→包装→交库。

（2）黄牛半植鞣水晶包袋革的主干工艺流程

蓝湿革组批→挤水→削匀→修边→称量→回湿水洗→中和→水洗→填充染色→加脂→固定→水洗→出鼓搭马→静置→挤水伸展→真空干燥→挂晾干燥→回潮→振软→摔软→绷板→真空干燥→喷染→喷油→喷蜡→静置→喷蜡→烫光→摔软→喷树脂层→烫光→喷顶光→烫光→摔软→检验分级→量尺→包装→交库。

7.4.4　其他皮革箱包票夹革

利用某些动物皮的外观组织特点，研究开发出一系列独具特色的皮革箱包票夹革，如蛇皮革、鱼皮革、鸵鸟皮革等。

（1）鱼皮革主干工艺流程

鱼皮是水产品加工的下脚料，可以作为制革工业的优质原料。因此，利用鱼皮制革，可增添制革工业特色。鱼皮具有特有的立体花纹和色彩图案，其艺术价值很高，见图7-1。鱼皮革可以用来制作靴子、服装、皮带、领带、手套、票夹、名片夹以及各种装饰品和艺术品类等。绝大部分鱼类的皮都可以用来制革。海水鱼类有：鲟鱼、鳗类、鲑类（包括大西洋鲑、大马哈鱼、鳟鱼等）、鲱类、鳕类、鳍科类、金枪鱼、箭鱼、比目鱼、鲨鱼以及生活在海底岩石间的鱼类等；淡水鱼类有：草鱼、鲤鱼、黑鱼（又称乌鱼）以及鲢鱼等。

图7-1　珍珠鱼皮、鲟鱼皮票夹革

铬鞣鱼皮革的主干工艺流程：盐湿皮组批→清割→水洗→浸水→水洗→去肉→浸灰→水洗→去鳞→水洗→脱灰→水洗→酶软化→水洗→浸酸→漂色→铬鞣→静置→水洗→复铬→水洗→中和→水洗→染色加油→水洗→出鼓搭马→绷（钉）板干燥→喷水回潮→静置→铲软→磨里→喷染→喷底浆→烘干→喷面浆→烘干→通烫→（打光）→喷顶层→检验分级→量尺→包装→交库。

（2）蛇皮革主干工艺流程

我国蛇类资源丰富，大多可用于制革，如蟒蛇、水蛇、眼镜蛇、滑鼠蛇、松花蛇、菜花蛇等，且由于各种蛇类均有着各自独特的天然花纹，具备很高的艺术价值，是制备箱包票夹的上乘原料。但是也有些种类的蛇皮色素分布不均，花纹不够美观，因而蛇皮制革主要分为两种：一种是保留蟒蛇皮本身的色彩纹饰，制作苯胺革；另一种是漂除蟒蛇皮本身的天然色素，再进行后期染色和涂饰，赋予蟒蛇皮均一的色彩光泽和优美的纹饰，见图7-2。

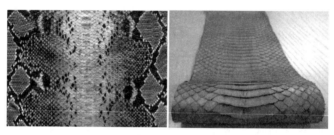

图7-2　苯胺蛇革、漂色蛇票夹革

铬鞣蛇皮革的主干工艺流程：盐湿皮组批→分段→水洗→浸水→去肉→浸灰→去鳞→称重→脱灰→漂白脱色→水洗→（酶软化）→水洗→浸酸→漂白脱色→铬鞣→静置→水洗→复铬→水洗→中和→水洗→复鞣填充→染色加油→水洗→出鼓搭马→绷（钉）板干燥→喷水回潮→静置→铲软→磨里→喷染→喷底浆→烘干→喷面浆→烘干→通烫→（打光）→喷顶层→检验分级→量尺→包装→交库。

参考文献

［1］林炜. 制革基础胶原化学［M］. 成都：四川大学出版社，2021.

［2］周长波. 制革工业［M］. 北京：中国环境出版社，2021.

［3］徐洪营. 制革实用技术问答与经验分享［M］. 北京：中国轻工业出版社，2019.

［4］单志华，陈慧. 制革化学［M］. 北京：科学出版社，2019.

［5］匡卫. 制革专业概论［M］. 北京：中国纺织出版社，2017.

［6］单志华. 制革化学与工艺学（下册）［M］. 2版. 北京：科学出版社，2017.

［7］但卫华，王坤余. 生态制革原理与技术［M］. 北京：中国环境出版社，2010.

［8］马兴元. 制革生产技术问答：羊皮、猪皮革［M］. 北京：中国轻工业出版社，2009.

［9］Covington T. Tanning Chemisty［M］. Cambridge，UK：The Royal Society of Chemistry Published，2009.

［10］但卫华. 制革化学及工艺学［M］. 北京：中国轻工业出版社，2006.

［11］魏世林. 制革工艺学［M］. 北京：中国轻工业出版社，2005.

［12］张廷有. 鞣制化学［M］. 成都：四川大学出版社，2003.

［13］Heidemann E. Fundamentals of Leather Manufacturing［M］. Darmstadt：Germany：Roetherdruck Published，1993.

［14］Gustavson. The Chemistry and Reaction of Collagen［M］. New York：Academic Books LTD Published，1956.

［15］潘飞，肖远航，张龙，等. 制革中复鞣剂的应用与研究进展［J］. 中国皮革，2022，51（1）：52-61.

［16］Ashraf，Muhammad Naveed. Synthesis，Charaterisation and Application of Environment Friendly Polymers for Producing Sustainable Leather［J］. Journal of the Society of Leather Technologists and Chemists，2021，105（1）：19-30.

［17］徐洪春，李彦春，于志淼，等. 制革实用技术问答［J］，中国皮革，2021，50（3-5）.

［18］Tournier，R. Tanning Chemicals' Influence in Leather Tensile and Tear Strength

Review［J］. Journal of the American Leather Chemists Association, 2020, 115 (11):
409-412.

［19］ Bianli, Ren, Qi Fang, Yuyue Chai, et al. Influences of Dying Methods on the
Thermal［J］. Journal of the Society of Leather Technologists and Chemists, 2020, 104
(1): 44-46.

［20］ Fuck, WF; Brandelli, A and Gutterres, M. Special Review Paper: Leather
Dying with Biodyes from Filamentous Fungi［J］. Journal of the American Leather Chemists
Association, 2018, 113 (9): 299-310.

［21］ Sathish, M; Bhuvansevari, Ts and Fathima, NN, et al. Effect of Syntan to
Fatliquor Ratio on Porosity and Mechanical Properties of Wet-blue Leather［J］. Journal of the
American Leather Chemists Association, 2017, 112 (4): 121-127.

［22］ Jankauskaite, V; Gulbiniene, A and Mickus, KV et al. Comparable Evalua-
tion of Leather Waterproofing Behaviour upon Hide Quality. II. Influence of Finishing on
Leather Properties［J］. Materials Science-Medziagotyra, 2014, 20 (2): 165-170.

［23］ Chengjie, Yang, Jie Chen and Haiteng, Liu, et al. Effect of chrome content in
the chrome tanning liquid of the leather tanning machine on the properties of leather［J］.
Journal of the Society of Leather Technologists and Chemists, 2015, 99 (1): 33-38.

［24］ Chengjie, Yang, Jie Chen and Haiteng, Liu, et al. Effect of chrome content in
the chrome tanning liquid of the leather tanning machine on the properties of leather［J］.
Journal of the Society of Leather Technologists and Chemists, 2015, 99 (1): 33-38.

［25］ Covington, AD. Leather Science: Requisite or Requiem? 108th Annual Meeting
of the American-Leather-Chemists-Association［J］. Journal of the American Leather Chemists
Association, 2012, 107 (8): 258-270.

［26］ Krishnaraj, K; Thanikaivelan, P and Chandrasekaran, B. Effect of Chromium
and Tanning Method on the Drape of Goat Suede Apparel Leathers［J］. Journal of the Amer-
ican Leather Chemists Association, 2010, 105 (3): 71-83.

［27］ Page, C and Fennen, J and Gagliardino, D. Leather Dyes-Properties and Anal-
ysis［J］. 30th Congress of the International-Union-of -Leather-Technologists-and-Chemists-
Societies, 2009.

［28］ Zhang, Y and Wang, L. Recent Research Progress on Leather Fatliquoring A-
gents［J］. Polymer-plastics Technology and Engineering, 2009, 48 (3): 285-291.

［29］ Liu, CK; Lationa, N and Cooke, P. Effects of drying processes and fatliqur-
ing on resiliency of leather［J］. Journal of the American Leather Chemists Association,
2007, 102 (2): 68-74.

［30］ Zaliauskiene, A. Beleska, K and Valeika, V et al. Lime-free unhairing：Part 5. Some peculiarities of dyeing lime-free leather［J］. Journal of the society of leather technologists and chemists, 2006, 90（2）：73-79.